# 乡村里的
# 二十四节气
## ——我记忆中的乡村故事

朱殿封　编著

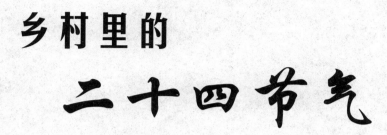

中国农业出版社

# 目　录

# 立春
## ——而今迈步从头越

屋顶上的檩条渐渐清晰起来，窗玻璃上的冰凌花盛开了，麻雀将头伏进自己的羽翅里还在舒服地睡觉，公鸡叫过八遍后打起了盹儿，东方显露出鱼肚白。这时，寂静的村子里接二连三地传出"吱扭、吱扭"的开门声。今天，许多乡民早早地起床了，因为他们心里都揣着一个日子：立春。

"几时霜降几时冬，45天就打春"，从冬至这天入九，"五九"45天，立春正好是"六九"的开始，因此农谚说"春打六九头"。虽然时处严寒料峭中，但是从今天起，百虫苏醒，百草回芽，春天迈开了它新一年的脚步。人们最先发现：躲藏在墙角里的蜘蛛慢慢爬动了，枯叶遮蔽下的野菜

1

萌生出绿意，有一种（我至今）叫不出名字的野菜悄悄发芽了，杨柳树的枝条由僵硬变得柔软了，干绿的麦苗鲜润了许多。

一年之计在于春，一天之计在于晨。乡民很重视立春这个节气，他们习惯管立春叫打春，这一天早早起床，是在向春展现自己的勤劳，表示对春的虔诚，用各自的方式参与打春。

打春仪式在历史上很隆重，这项活动已经持续3 000多年了。传至近代，延续下来的有打春牛、剪春鸡、咬春等内容。

男人们在立春这天打春牛。过去，在立春前一天，各州、县都举行隆重的"迎春"活动。先是有两名艺人顶冠饰带，一称春官，一称春吏，他们沿街高喊："春来了！春来了！"俗称"报春"。此时，无论士、农、工、商，见了春官都要作揖礼谒。报春人遇到摊位商店，可以随便拿取货物、食品，店主笑脸相迎。接着，迎春队伍浩荡而来，前面是鼓乐仪仗队；中间是州、县长官率领的所有僚属；后面是手持农具的乡民。因为传说中迎春活动祭拜的芒神居住在东方，所以，迎春队伍到城东郊迎接先期制作好的土制芒神与春牛。众人来到芒神前，先行二跪六叩首礼。执事者举壶爵，斟酒授长官，长官接酒酹地后，再行二跪六叩首礼，走到春牛前作揖。礼毕，将芒神、春牛迎回城内。

谁为芒神，何为春牛？

芒神，又名句芒、木神、春神，他是主宰草木、各种生命生长和农业生产之神。最初的芒神似乎与鸟图腾有关，《山海经·海外东经》中说："东方句芒，鸟身人面，乘两龙。"郭璞注："木神也，方面素服。"在这里，芒神是人首鸟身、骑龙的形象。据说，句芒曾帮助夏禹征服四方，使民不饥、国家实、民不夭。后来，人们把芒神拟人化了，是一个男人形象，在民间年画里，则成了一个笑眯眯的赤脚男孩形象。

民间打春活动塑造芒神很有讲究，他身长三尺六寸五分，象征一年365天；他手上的鞭子长二尺四寸，象征一年有24个节气。芒神在春牛那里所站的位置以阴阳年确定，阳年芒神站在春牛左边，阴年站在右边；立春日距正月初一之前5日以外，芒神站在牛前，距正月初一后5日以外，芒神站在牛后，如果立春日在正月初前、后5日内，芒神则与春牛并立。

芒神的面象，寅申巳亥面为老年状；子午卯酉年面为壮年状；辰戌丑未面为童子状。芒神的两髻，金日平梳两髻在耳前；木日平梳两髻在耳后；水日平梳两髻，左髻在耳前，右髻在耳后；火日平梳两髻，右髻在耳前，左髻在耳后；土日平梳两髻在顶真上。芒神的毦耳依据立春时是白天还是黑夜确定，子丑时全戴；寅时右边戴，左边揭开；亥时左边戴，右边揭开；卯至戌时则手提毦耳，辰午申戌四阳时，用左手提，卯巳未酉四阴时，用右手提。

芒神的服色由立春日的天干（天干中又以阴阳分之）、地支确定，亥子日黄衣青腰带；寅卯日白衣红腰带；巳午日黑衣黄腰带；申酉日红衣黑腰带；辰戌丑未日青衣白腰带。依据金木水火土五行，绑腿、鞋、裤视立春日纳音，金日，绑腿、鞋、裤俱全，左绑腿挂于腰带上。木日，绑腿、鞋、裤俱全，右绑腿挂于腰带上。水日，绑腿、鞋、裤俱全。火日，绑腿、鞋、裤俱无。土日，只有裤。

民间也用芒神的装束预示该年的天气。当他没有穿鞋，而且裤管束得高时，代表该年多雨水，裤管束得越高，表示水灾越严重。相反，如果他双脚都穿草鞋，则代表该年干旱。如果他一只脚光脚，另一只脚穿草鞋，则代表该年雨量适中。

牛是农耕的重要家畜，农民分外爱惜它，以致它成为吉祥的象征。乡民塑造的春牛如果身高四尺，象征一年四季。身高八尺，象征农耕八节（春分、夏至、秋分、冬至、立春、立夏、立秋、立冬）。尾巴长一尺二寸，象征一年有12个月。立春这天打春牛，表示春耕即将开始。

将芒神和春牛迎回城里，第二天立春时分，地方长官率僚属、乡民鞭春。阴阳官先要举行一定的传统仪规，地方官主持打春仪程，吏民击鼓，由官员手执红绿鞭或柳枝鞭打土牛三下，口喊一打"风调雨顺，地肥土暄"；二打"吉祥如意，国泰民安"；三打"六畜兴旺，五谷丰登"。然后交给下属吏与乡民轮流鞭打，把土牛打得越碎越好，寓意春气透了，以示人们对春天的热爱。孩子们则钻进人空里围着春牛前跑后颠、左冲右突乱闹腾。宋代诗人杨万里作有《观小儿戏打春牛》诗云："小儿著鞭鞭土牛，学翁打春先打头。黄牛黄蹄白双角，牧童缘蓑笠青箬。今年土脉应雨膏，去年不似今看乐。儿闻年登喜不饥，牛闻年登愁不肥。麦穗即看云作帚，稻米亦复珠盈斗。大田耕尽却耕山，黄牛从此何时闲？"

在塑造春牛的时候，有时预先在牛肚子里放入红枣、花生、柿饼、核桃等果品。春牛被打碎，果品散落在地，孩子们疯抢，乡民拾而食之，或将果品举在手上让孩子们跳脚抢夺逗乐。随后，乡民欢笑着抢土牛的土块，他们说，拿回家放进牲口栏里会槽头兴旺，撒到地里会长出好庄稼。打春这天如果天气晴朗，万民高兴，预示新一年年景上好；如果阴天遇雨雪，则表示晦气不利，预示新一年年景不佳。

女孩们在立春这天剪春鸡。女孩子剪彩为燕，称为"春鸡"，"鸡"和"吉"谐音，意含吉祥如意；贴羽为蝶，称为"春蛾"；缠绒为杖，称为"春杆"。她们将春鸡、春蛾戴在头上，争奇斗艳。正是："剪绮裁红妙春色，宫梅殿柳识天晴。瑶筐彩燕先呈瑞，金缕晨鸡未学鸣。"还有的缝制小布袋，里面装进豆、谷等杂粮，挂在耕牛角上，取意六畜兴旺，五谷丰登，一年四季，平安吉祥。

婆婆们在立春这天做春饼、春卷。有用葱、蒜、椒、姜、芥做的"五辛盘"，吃了五辛可杀菌驱寒；有用菠菜、韭菜、豆芽、干粉、鸡蛋等做的，皮黄酥脆菜鲜味美余味无穷，一家人吃叫"咬春"。

"咬春"还有嚼萝卜。萝卜赛过小人参，能促进胃肠蠕动、增强食欲、帮助消化。萝卜在古代叫芦菔，苏东坡有诗云："芦菔根尚含晓露，秋来霜雪满东园，芦菔生儿芥有孙。"萝卜根叶皆可生、熟、当菜当饭吃，有很大的药用价值。常吃萝卜可解春困，还有助于软化血管，降血脂稳血压，解酒、理气等，具有营养、健身、祛病之功效。这也是古人提倡人们在立春时吃萝卜的本来用意吧。

"咬春"，在平民百姓家里是一顿节日饭，在文人骚客那里便是另一种味道了。唐代大诗人杜甫的《立春》诗，吃出了对往昔在长安、洛阳过立春日盛况的怀念："春日春盘细生菜，忽忆两京全盛时。盘出高门行白玉，菜传纤手送青丝。巫峡寒江那对眼，杜陵远客不胜悲。此身未知归定处，呼儿觅纸一题诗。"宋朝女诗人朱淑贞的《立春》诗，吃出了一番欢乐愉快的情味："停杯不饮待春来，和气先春动六街。生菜乍挑宜卷饼，罗幡旋剪称联钗。休论残腊千重恨，管入新年百事谐。从此对花并对景，尽拘风月入诗怀。"清人林兰痴的《春饼》亦是吃得别有滋味："调羹汤饼佐春色，春到人间一卷之。二十四番风信过，纵教能画也非时。"

"咬春"的一个"咬"字，道出了节令的众多食俗。

从20世纪五六十年代以来，民间打春活动几乎被简化没了。喜乎，悲乎?

虽然如此,立春节气里是喜庆热闹的。因为,历年的立春节气,都处在春节前后,乡民都在兴奋地忙年呢。

从腊月二十三小年这天起,乡村里就进入年节了。二十三日祭灶,灶王爷返回天上觐见玉皇大帝,汇报一年来在人间所见所闻。之后是扫年——清扫屋子;准备过年的物品。

腊月小月二十九日大月三十日,家家户户贴门神,有门必贴。"院门门神"贴在院子门上,有画猛将秦琼、尉迟敬德二人像为门神的,有画关羽、张飞像为门神的。"屋门门神"比院门门神稍小,多数是贴"麒麟送子"像,两个傅粉涂脂梳太子冠的娃娃,各乘一骑麒麟。这种门神,本应贴在新结婚的屋门上,以取吉利,早得贵子,后来作为普通屋门的新年点缀品了。

贴春联,也是每门必贴。春联也叫"门对""春帖",是对联的一种,因在春节时张贴,就叫春联了。春联的第一个来源是桃符。最初人们刻桃木人挂在门旁以避邪,后来将门神像画在桃木上,再后来简化成为在桃木板上题写门神名字。春联的另一个来源是春帖。古人在立春日多贴"宜春"二字,后来逐渐发展为春联。桃木的颜色是红的,红色有吉祥、避邪的意思,因此,春联都用红纸书写。但是,当年死了老人的家庭,不能贴红色春联,改用白、绿、黄三色。头一年用白纸,第二年用绿色纸,第三年用黄色纸,第四年丧服期满恢复使用红纸。

贴福字,贴窗花,贴年画。这是乡民的一种风俗和信仰,寄托着他们对未来的美好希冀。大红福字有乡民自己写的,有从年集上买来的,贴在屋里的粮囤、炕寝、水缸等各种较大物件上。大红窗花有的是巧手乡民自己剪的,有的是从年集上买来的,贴在新糊的窗户纸上或者窗户玻璃上。年画里有门神、财神,还有《福禄寿三星图》《天官赐福》《五谷丰登》《六畜兴旺》《迎春接福》等,给年节增添了喜气。

腊月三十这天上午接神;祭祖。各家各户中的长辈负责供家谱,摆放供品。家谱挂在堂屋北墙上的正中间,家谱下面是供桌,供桌上放有香炉、两盘面食、六碗熟菜等供品。一切收拾妥当,然后带上香火来到村头十字道口,撮一小捧土,插上三炷香点燃,跪地祷告,磕两个头,请爷爷娘娘来家过年。然后回到家,在院门、屋门两边门框的香吊里各插一炷香,在"天堂"(屋门左侧外墙上开以壁龛,壁龛里放置香炉,乡民管它叫"天堂"，也叫"龛堂"）里插三炷香，在家谱前供桌上的香炉里插三炷香，倒一碗白开水，给路上"走累了"的爷爷娘娘喝，就是把爷爷娘娘请回家了。

傍黑天的时候，许多农户从柴草棚里拿出一捆芝麻秆，散开在屋门前，供出入的家人和外人踩碎。"芝麻开花节节高"，踩碎谐音"踩岁"，"碎"和"岁"吉祥意"岁岁平安"，求得新年好运气。为此，年集上出现卖芝麻秆的临时市场，为自家没有芝麻秆的乡民提供便利。我爷爷在世的时候，他做事有计划，他不去集市买芝麻秆。生产队里每年种芝麻，芝麻收获后，他预留下一捆芝麻秆拿回家里，放在柴屋角落里，等着这一天拿出来派上用场。

三十晚上，一家人围坐在一起欢欢喜喜吃年夜饭。这是一年中的最后一顿饭，乡民叫"熬年"。然后守岁，"一夜连双岁，五更分二年"，午夜交正子时，在这"岁之元、月之元、时之元"的"三元"时刻，家家户户有一个"接灶"和"接神"仪式，"天上耳目神，人间主司命"的灶王爷，腊月二十三去，初一五更来。这时候，各户当家人在灶王像前点燃纸钱，祷告一番，就是把灶王从天上接回家里来了。孩子们不管这些，欢天喜地地跑到院子里燃放爆竹。有些做生意的人家，爆竹不但放的多，而且放大爆竹，他们放爆竹有另一番意思：在新的一年大吉大利发大财。一家家、一户户、一村村、一寨寨，震天的爆竹声响连天，把除夕的隆重热烈气氛推向了高潮。这正是："爆竹声中一岁除，春风送暖入屠苏。千门万户曈曈日，总把新桃换旧符。"

初一早晨乡民吃饺子，是取新旧交替"更岁交子"的意思，以此迎接新一年的到来。又因为饺子形状像元宝，一碗碗端上桌，象征着"新年大发财，元宝滚进来"。乡民包饺子时，忘不了把一枚铜钱或者一枚钢镚包进一只饺子里，说是谁吃着了，谁在新一年里有福。

三十晚上或者初一早晨，老人给孩子们压岁钱。有的人家是父母在夜晚待孩子睡熟后，放在他们的枕头下，取"压岁"之意。更多的人家是孩子们集合在爷爷奶奶或爹娘跟前，等待分发压岁钱。老人们为了赚个热闹，故意装作小气，给压岁钱时跟孩子们讨价还价，叫孩子们猜猜岁钱是多少，笑闹着争争抢抢，孩子们猴急，老人们开怀欢笑。有童谣唱道："三星在南，家家拜年；小辈儿的磕头，老辈儿的给钱。要岁钱没有，扭脸儿就走。"过年给压岁钱，体现长辈对晚辈的关爱，和晚辈对长辈的尊敬。

正月初一清晨，乡亲相互大拜年。大人孩子都穿上平时舍不得穿的新衣裳，没有新衣裳的，也将旧衣裳缝补浆洗干净，表示喜庆。拜年先从自家起始，吃饺子前，晚辈跪在家谱前，先给请来的爷爷娘娘磕头，再给健在的长辈磕头，感恩长辈在过去的一年里为家里的日子付出的辛劳，祝福长辈在新一年里壮壮实实，旺旺相相。然后，去给本院（家族）中的爷爷奶奶、大爷大娘、叔婶等长辈拜年。院中的长辈很看重这个头，拜年时你必须磕头，不能含糊。不然，长辈们不高兴，认为你奸猾、不实诚。有的过于计较的长辈，便也不叫自己的孩子给你家的老人磕头。相互之间，心头就有了"结"了。晚辈给长辈一个头磕下去，在过去的一年里，长辈和晚辈之间如果曾有过什么磕磕绊绊，从此都一风吹了。给院中的长辈拜完年，再给本过道（巷子）居住的长辈们拜年。之后，一个院中、一条过道里的人集合起来，由辈分小而年长的人带领，给全村同姓人拜年。

从正月初二开始，走亲串友拜年。姑家、姨家、姥娘家，这表亲、那表亲家，故友新朋家，一家一家去拜年，一直持续到正月十五前后。

人民公社时期，多数村庄生产搞得不太好，乡民日子拮据，过年过得紧紧巴巴。然而，毕竟是一天一天熬到年了，不容易呀！年节里一定营造个好心境，何况将要或者已经立春了，新的盼头又来了。因此，富户富过，穷户穷过，都从心里头乐呵着。

日子艰难的人家常常是买二三斤猪肉，一二斤羊肉，已经很奢侈了。还有许多乡民过年连肉味都尝不到。这些肉他们自己舍不得吃，几乎都用来招待前来拜年的亲友了。他们从煮熟的猪肉上谨慎地切下一小块，再将小块切成薄薄的片儿，用作苦碗头——覆盖在一碗菜的最上面，碗头的下面或是白菜汤，或是蒸熟而不是油炸熟了的萝卜夹子——替代藕合，或是仅仅加放了一点肉星的面粉丸子——先在锅里蒸熟，再放进油里走一遍。馇馇或是全麸面粉做的，或是掺了白玉米面做的。当时许多村里种植一种白粒玉米，管理好了一亩*地能够出产六七百斤，粒儿扁大，乡民根据玉米粒的形状叫它"大马牙"。白玉米蒸出的馇馇粗看上去跟小麦面馇馇一样，只是一吃就尝出差别来了。这样的饭食，他们一家人往往只在年三十和初一这天能吃到，剩下的日子是地瓜面菜窝头了。

---

\* "亩"为非法定计量单位，1亩≈667 米²。——编者注

相互走动拜年的亲友们大都是很懂礼仪的。他们吃饭的时候，把碗头上的肉片用筷子拨拉到一边，专夹碗里的菜或"藕合"、丸子吃，省下这些肉片给带去的孩子吃，或者让主家接待下一拨前来拜年的客人时接着用。也有嘴馋的亲戚，几筷子把苦碗头的肉给吃了。主家看了脸上笑着，嘴里劝着"多吃点，要吃饱啊。"心里不免嘀咕："真贱馋（奸馋），等着，去你家拜年时，把你家的碗头也全给吃了。"说归说，到时候，"心里话"说的那事儿往往就做不出来了。这就是庄户人家世代相传下来的厚道！其实，那时候的"贱馋"，多是让"穷"逼得人们计较了，小气了，贪心了。

元宵节，多数村子都会跑玩意儿：扭秧歌、踩高跷、跑旱船、舞狮子、耍龙灯、放烟花、办灯会、猜灯谜、唱社戏等。

正月是一年的首月，正月的月亮是一年中的新月，乡民们看着月出月落、月盈月亏，念诵着《月亮歌》："初一生，初二长，初三初四闹嚷嚷。初一月不见，初二一条线。大二小三，天黑月一竿。大二小三见月牙，初三初四娥眉月。初五初六半拉少肉，初七初八圆个半拉。初八、二十三，月出月落半夜天。十五没有十六圆，十七夜里少半边。十五六，两头露。十七八，黄昏摸瞎。十八九，坐着守。二十正正，月出一更。二十二三，月出半夜天。二十四五，傍明月出。二十四五月黑头，月亮出来就使牛。二十七八，月亮出来一霎。二十八九，光明出来扭一扭。"

欢度春节之时，乡民念记着看天气变化预测新一年收成丰歉：三十高粱初一谷，初二初三收黍黍，正月十五雪打灯，清明时节雨纷纷。到了正月二十五填仓日，家庭主妇们赶在日出之前起床了，她们开门要做的头一件事是拿起簸箕，用灰板（有的地方叫灰耙）从锅腔里扒出一些灰，端着来在院子当中，用灰拎一个圆圈，乡民叫它粮囤。再抓几把谷子、高粱、玉米、小麦，撒在"粮囤"里，接连敲打着簸箕底，清晨里发出"啪啪"脆响。乡民说这是"打囤"，期盼今年风调雨顺，秋后粮食满仓满囤。随后，打开鸡窝，鸡们"咯咯咯"地叫着窜出来，眼尖的鸡飞跑着奔向"粮囤"，其他鸡们紧随其后，欢叫着抢起食来。

而今迈步从头越，"立春"伊始一年端。走亲访友把年拜，莫忘怎样种好田。如果春节前立春，乡民会说，今年春脖子短呢，个个心里有些沉不住气，过了年就忙春耕生产了。如果春节后立春，乡民说，今年春脖子长，还能沉住气地多玩几天。不管春脖子长短，种地是乡民的本分，乡民固守着自己的本分。过了元宵节，乡民说，年过了，十五也过了，该收心了，地里的农活在等着呢。

## 时 间

每年 2 月 4 日或 5 日，太阳到达黄经 315°时为立春。

## 含 义

自秦代以来，我国就一直以立春作为春季的开始。立春是从天文上来划分的，立春是 24 节气之一，"立"是"开始"的意思，立春就是春季的开始。在气候学中，春季是指候（5 天为一候）平均气温 10～22℃ 的时段。根据比较科学的划分，把平均气温 10℃ 以上的起始日期作为进入春天的象征。依此，春天从 1 月末 2 月初自广东起步北上，2 月中下旬穿过云贵进入四川；3 月中下旬由湖北进入豫鲁；4 月上旬进入京津地区；其后跨过山海关，至 5 月中旬席卷东北地区到达我国最北方漠河。

## 物 候

**七十二物候**：我国古代将一年划分为 24 个节气，每 15 天（半月）一个节气。将一年划分为 72 物候，每一候为 5 天，每个节气有 3 候，每月有 6 候。

**立春三候**："一候东风解冻，二候蛰虫始振，三候鱼陟负冰。"

说的是东风送暖，大地开始解冻。立春 5 日后，蛰居的虫类慢慢在洞中苏醒。再过 5 日，河里的冰开始溶化，鱼开始到水面上游动，此时水面上还有没完全溶解的碎冰片，如同被鱼负着一般浮在水面。

## 农 事

古代"四立"，指春、夏、秋、冬四季开始，其农业意义为"春种、夏长、秋收、冬藏"，概括了黄河中下游农业生产与气候关系的全过程。

黄河中下游土壤解冻日期从立春开始；立春后气温回升，太阳变暖，日益夜短昼长。这时，气温、日照、降雨常处于一年中的转折点，趋于上升或增多。农谚有"一年之计在于春""立春雨水到，早起晚睡觉"，春耕大忙在全国大部分地区陆续开始。东北地区准备顶凌耙地、送粪积肥，同时防疫牲畜疾病。华北平原开始备耕和兴修水利。西北地区为春小麦整地施肥。华南地区展开春耕春种。西南地区进行耕翻稻田，选种、晒种，管理田间夏收作物。

**北方地区农事**："立春"伊始一年端，全年大事早盘算。走亲访友把年拜，莫忘怎样种好田。二十四节掌握好，才能丰收夺高产。看天看地讲科学，农林牧渔齐发展。土地渐渐把冻化，耙耱保墒莫迟缓。划锄耙压冬小麦，保墒增温分蘖添。抗旱双保不能忘，水车辘轳灌春田。农用工具早筹措，化肥农药备齐全。粮棉种子准备足，优良品种要精选。瓜菜窖子常检查，大田春菜要细管。林木果树看管好，严防破坏和糟践。畜禽饲喂要认真，疫病防治须普遍。鱼塘昼夜常巡逻，管鱼胜似管粮棉。万众齐把春潮闹，争取又一丰收年。

## 养　生

中医认为，春属木，与肝相应。春天是肝旺之时，肝喜疏泄调达，所以，春季人们应充分利用、珍惜春季大自然"发陈"之时，借阳气上升，万物萌生，人体新陈代谢旺盛之机，通过适当的调摄，使春阳之气得以宣达，代谢机能得以正常运行。从精神上保持心胸开阔，乐观向上，心境恬愉的好心态。力戒暴怒，更忌情怀忧郁。考虑春季阳气初生，应有目的地选择一些柔肝养肝、疏肝理气的草药和食品，草药如枸杞、郁金、丹参、元胡等。食品宜少吃酸食，多吃甜味、辛甘发散之品，如韭菜、枣、花生、春笋、胡萝卜等富含维生素B的新鲜蔬菜和水果，优质蛋白质如牛奶、蛋类、鱼类、虾、鸡鸭肉、牛肉等，可补充热量，增强身体抗病能力。

## 立春一吃

食春菜——咬春：立春这天，民间习惯吃春盘、吃春饼、嚼萝卜，俗称"咬春"。春盘蔬菜有萝卜、韭菜、豆芽、姜、葱、蒜等。杜甫老先生有《立春》诗云："春日春盘细生菜，忽忆两京梅发时。盘出高门行白玉，菜傅纤手宋春丝。"

春饼由白面擀成，可以是内层加进肉丝、葱花、香油、椒盐等，放在锅里烙熟或蒸熟；也可以擀成薄薄的面饼烙熟或蒸熟，然后，选择自己喜欢吃的生熟兼有的蔬菜，卷入饼内食之，其中热菜应有炒粉丝豆芽、摊黄菜（鸡蛋）、炒韭菜，再加一些豆腐皮儿。讲究的吃法是卷成筒状，从头吃到尾，俗语叫"有头有尾"。

北方人多爱吃生萝卜，尤以心里美和小红萝卜为最佳。《燕京岁时记》中说到嚼吃萝卜："是日，富家多食春饼，妇女等多买萝卜而食之，曰'咬春'。谓可以却春困也。"其实，萝卜还有很大的药用价值呢。

立春日，阖家围桌"咬春"其乐无穷。

## 诗　词

### 京中正月七日立春

唐·罗隐（公元 833—909 年）

一二三四五六七，万木生芽是今日。
远天归雁拂云飞，近水鱼游逆冰出。

### 祝英台近·除夜立春

宋·吴文英（约 1200—1260 年）

剪红情，裁绿意，花信上钗股。残日东风，不放岁华去。
有人添烛西窗，不眠侵晓，笑声转、新年莺语。
旧尊俎，玉纤曾擘黄柑，柔香系幽素。归梦湖边，还迷镜中路。
可怜千点吴霜，寒消不尽，又相对、落梅如雨。

## 立春日寓北方赋雪

元·吴澄（公元 1249—1333 年）

腊转洪钧岁已残，东风剪水下天坛。
腾添吴楚千江水，压倒秦淮万里山。
风竹婆娑银凤舞，云松偃蹇玉龙寒。
不知天上谁横笛，吹落琼花满世间。

## 立春悼亡

明·葛节妇（生卒年不详。1574 年进士）

春风又自换韶光，忽忆当时卖锦裆。
佳节每逢即洒泪，良辰何处更飞觞。
梅花帐冷香空媚，竹叶杯浮恨欲长。
回首十年成注事，向人无语转凄凉。

## 卖花声·立春

清·黄仲则（公元 1749—1783 年）

独饮对辛盘，愁上眉弯。楼窗今夜且休关。
前度落红流到海，燕子衔还。
书贴更誊欢，旧例都删。到时风雪满千山。
年去年来常不老，春比人顽。

# 雨水

## ——又是一年初湿衣

乡 村 纪 事

又是一年初湿衣。立春一过，雨水节气跟着颠颠地跑来了。

雨水节气总是跟农历正月摽在一起。春长的时候，雨水节气处在正月底前；春短的时候，雨水节气处在春节前后。乡民说，到了雨水，不是不下雪了，只是从今往后下雨增多了，下雪减少了。雨水节气如果下雪，下的雪俗称"百洋水"，就是说，在未来100天左右，老天会下一场大雨。这时下的雪越大，那时下的雨就越大。乡民期盼着雨水节气里下雨，他们说："雨水有雨庄稼好，大麦小麦粒粒饱。""一场春雨一瓢油，麦秋大秋全丰收。"

雨水处在七九、八九的交头结尾之中，"七九六十三，皮袄脱得狗子穿。"七九河开，八九雁来，气温逐渐升高，冰冻开始融化，南迁的大雁

启程北归，大地缓缓回春。这个时候的寒冷，已经是冻人不冻地了。

正月里的农活相对比较松散，在松散的劳动中，乡民们快活地做着农活聊农事儿，说起来一套一套的。

他们说四季青菜：正月菠菜才发青，二月刨得羊角葱，三月韭菜上了市，四月西葫也长成，五月黄瓜大街卖，六月豆角爬满棚，七月茄子头朝下，八月辣椒满地红，九月芹菜药香浓，十月萝卜上秤称，十一月白菜家家有，腊月蒜苗绿丛丛。

他们说种庄稼：人们都说肥料好，合理施肥忘记了，重施偏施欠适当，反因肥害减产了。人们都说农药好，防治颠倒了，虫害形成才想治，实是思想麻痹了。人们都说良种好，良法配套忽视了，栽培措施跟不上，好种可能减产了。人们都说密植好，讲求实际偏差了，因时因地因品种，生搬硬套不得了。人们都说中耕好，当心时机错过了，晴天草小没有除，阴雨草大难办了。人们都说种麦墒差浇水好，可是漫灌水多了，浇后遇雨地泥泞，播期就要推迟了。人们都说农业好，学习技术莫忘了，切忌呆板和蛮干，科学种田好上好。

他们说管理果树：幼树整形拉骨架，老树更新后劲大。苹果不结整枝形；梨树不结剪梨瘿；核桃不结放放风；花椒不结把土封；柿子不结刨刨坑；枣树不结树身枷。

他们说养殖：养鸡养鸭，不缺钱花；种地不喂猪，不像庄稼户；养猪又养羊，地里多打粮；将军一匹马，农民一头牛；待要日子过得强，多养牛马和猪羊；养猪养羊得三头：攒粪、赚钱又吃肉。

他们说四季鲜花：正月梅花香又香，二月兰花盆里装，三月桃花红十里，四月蔷薇花开放，五月石榴红似火，六月荷花满池塘，七月栀子头上戴，八月丹桂满枝黄，九月菊花始绽开，十月芙蓉正上妆，十一月水仙供上案，十二月腊梅雪里香。

......

田野里，乡民将麦田划锄一遍，转向往播种前的棉田里运粪、撒粪、整平、耧耙保墒。棉田一般选在比较高亢的地块或者沙壤地里，因为，高亢的土地水源条件差，棉花和小麦、玉米等农作物比，是耐旱深根作物。沙壤地土质疏松，漏水漏肥，种植小麦、玉米很难提高产量。预留的棉田大部分在去年入冬前已经耕翻，冬耕是为了晒地，使耕翻上来的阴土经过日晒变成阳土，还能冻死藏匿在土层中的病虫害。乡民最懂"正月人哄地，八月地哄人"的道理，现在，他们把积攒了一个冬天的羊粪、草肥、土杂肥，主要施在棉田里，底肥充足了，好收成才有希望。然后进行细耙，并且，冰冻融化一层就深耙一遍，借以保墒提高地温。春天走进田野看吧，一块块棉田，平展的像一面面镜子。

乡村村旁、沟旁、路旁、地边旁，散布着三三两两种蓖麻的乡民，他们有的持镐，有的端盆，持镐的在前面刨窝，端盆的随其后点种、埋窝。蓖麻是在不出"冬九九"的时候种植，"蓖麻得了正月土，一棵扩权二十五"。八九、九九里，气温回升到零度左右，是种蓖麻的恰当时节，乡民在"四旁"地里能种几棵种几棵，绝对寸土不闲。今天，我们常常看到不但大量的"四旁"地空闲着，就连成片的土地都荒芜着，处在20世纪中期前后年月里，那是不可思议的，也是绝对不允许的。

说几句离题话吧。我在老家曾经看见过十多张康熙、乾隆、嘉靖、光绪年间的土地买卖地契，那上面的计量单位，买卖双方从几亩几分几厘核算到"几毫几乎"。我向父亲询问，具体到土地上"1乎"是多大面积，80多岁的老父亲说，他也不清楚"1乎"具体是多大面积。从这十多张地契上，我理解了农民对土地的感情；我理解了，土地，是农民的命根子。

蓖麻虽然生长在村边沟崖，但它浑身是宝。自从1 300多年前自印度传入我国，乡民从来没有小看过它，它也给乡民们带来了可观的利益。蓖麻是深根作物，抗旱喜温耐瘠薄耐盐碱。蓖麻子榨油，蓖麻子油食用烹炸煎炒，药用祛湿通络、消肿、拔毒，润肠通便，用在工业生产上可做高级润滑油。20世纪六七十年代，乡民收了蓖麻子，到当地粮所兑换食用油，每三斤多蓖麻子可以换回一斤食用油，是乡民食用油的一个重要来源。蓖麻叶药用有祛风除湿、拔毒消肿功效，可以治脚气、风湿痹痛、痈疮肿毒、疥癣瘙痒、子宫下垂、脱肛、咳嗽痰喘等病。蓖麻杆中能够提取工业用硝。霜降后，乡民采集了嫩蓖麻叶、未开的蓖麻花和不能够再成熟的嫩蓖麻籽，下锅煮熟后，放进清水里"拔"几天（中间换几次清水），加进些葱花、姜丝、花椒等佐料，做成"蓖麻花子"咸菜，很好吃。

蓖麻也是有毒植物，种子毒性大。不经过加工，人吃了容易中毒。轻度中毒者半天后表现衰弱无力，重者有恶心、腹痛、吐泻、体温升高、呼吸加快、四肢抽搐、痉挛、昏迷死亡。牛、马、猪等误食蓖麻子，能引起食欲减少、呕吐、下痢、疝痛、痉挛，严重时死亡。虽然如此，乡民还是很愿意种植它，因为在乡村，大人孩子都知道它的习性，由它造成中毒的事情很少发生。

雨水节气里是全年寒潮出现最多的时期。几场小雨雪过后，地上水和地下水"会师"了，盐碱地里的盐碱随着地下水回升泛出地面。放眼看去，盐碱地上一片"白雪"。乡民形象地叫它"白面盆"，把碱花花称作"白面"。盐碱地大都是低洼地和突兀不平的地块，乡民根据盐碱地的盐碱程度，又将它分成"油碱地"和"扛（gang）碱地"。种庄稼，"油碱地"管出苗不管长苗——出苗容易生长难；"扛碱地"管长苗不管出苗——出苗难但能够生长。"油碱地"里生长着寥寥无几的野生植物，常见的有红荆、芦草、阳沟菜、曲曲菜、蓬蒿菜、盐灰菜（学名叫：藜）等，乡民管盐灰菜叫"小灰菜"（还有一种大叶高杆灰菜，不耐盐碱，在盐碱地里不长，乡民叫它"大灰菜"）。除此，其他野生植物少见了。

世界上没有无用的物品。冬春季节，乡民到盐碱地里刮了表层碱土，运回家里，架起铁锅，土法熬盐、制硝。碱土制成的"小盐"虽然带有苦涩味，许多乡民靠它渡过了无钱买盐的难关。乡民用淋制的硝作鞭炮，碱花花成了乡民举办喜庆活动的"报喜鸟"。

开春后，盐碱地上的野生植物繁衍生长。红荆是灌木、小乔木，它耐旱、耐寒、耐盐碱。红荆枝条红色，叶似松针，夏季开花，花能酿蜜，花朵似米兰，花色初呈鲜红，渐变为粉红，再变成白色。我家乡盐碱地里的红荆几乎没有长成树形的，因它是小乔木，生长缓慢，乡民不指望它成为栋梁。红荆的枝条可以编织筐类器具，所以，每年窜出的枝条长成后，乡民便砍了荆条编筐篓，编成"席子"盖在屋顶上当铺材。经年累月，红荆长成了一墩一墩的。过去，我家乡一带农村使用的筐篓，有一半甚至大半是用红荆条编织的，使用起来很结实。

芦草和芦苇是同宗兄弟吧？区别大概是一个生长在地上，一个生长在水中。由于生长环境不同，便有了不同的形态。地上的长得身子细矮叶子窄，水中的长得身高粗壮叶子宽。这很有点像"橘生淮南则为橘，生于淮北则为枳，叶徒相似，其实味不同"。

明代诗人吴宽写过一首《芦》诗："江湖渺无际，弥望皆高芦。芦本水滨物，久疑平陆无。移根偶种植，沟浅土不污。纵横勿遍地，叶卷多葭莩。白花可为絮，长干须人扶。每当风雨夕，萧萧亦江湖。宛如扁舟过，榜人共歌呼。浩然发归兴，岂为思莼鲈。"吴宽说的是水中芦，乡民管它叫苇子，苇子是农村盖房、打箔编席的好材料。苇子的根茎（芦根）、嫩茎及叶还入中药。芦根：清热生津，止呕，除烦。嫩茎：清肺热，排脓。芦叶：和胃止呕，清热解毒，止血。蒙药（内、外蒙古人用它制药）味甘，性寒。利尿，清热。中药芦根：治热病烦渴，胃热呕吐，肺热咳嗽，小儿麻疹，肺痈，热淋涩痛。嫩茎：治肺痈烦热，吐脓血。芦叶：治霍乱吐泻，肺痈，吐血，衄血，痈疽。蒙药治伤热，"陈热"，水肿，小便短赤。

相比而言，生长在地上的芦草就显得不行了。古今历史上，没有听说有人为它写诗赞颂，它也没有苇子的那般大用途。但是，芦草是骡马牛羊等食草动物的上等饲草，牲畜吃它，不喂料就长膘。芦草扎根深，野生野长，不论你一年割几茬，它都能再长出来。它是盐碱地上的一道风景。它的存在，对人类动物生存繁衍也是很有贡献呢。

阳沟菜蒸包子、烙火烧、凉拌着吃都行，吃它时可以不用放盐，因为它在生长过程中自身吸收了一定的盐分。我小时候下地剜菜，看到阳沟菜，时常顺口唱起那首儿歌："阳沟菜，烙火烧，大娘吃了孵野（喜）鹊，孵一窝又一窝，大娘的肚里还有一窝。"

至于盐灰菜，它的用途委实不大了。牛、羊、猪、兔不爱吃它，吃多了拉肚子，这大概与它自身含盐碱量过高有关。因此，放羊人很少让羊放开肚子吃盐灰菜。

大地解冻后，乡民把盐碱地深耕粗耕，耕翻出很大的泥花，耕翻起的土层切断了与地下土层盐碱"管道"的联系。土地耕翻后不耙，如果接着耙地，切断了的地下盐碱"管道"就又跟耕翻土地接上茬口了。乡民把耕翻过的土层晾在那里晒太阳，目的是通过阳光照晒，蒸发耕翻土层里的水分，借以蒸发水分里的盐碱，降低土壤的盐碱含量。与之相配合，乡民治理盐碱地，还采取了挖沟排碱、台田降碱、大水压碱等许多措施。等到大田春播结束，将耕翻的盐碱地耙细耙平了，等待一场春雨。雨后，在低洼的"油碱地"里种苘麻（青麻）、红麻、料高粱（这种高粱主要当牲口饲料），在"扛碱地"里种高粱、棉花。盐碱地最难拿全苗，只要逮着苗，农作物就有不错的收成。

苘麻是喜温、短日照、多纤维植物，生长期三个月左右。当它长到半花半果，茎秆由绿色转呈黄绿颜色的时候收割。去掉叶子，将茎秆打捆放进水中浸沤至皮杆分离，剥下茎皮洗净，茎皮用作织绳索织麻袋。苘麻，是乡民使用绳经、麻袋的主要来源。它的种子可以入药，能够治疗腹泻、痢疾。乡村贫穷缺医少药，谁家大人孩子闹肚子了，炒些苘麻种子吃。炒熟的苘麻种子香喷喷，好吃治病还不花钱。许多抽烟的乡民没钱，买不起足够的烟叶，他们就将苘麻叶子掺在黄烟里当烟抽。苘麻秆中大量含硝，乡民从中提取硝。

高粱在我国有5 000多年栽培历史了，如《本草纲目》记载："蜀黍北地种之，以备粮缺，余及牛羊，盖栽培已有四千九百年。"高粱自古有"五谷之精、百谷之长"的盛誉。高粱是高产作物，在我家乡，乡民常常把它种植在相对瘠薄甚至盐碱的土地里。哪块土地贫瘠，哪块土地盐碱，哪块土地低洼或高亢，乡民说，种高粱吧，不论啥年景，保证有收成。高粱并不是天生只在劣质土地上生长，皆因其抗旱耐涝耐瘠薄，乡民才在比较没用的土地上种植很有大用的它，也由此格外受到乡民的青睐。秋天金风艳阳下，一片片高粱一片片火红，那是怎样的一种动人景色呀！

高粱家族有40多个品种，有早熟种、中熟种、晚熟种，又分常规品种、杂交品种。高粱口感有常规的、甜的、黏的。株型有高杆的、中高杆的、单穗的，多穗的等。高粱按性状及用途又分为食用高粱、糖用高粱、帚用高粱等类。高粱秆含糖分的，乡民管它叫"甜秫秸"、"甜高粱"。"甜高粱"秸秆可以像甘蔗一样生嚼着吃，可以榨糖。根据高粱粒的颜色和质性，高粱面粉做出来的食品有红色的、白色的和不红也不白的等多种。高粱可做面条、面鱼、面卷、煎饼、蒸糕、粘糕等多种食品，还是酿酒的上等原料。传说，酒的发明人杜康当长工时，有一次偶然把高粱米饭放在树洞中，时间久了，发酵成了酒。所以开始名叫"久"，后来才有"酒"字。我国以高粱为原料蒸馏白酒已有 700 多年的历史，"好酒离不开红粮"，驰名中外的中国名酒多是以高粱做主料或做辅料配制而成。高粱壳子（外皮）可以酿醋。

乡民从心里喜欢高粱，因为它全身都是宝。高粱秸秆坚实，乡民叫它"铁杆庄稼"。乡村盖房子，买不起芦苇，就用高粱秸秆做屋顶铺材。高杆、中高杆高粱的秸秆用来打箔，圈粮囤，晾晒遮苫物品等。帚用高粱身子高杆，它的结穗以下部分——莛杆，做锅盖、传盘、锅帘子等炊用器具。高粱穗形有带状和锤状两类，带状高粱穗脱粒后，做炊帚、笤帚等。上述物品，都是乡民居家过日子必不可少的生活日用品啊，乡民怎能不从心里器重对生存条件要求并不苛刻的高粱呢。

高粱很多时候是高贵的。乡村里有个风俗：在坟地里种植高粱。坟上长高粱，表示逝者有阴德，寓意其后人要出人头地，红红火火。村里死了人，孝子打的幡，挂的哀杖是用高粱秸制作的，还往坟上放高粱秸，坟上有高粱秸，表示逝者把阴间的门打开了，逝者可以自由出入阴间大门，可以转世，不会变成孤魂野鬼。这是不是一种高粱文化呢？

雨水节气里，乡民选一个晴朗无风的好天气，把五谷种子、棉花种子拿到太阳底下晾晒。乡民说，种子晒晒去除潮气，出芽率高。种子们在暖洋洋的阳光下，做着不久就要入土发芽的美梦。

## 时 间

每年二月十八日前后，此时太阳到达黄经 330°时为雨水节气。

## 含　义

　　雨水有两层意思，一是由降雪转为降雨；二是自"雨水"起天气回暖，南方暖湿气流势力渐强，降水量增多。"雨水"过后，我国大部分地区气温已达到0℃以上。黄淮平原日平均气温已达3℃左右，江南平均气温在5℃上下，华南气温在10℃以上，而华北地区平均气温仍在0℃以下。此时天气变化不定，忽冷忽热，乍暖还寒，是全年寒潮过程出现最多的时节之一。

## 物　候

　　**雨水三候：**"一候獭祭鱼；二候鸿雁来；三候草木萌动。"
　　值此节气，水獭开始捕鱼了，将鱼摆在岸边如同先祭后食的样子。五天过后，大雁开始从南方飞回北方。再过五天，在"润物细无声"的春雨中，草木随地中阳气的上升而开始抽出嫩芽。从此，大地渐渐开始呈现出一派欣欣向荣的景象。

## 农　事

　　雨水前后，油菜、冬麦普遍返青生长，对水分的要求较高。华北、西北以及黄淮地区这时降水量一般较少，雨水前后及时春灌。淮河以南地区，则以加强中耕锄地为主，同时搞好田间清沟沥水，以防春雨过多，导致湿害烂根。俗话说："麦浇芽，菜浇花。"对起苔的油菜要及时追施苔花肥，以争荚多粒重。华南双季早稻育秧已经开始，抓住"冷尾暖头"，抢晴播种。
　　**北方地区农事：**"雨水"雨增温度升，华北大地渐解冻。抓紧划锄冬小麦，化一层来锄一层。大麦葵花和蓖麻，顶凌播种产量丰。河里来水快蓄灌，莫待断流浇不成，河水井水双配套，水到用时有保证。春田肥料早运上，耙耢保墒不容停。棉田良种准备妥，提高地温适时播。地瓜育苗早打谱，抓紧盘炕和挖坑。果园认真来管理，剪枝刮皮把土松。牛驴骡马要加料，春耕春种如虎猛。养鱼宜用废弃地，烧完砖瓦挖鱼坑，结合积肥整鱼塘，塘深地壮鱼粮增，水深才能养大鱼，上中下部鱼三层。

## 养 生

雨水季节，天气变化不定，容易引起人的情绪波动，乃至心神不宁。根据雨水节气对自然界的影响，这个时候养生保健最关键的是调养脾胃。中医认为，脾胃为"后天之本""气血生化之源"，脾胃的强弱是决定人生命长短的因素之一，是人们健康长寿的基础，脾胃虚弱是滋生百病的主要原因。所以，雨水节气要重视养脾健脾。第一，精神上注意清心寡欲，不妄劳作，以养元气。第二，起居有常，劳逸结合，注意根据气温添减衣服，不要过多的吃寒冷的食物或喝凉茶，适当吃些较温些的甜食，以养脾胃，避免脾胃受凉。第三，不宜做过于激烈的运动，以便让肝气慢慢和缓的上升，避免因为体内能量（中气）消耗太过而失去对肝气的控制，导致肝气一下子往外跑得太多而出现发热、上火等症状。可做些散步、打太极拳等较轻松的运动。第四，药物调养：要考虑脾胃升降生化机能，用升发阳气之法，调补脾胃，可选用沙参、西洋参、决明子、白菊花、首乌粉及补中益气汤等。唐代孙思邈在《千金要方》中说："春七十二日，省酸增甘，以养脾气。"五行中肝属木，味为酸，脾属土，味为甘，木胜土。所以，雨水时节饮食应多吃甜味，少吃酸味，少吃油腻之品，少吃羊肉等温热之品，以养脾脏之气，多食莲子粥、山药粥、红枣粥等。

## 雨水一吃

元宵（汤圆）：元宵节处在雨水节气里，元宵——汤圆是元宵节里的上佳食品。"元宵"作为食品，在我国由来已久，宋代叫它"浮丸子""乳糖丸子"和"糖元"。至少到了明朝，人们就以'元宵'来称呼这种糯米团子。有一首诗说："贵客钩帘看御街，市中珍品一时来。帘前花架无路行，不得金钱不得回。正月十五吃元宵，元宵以白糖、玫瑰、芝麻、豆沙、黄桂、核桃仁、果仁、枣泥等为馅，然后，把馅块放入像大筛子似的机器里，倒上江米粉"筛"。随着馅料在互相撞击中变成球状，江米也沾到馅料表面形成了元宵。元宵可荤可素，风味各异。可汤煮、油炸、蒸食，有团圆美满之意。"

## 诗　词

### 春夜喜雨

唐·杜甫（公元 712—770 年）

好雨知时节，当春乃发生。随风潜入夜，润物细无声。
野径云俱黑，江船火独明。晓看红湿处，花重锦官城。

### 初春小雨

唐·韩愈（公元 768—824 年）

天街小雨润如酥，草色遥看近却无。
最是一年春好处，绝胜烟柳满皇都。

### 江　南　春

唐·杜牧（公元 803—约 852 年）

千里莺啼绿映红，水村山郭酒旗风。
南朝四百八十寺，多少楼台烟雨中。

### 春　　雨

唐·李商隐（公元 813—858 年）

怅卧新春白袷衣，白门寥落意多违。
红楼隔雨相望冷，珠箔飘灯独自归。
远路应悲春晼晚，残霄犹得梦依稀。
玉珰缄札何由达，万里云罗一雁飞。

# 惊蛰
## ——当春乃发第一声

当春乃发第一声：惊蛰春雷响。惊蛰这天，你听到雷声了吗？

尽管这一天不一定是阴天打雷，百虫们依然如期从长眠中醒来。它们在洞穴里蛰伏了一个冬天，终于等到了出头露面之日——惊蛰。

乡民说，"春雷惊百虫"，百虫听见雷声就"出蛰"了。其实，百虫们不是被春雷叫醒"惊而出走"的，而是因为春天来了，大地回暖了，是被春天叫醒的。从惊蛰起，长虫（蛇）、蝎子、蚰蜒、蜘蛛、蚂蚁、蜂、獾、黄鼠……各种冬眠的昆虫、野生动物们，伸伸胳膊，蹬蹬腿脚，打着哈欠，先后回到自己从前活动的领地，开始了新生活。

记得小时候，惊蛰这天早晨起来，娘在做饭前，拿起灶下的火把棍子，敲打几下锅台台面，发出"棒棒棒"的声响。我纳闷儿，问娘："敲锅台干吗呀？"娘说："震虫子呀。今天虫子听见敲锅台，震得它以后不敢爬锅台，就掉不进锅里了。"娘又拿起面瓢，用小擀面轴在瓢底上敲几下，嘴里念叨着："贼老鼠，听清了，今天又到惊蛰了，劝你别把崽儿下，不听话，非要下，十窝鼠崽九窝瞎，剩下一窝不瞎的，送给黄鼬送给蛇。"

早饭后，如果是晴天，娘把一些衣裳拿到院子里一件一件抖搂开，再一一使劲抖搂几下子，晾到铁丝绳上。娘说惊蛰抖衣裳，不招虱子跳蚤。当时听了不往心里记。长大了念书后，才知道这叫抖虱子，有讲头呢。明朝刘侗在《帝京景物略》卷二《春场》里面有记载："初闻雷则抖衣，曰蚤虱不生。"

娘回到屋里，动手炒蝎子豆。乡民管惊蛰这天炒的豆子叫蝎子豆。此前一天，娘精心选好黄豆，之后用盐水浸泡，盐水中还放了花椒、大料、茴香籽。早晨倒掉盐水，晾干黄豆表皮。炒豆时锅里放进细沙土，将沙土烤"开锅"——沙土在锅里翻花冒泡了，再把黄豆倒进锅里翻拌。炒熟的黄豆香酥脆咸，十分好吃。娘说吃了蝎子豆，一年不被蝎子蜇；吃了蝎子爪，一年不用打。那时候乡村生态环境好，村庄墙缝里、潮土里、坷垃砖头底下，田野杂草间、树洞里，生活着很多蝎子。蝎子毒性大，大人不小心让蝎子蜇了，疼得跳脚掉泪，小孩子被蜇了，疼得哭爹叫娘。大人赶紧说，别喊娘，母蝎子生小蝎子的时候，脊梁骨背裂开一道缝，小蝎子是从母蝎子脊梁骨背上生出来的，母蝎子生完小蝎子就死去，蝎子没有娘，所以毒，你越喊娘就越疼。

农历二月二赶在惊蛰前后，"二月二，龙抬头。"乡民说，依照乡村风俗，有舅舅的孩子"正月不剃头，剃头死舅舅"。所以，进了二月剃头的人多。孩子抢在二月二这天"剃龙头"，据说能给孩子带来平安、吉祥和发达。二月二这天，妇女起床前先念"二月二，龙抬头，龙不抬头我抬头"。起床后打着灯笼照房梁，边照边念"二月二，照房梁，蝎子蜈蚣无处藏"。妇女们一天不纺线，说纺线瞎了龙毛龙爪；不做针线活，做针线活会扎伤龙眼。男人太阳出来之前不挑水，龙在日出前潜伏水中，还没有腾云驾雾而去，挑水时会把龙给挑出来。

......

惊蛰天转暖，动物发情欢。动物世界里的一个个新生命，从惊蛰起开始孕育。乡民凭着他们的生活经历和经验，密切观察着所喂养的生灵们的一举一动：马发情，把腿叉；驴发情，嘴呱哒；牛发情，叫哞哞（爬公牛）；羊发情，摇尾巴；猪发情，跑断腿。

我家乡一带，乡民对许多生灵有别称。他们管母马叫骡马，公马叫儿马；母驴叫草驴，公驴叫叫驴；母牛叫嗣牛，公牛叫犍（尖）子或者牤牛；公羊叫泡唬（音），公猪叫泡猪等。

当牲畜发情时，乡民并不急着去配种，而是审慎地选择着最佳时机。不同的牲畜，发情时配种时间不同："牛头马尾驴中间。"牛发情初期、马发情后期、驴发情中期，是最佳配种期。同一种牲畜，年岁不同，发情时配种时间也不同：年岁偏大的牲畜发情，早去配种；中年牲畜发情，选择最佳配种期时段的中期去配种；幼年牲畜发情，就等到发情后期去配种。这样，能提高配种准确率。嗣牛配种时，如果一次配种没有受孕，那也不用着急，在第21天或第28天时，还有一次发情期，能够"梅开二度"。

跟大牲畜比起来，有些体小动物发情的表达方式在人类看来就有些不雅了。农历二月、八月，是母猫的发情期。乡民管母猫叫女猫，公猫叫儿猫。女猫发情的时候，不论白天、晚上，在院子里、房墙上寻觅着，嗷嗷叫着，向儿猫发出求亲的召唤。叫声刺耳，有时候像赖孩子的哭喊声，尤其在夜深人静的时候，叫声传出很远很远，乡民称为"叫猫子"。女猫"叫猫子"的声音应该是很招人烦恶的，然而，乡民对"叫猫子"并不烦恶，听见后随口说一声："谁家的猫在'叫猫子'呢。"这大概是因为平时猫捉老鼠、为民除害赚下的人缘。

猫是亲近人的动物，不论是平民百姓家的草屋，还是皇室贵族的府第，它都进得了门儿。当然了，进了高等门第的猫，跟平常人家的猫就不一样了。据说，唐明皇养的猫，看到主人跟别人下棋，快要输了，就跳上棋盘把棋子搅乱。狄更斯养的猫，看到主人熬夜过度，就伸出爪子把蜡烛扑灭，让主人搁笔休息。看看，人家养的猫多通人性呀，算得上是高级猫吧。平常人家的猫是"大众情人"，它串百家门，吃千家饭，捕捉老鼠虽然主观上为它自己，但客观上帮助了人类，因而受人爱惜。猫多数时候昼伏夜出，它蹿房越脊如履平地，脚步轻无声息。《三侠五义》中的五鼠之一白玉堂，绰号"锦毛鼠"，大概就是作者根据白玉堂相貌英俊、轻功超群、行动如同狸猫一般而命名的。

猫捉老鼠的时候，静静地伏在那个隐蔽处，犀利的目光死死盯住（它判断）老鼠出入的地方，两条前腿收缩伏地，两条后腿蹬地，屁股微微撅起，做好出击准备。老鼠一出现，它的前后双爪暗暗使劲，尾巴拧着花儿竖起，瞅准时机"嗖"地窜过去，一双利爪同时伸出，将老鼠摁在爪下。猫是老鼠的天敌，老鼠见了猫浑身发抖，跑不动。平时，人们比喻一个人惧怕一个人的时候，常常说："你看他，见了某某像老鼠见了猫似的。"猫捉到老鼠并不急于吃掉，而是把老鼠叼到一个开阔的场地，放开老鼠让它跑，老鼠战战兢兢地刚跑出几步，猫又一个箭步扑上去。老鼠吓得缩头伏地不敢动弹，猫歪着头看着老鼠，伸出一只前爪拍打老鼠，促它再跑，老鼠又跑，再被抓回来。如此反复，待戏耍尽兴了，猫才把老鼠吃了。小猫捕捉老鼠的技能是跟老猫学来的，乡民说："老猫溜房檐，辈辈往下传。"

乡民把猫看作儿女一样，从他们管母猫叫女猫、管公猫叫儿猫的称呼中可以窥见一斑。猫眼睛的瞳孔与太阳有关，从早晨到中午，瞳孔先是由大变小，变细，正午时分，瞳孔成了一条线。从正午后到夜晚，瞳孔再由细、小变大到起初的状态。猫睡觉的时候打呼噜，乡民说是它在念佛呢。我家乡乡民从不吃猫肉。如果一只猫病死了，或者年纪大了老死了，乡民会叹息着把它埋葬了，不让其他动物吃掉。猫对人类是有功之臣，这样处置是对猫的尊重。平时，如果谁要吃猫肉，乡民们会说，他死后去不了望乡台。乡民对猫溺爱归溺爱，但是，猫和狗比起来，猫有一样不如狗，那就是，猫的记性不如狗，猫记八百（里），狗记三千（里）。

"六畜"之中，狗是最早被人类驯化的动物，狗的祖先是狼，距今大约有两万年历史。浙江余姚河姆渡遗址出土的狗化石有7 000年历史。西晋文学家傅玄曾经写过一篇《走狗赋》，全文如下：

"盖轻迅者莫如鹰，猛捷者莫如虎。惟良犬之禀性，兼二俊之劲武。应天人之景晖，顺仪象而近处。凭水木之和气，炼金精以自辅。统黔喙于秋方，君太素之内寓。谅韩卢其不抗，岂晋獒之能御？既乃济卢泉，涉流沙。逾三光，跨大河。希代来贡，作珍皇家。骨相多奇，仪表可嘉。足悬钩爪，口含素牙。首类骧螭，尾如腾蛇。修颈阔腋，广前捎后。丰颅促耳，长叉缓口。舒节急筋，豹耳龙形。蹄如结铃，五鱼体成。势似凌青云，目若泉中星。转视流光，朱曜赤精。震茹黄而摄宋鹊兮，越妙古而扬名。于是寻漏迹，蹑遗踪。形疾腾波，势如骇龙。邀朝乌之轻机兮，绝猛兽之逸轨。漂星流而景属兮，逾窈冥而腾起。陵冈越壑，横山超谷。原无逃兔，林无隐鹿。顾芷䜌以嬉游兮，步兰皋而聘足。然后娱志苑囿，逍遥中路。属精采以待踪，逐东郭之狡兔。畲洋洋以衍衍，逞妙观于永路。既迅捷其无前，又闲暇而有度。乐极情遗，逸足未殚。抑武烈而就罗兮，顺指麾而言旋。归功美于绁兮，其槃瓠之不虞。感恩养而怀德兮，愿致用于后田。聆辖车之鸾镳兮，逸猲獢而盘桓。”

狗睡觉没有固定的时间，白天黑夜有机会就睡，年轻力壮的狗睡眠较少。狗睡觉习惯把嘴藏在两只前腿下面，这是因为它的鼻子嗅觉灵敏，它用鼻子时刻警惕四周的情况，与耳朵配合，随时作出反应。狗睡觉多数时间是浅睡，稍有动静即惊醒，浅睡时呈伏卧姿势，头俯于两个前爪之间，经常有一只耳朵贴近地面倾听动静。人或其他动物如果朝它所在的方向走来，在距离它很远时，它已经在支起耳朵倾听其脚步声了。熟睡时常侧卧着，全身舒展，样子很酣畅。沉睡时有时发出梦呓，如轻吠、呻吟，伴有四肢抽动、头和耳朵轻摇。狗睡眠时对主人和熟人不敏感，但对陌生的声音仍很敏感。如果狗没睡醒被惊醒，它会不满，也会对主人吠叫发泄。

母狗发情的时候有点太放肆，一条发情母狗身后往往跟着几条公狗，乡民管公狗叫伢狗，管几条伢狗跟在发情母狗腚后头叫"哄哄狗子"。母狗、伢狗们不太忌讳人，它们在大街上、人来人往中跑来窜去。最终，那条最强壮、凶悍的伢狗逼退其他同类，它便不分场合地、迫不及待地和母狗交配。

狗是与人距离最近的动物，狗通人性，它能帮助主人看家护院，追捕猎物，危急时刻舍命救主，是人类最亲密的伙伴，最忠诚的朋友。然而，人们对狗的印象好像并不太好，总爱把人的一些不良行为跟狗扯在一起。你听听：鸡鸣狗盗、狼心狗肺、蝇营狗苟、狗急跳墙、狗尾续貂、狗血喷头、狗仗人势、狗彘不如、狐朋狗友、狗眼看人低……在乡村，如果一个人为人很自私、吝啬，乡民会说："属狗X的，只兴进不兴出。"如果一个人脾气急躁，遇到对立的事情变脸快，乡民会说："属狗的，说翻脸就翻脸。"

但是，萧伯纳说："我见过的人越多，我就越喜欢狗。"这句话所蕴含的深意，相信没有谁会读不懂。

牛马比君子。

家畜中，马和羊很讨人喜欢，马年、羊年是丰收年的象征。乡民说："羊马年好种田，跳跳趷趷鸡狗年。"牛的名声不错，它吃苦耐劳，任劳任怨。乡民常常拿勤劳忠厚的人跟牛作比："老黄牛""简直像头牛，光知道干活"。不过，牛有自己的脾气：犟牛、钻牛角尖。驴的口碑一般，它丢分丢在脾气上。这从乡民评论人时就能看出来："他动不动就尥蹶子，驴脾气""属驴的"。不过，毛驴吃草少，很少生病，干活有耐力。拉脚的（用大车载客或为人运货）人喜欢使役毛驴，毛驴记性好，认路准确，不用催促，夜间走熟路，拉脚人可以在车上睡觉。骡子比马和驴有力气，但是耐力差——干活一窜子劲儿，没常性，脾气时好时坏。猪是"吃货"，它吃饱了爱睡觉，发出无忧无虑的鼾声。乡民常常把懒汉比作为"懒猪""属猪的，傻吃闷睡"。

过了惊蛰节，春耕不能歇；九尽杨花开，农活一齐来。唐代韦应物《观田家》诗云："微雨众卉新，一雷惊蛰始。田家几日闲，耕种从此起。丁壮俱在野，场圃亦就理。归来景常晏，饮犊西涧水。饥劬不自苦，膏泽且为喜。仓廪无宿储，徭役犹未已。方惭不耕者，禄食出闾里。"常规性的农活是浇小麦返青水，追返青肥，接着划锄保墒，小麦锄三遍，皮薄多出面。浇灌棉田造墒，追施底肥，及时耙地，减少水分蒸发。乡民说："惊蛰不耙地，好比蒸馍走了气。"这是防旱保墒的宝贵经验。盘地瓜炕，准备繁育春地瓜秧苗。抓住九九尾巴种大蒜，种蒜不出九，出九长独头。在院子里、地头、水渠边种向日葵。再有就是种大麦了。

在我家乡，乡民种植大麦是把它作为"接短"、"补充"作物。当时在许多地方，社员（农民）劳动一年分配所得粮食不够吃一年，麦收前夕正是青黄不接的苦口，乡民说，麦子黄梢，饿的蹬脚。为此，才适当调出部分土地种植一些大麦接济。大麦春种夏收，生长期短，大麦熟，小麦黄，大麦比小麦早熟十天左右。这短短十来天，有了大麦，就可以避免有人因断粮而饿昏饿死的情况发生。大麦产量不是很高，吃起来发黏口感也不太好。但是，大麦耐旱、耐碱、耐瘠薄、耐低温冷凉，因而它成了解决"青黄不接"的理想作物。大麦的这些特性，也许是它延续5 000年种植不衰的一个重要原因。乡民将土地整平，挑成宽畦，浇水施肥后，撒上大麦种子，再撒上一层细土覆盖。几天后，绿生生的麦芽顶着寒冷破土而出，生机勃勃。哦，亲亲的大麦呀！

惊蛰断凌丝，地气通，万物长，是种树的好时机。乡民懂得一个朴素的道理：一年富，拾粪土；十年富，种树木。栽树忙一天，得益数十年。每年的这个时节，乡民都见缝插针地种树。他们在实践中积累了丰富的种树经验，种树时绝不干"一刀切"的蠢事，而是根据不同土质，不同地形地势，种植不同的树种。常常是在土质好的路边、地边栽种杨树、柳树，树间栽种棉柳、紫穗槐；在河道、池塘岸畔栽种柳树，沙里青杨泥里柳，栽上能活九十九；在土质盐碱度重的路边、地边栽种椿树、刺槐，树间栽种红荆、棉柳、紫穗槐；在房前屋后栽种榆树、椿树、枣树；在院子里栽种石榴树、香椿树、花椒树、枣树、杏树等；在村头巷口栽种国槐。在坟场栽种松树、柏树、白杨树；在红壤酸性土地里栽种枣树（像乐陵的枣粮间作）、香椿树、苹果树；在中性土壤地里栽种桃树、杏树、核桃树；在沙壤土地里栽种梨树、山果树、桑椹树、柿子树；在碱性土地里栽种枣树、枸杞等，枣树抗旱、抗涝又抗碱，易栽易活还易管。

乡民栽树最讲实效，他们既看眼前更看长远，既看直接利益也看间接利益。从下面的一些谚语里，就能体味出他们在种树上的远见卓识：无灾人养树，有灾树养人。宅旁栽上几棵杨，十年就能盖新房；四年椽，十年檩，十五年当梁够标准。桃三杏四梨五年，想吃苹果五六年，核桃柿子六七年，枣树当年就见钱；柿子核桃寿命长，梨树杏树活百年，子子孙孙吃不光。栽桑如栽摇钱树，养蚕似得聚宝盆。家有几棵老枣树，男婚女嫁愁不住。栽树占地一条线，保护农田一大片；四旁栽树防风沙，河畔栽树保堤坝；树木成林绿葱葱，旱涝灾害无影踪。

也因此，乡民种树不用组织，不用号召，完全是一种祖训传承、利益引导下的一种自觉自愿行为，种起树来非常认真。他们说，起苗不伤根，栽树坑挖深；挖坑大又深，树苗易生根；深埋使劲砸，扁担也生芽。深深的，浅浅的，结结实实暄暄的。栽树要护树，不护不成树。种树如种田，管树如修棉。三分种，七分管，栽树不活是人懒。爱花花结果，惜柳柳成荫。

这正是：惊蛰"九九"艳阳天，万物复苏春昂头，河岸杨柳呈淡绿，沃野遍地耕牛走。

## 时　间

每年 3 月 5 日或 6 日，太阳到达黄经 345 度时为"惊蛰"。

## 含　义

惊蛰的意思是天气回暖，春雷始鸣，惊醒蛰伏于地下冬眠的昆虫。《月令七十二候集解》中说："二月节，万物出乎震，震为雷，故曰惊蛰。是蛰虫惊而出走矣。""春雷响，万物长"，惊蛰时节除东北、西北地区仍是银装素裹的冬日景象外，我国大部分地区平均气温已升到 0℃以上，华北地区日平均气温为 3～6℃，沿江江南为 8℃以上，而西南和华南已达 10～15℃，早已是一派融融春光了。

## 物　候

**惊蛰三候：**"一候桃始华；二候仓庚（黄鹂）鸣；三候鹰化为鸠。"

此时已是桃花红、李花白，黄莺鸣叫、燕飞来的时节，大部分地区都已进入了春耕。惊醒了蛰伏在泥土中冬眠的各种昆虫的时候，此时过冬的虫卵也要开始孵化，由此可见惊蛰是反映自然物候现象的一个节气。

鹰化为鸠，是古人对周围的景物观察不够仔细造成的误解。古人认为惊蛰后鹰变为鸠，鸠是由鹰变的。其实，这是不合乎科学事实的情况。在惊蛰节气前后，动物开始繁殖，鹰和鸠的繁育途径大不相同，附近的鹰开始悄悄地躲起来繁育后代，而原本蛰伏的鸠开始鸣叫求偶。古人没有看到鹰，而周围的鸠好像一下子多起来，他们误以为是鹰变成了鸠，这是古人的一个观察错误。

## 农　事

华北地区冬小麦开始返青生长，土壤仍冻融交替，要及时耙地，防旱保墒，减少水分蒸发。沿江江南小麦已经拔节，油菜也开始见花，对水、肥的要求均很高，要适时追肥，适当浇水灌溉。南方雨水一般能满足菜、麦及绿肥作物春季生长的需要，防止湿害则是最重要："麦沟理三交，赛如大粪浇""要得菜籽收，就要勤理沟"，必须继续搞好清沟沥水。华南地区抓紧播种早稻，同时做好秧田防寒工作。茶树也渐渐开始萌动，要进行修剪，及时追施"催芽肥"，促其多分枝，多发叶，提高茶叶产量。桃、梨、苹果等果树要施好花前肥。

**北方地区农事：**惊蛰节到闻雷声，震醒蛰伏越冬虫。天气渐渐寒转暖，华北田野地化通。春季生产掀高潮，从南到北忙春耕。麦田追肥和浇水，紧跟锄搂把土松。大麦豌豆向日葵，突击播种莫再等。大蒜栽种不出九，精细认真管芽葱。兴修水利好时机，挖沟筑坝打深井，庄稼歉收一年苦，不修水利代代穷。春季造林好时机，因地制宜分树种，栽后护理要认真，光栽不护白搭工。家禽孵化黄金季，牲畜普遍来配种，天暖花开温升高，畜禽打针防疫病。快把鱼塘整修好，放养鱼苗好节令。老鼠危害实不小，村村灭鼠齐行动，投饵夹套挖堵灌，鼠想逃命万不能。

## 养　生

根据自然物候现象、自身体质差异调养精神、饮食、起居等。调节身体生理变化，保证充足睡眠度过"春困"；抵御阴寒恰当穿衣坚持"春捂"。因人而宜饮食，阴虚体质的人注意保阴潜阳，多吃糯米、芝麻、蜂蜜、豆腐、鱼、蔬菜等清淡食物，少吃燥热辛辣食物。有条件的人可以食用一些海参、龟肉、蟹肉、银耳、雄鸭、冬虫夏草。阳虚体质的人多吃羊肉、狗肉、鸡肉、鹿肉等壮阳食品。痰湿体质的人多吃萝卜、包头菜、蚕豆、洋葱、紫菜、海蜇、荸荠、大枣、薏苡仁、红小豆等健脾利湿、化痰祛湿食物，少吃肥甘厚味、饮料、酒类，且每餐不要过饱。血瘀体质的人常吃核桃、黑豆、油菜、慈姑、醋等具有活血化瘀作用的食品，常吃山楂粥和花生粥。也可以选用当归、川芎、丹参、地黄、地榆、五加皮等一些活血养血之药品和肉类煲汤饮用。

## 惊蛰一吃

梨：惊蛰时节，乍暖还寒，阳气升腾，肝火旺盛，天气干燥，容易使人口干舌燥、咽喉肿痛、咳嗽吐痰。梨味甘多汁，含有丰富的果酸、铁、维生素 A、维生素 C 等，有"生者清六腑之热，熟者滋五脏之阴"功效，特别适合惊蛰节气食用。饭前饭后生吃，或者加冰糖、陈皮丝、川贝母粉等煮熟食用，都能对解除咽喉干、痒痛、音哑等有良好作用。惊蛰日吃梨，还有跟害虫分离，让疾病远离身体的寓意。

## 诗　词

### 拟古（其三）

魏晋·陶渊明（公元约 365—427 年）

仲春遘时雨，始雷发东隅。
众蛰各潜骇，草木纵横舒。
翩翩新来燕，双双入我庐。
先巢故尚在，相将还旧居。
自从分别来，门庭日荒芜；
我心固匪石，君情定何如？

### 义雀行和朱评事

唐·贾岛（公元 779—843 年）

玄鸟雄雌俱，春雷惊蛰余。
口衔黄河泥，空即翔天隅。
一夕皆莫归，晓晓遗众雏。
双雀抱仁义，哺食劳劬劬。
雏既遍逦飞，云间声相呼。
燕雀曷微类，感愧诚不殊。
禽贤难自彰，幸得主人书。

## 秦楼月

宋·范成大（公元 1126—1193 年）

浮云集。轻雷隐隐初惊蛰。初惊蛰。

鹁鸠，鸣怒，绿杨风急。玉炉烟重香罗浥。

拂墙浓杏燕支湿。燕支湿。花梢缺处，画楼人立。

## 水龙吟·惊蛰

元·吴存（公元 1259—1339 年）

今朝蛰户初开，一声雷唤苍龙起。吾宗仙猛，当年乘此，遨游人世。玉颊银须，胡麻饭饱，九霞觞醉。爱青青门外，万丝杨柳，都揽作，长生缕。七十三年闲眼，阅人间几多兴废。酸碱嚼破，如今翻觉，淡中有味。总把余年，栽松长竹，种兰培桂。诗与翁同看，上元甲子，太平春霁。

## 喝火令

清·顾太清（公元 1799—1876 年）

己亥惊蛰后一日，雪中访云林，归途雪已深矣，遂题小词，书于灯下。

久别情已熟，交深语更繁。故人留我饮芳樽。已到雅栖时候，窗影渐黄昏。拂面东风冷，漫天春雪翻。醉归不怕城门闲，一路琼瑶，一路没车痕，一路远山近树，妆点玉乾坤。

# 春分
## ——二月春风似剪刀

节气也有搞平均主义的时候，比如春分。

春分这一天，太阳直射赤道，昼夜几乎相等。从立春到立夏为春季，前后三个月时间，春分正当三个月之中，它如春风送来的一把剪刀，将春季平分为二。

春分节气留给我两件记忆深刻的事儿。

一件是春分"竖蛋"。记得小时候有一天中午放学回家，走进院门时，赶上一只母鸡拍着翅膀从下蛋的窝里跑出来，"咯咯哒、咯咯哒"地叫着。我知道是它下蛋了。母鸡就是这样，每次它下了蛋，出窝后就不停地叫一阵子，大概是告诉主人它下蛋了，生怕主人不知道。由此，乡民戏说做了事情爱显摆的人"跟只下了蛋的母鸡"。

我走到蛋窝前，顺手把一个热乎乎的鸡蛋拿在手里。娘坐在炕沿上纺线，对我说："你把鸡蛋放在躺柜（板柜）上，看看能竖起来吧。今们（今天）是春分，人家说鸡蛋在今们能竖起来。"我好奇，拿着那个鸡蛋在柜面上反复竖，怎么也竖不起来，娘说我笨。我问娘听谁说鸡蛋能在今天竖起来，为什么今天能竖起来？娘说："从老辈人家都这么说，俺也不知道为嘛，反正是有人竖起来过。"

春分"竖蛋"习俗说不清从何时兴起，"春分到，蛋儿俏"代代流传。春分这天，鸡蛋确实能够竖起来，但不是用新下的鸡蛋，是下了四五天的鸡蛋。新下的鸡蛋壳内不空，存放几天后，蛋黄素带松弛，开始有些变空，鸡蛋竖立时蛋黄下沉，鸡蛋重心下降，利于竖立。竖蛋时还要恰当选择平面与蛋皮表面接触点，加上春分这天南北半球昼夜一样长，呈66.5度倾斜的地球地轴与地球绕太阳公转的轨道平面处于一种力的相对平衡状态这一特殊条件，鸡蛋便能竖起来。不过，不是人人都能把鸡蛋竖起来，它还需要必要的技巧。

另一件是放风筝。我村里经常放风筝的是朱立训。春风和煦的午后，他常常带着孙子们到生产队的场院里放风筝。他的风筝是自己制作的，用莛杆做骨架，用白纸和红纸裱糊，形状有蝴蝶、蜈蚣、十二个月等。他手中的线儿变换着动作，空中的风筝升高降低，前冲后退，引得孩子们不住地呼喊。

春分是个春光明媚的季节。田野里，小麦拔节，一片葱绿；桃花盛开，胭脂红透；杨树青青，柳枝鹅黄；鸟儿欢歌，飞起飞落。有闲人兴致勃勃地走进春光里游春踏青，欢天喜地地逛花会，过花朝节。有条件的人讲讲养生，调剂饭菜，定量用餐，定时睡眠，保持寒热均衡，身体健康。文人骚客雅兴大发，摇头晃脑赋诗作词。唐代诗人权德舆春分起得早啊！"清昼开帘坐，风光处处生。看花诗思发，对酒客愁轻。社日双飞燕，春分百啭莺。所思终不见，还是一含情。"宋代诗人徐铉春分听到了什么？"春分雨脚落声微，柳岸斜风带客归。时令北方偏向晚，可知早有绿腰肥。"苏轼春分看到了什么？"雪入春分省见稀，半开桃李不胜威。应惭落地梅花识，却作漫天柳絮飞。不分东君专节物，故将新巧发阴机。从今造物尤难料，更暖须留御腊衣。"同是宋代的葛胜仲春分感叹什么？"已过春分春欲去。千炬花间，作意留春住。一曲清歌无误顾。绕梁余韵归何处。尽日劝春春不语。红气蒸霞，且看桃千树。才子霏谈更五鼓。剩看走笔挥风雨。"

　　乡民没有这个闲工夫，也没有这种心境，春分一刻值千金，他们在"闹"春耕呢。乡民把忙活春耕生产说是"闹"春耕，一个"闹"字，活脱脱地表现出了春耕生产大忙程度和紧张气氛。日头"吃了春分饭，一天长一线"，"春分麦起身，肥水要紧跟"，"麦过春分昼夜忙"；"春雨贵如油"，"春分有雨是丰年"；春分日，去种树，"野田黄雀自为群，山叟相过话旧闻。夜半饭牛呼妇起，明朝种树是春分"。

　　春分节气里，乡民用水车、辘轳抓紧给小麦浇拔节水，施拔节肥。给冬耕的春田浇水造墒，为棉花、谷子等春播作物播种作准备。给新栽的小树挖坑、培土、浇水。执鞭耙地、畦边看水、路旁种树的乡民们，忙碌中耳听得头顶上传来唧唧喳喳的欢叫声，抬头仰脸朝天上看，见是几只燕子在上方盘旋，老熟人似得在他们身旁忽近忽远忽高忽低地飞来飞去，心头不由地生出一阵惊喜：哦，南去的燕子飞回来了。

　　乡民说，燕子来时不过（农历）三月三——春分来，走时不过九月九——秋分去也。这小精灵，小脑袋瓜里跟安装了钟表一样准时着呢。乡民看着飞翔的燕子，听着它们清脆的鸣叫，心里顿时增添了许多愉悦，手中的鞭子甩得更响，土地耙得更细，肥料撒得更匀，那手摇水车也轻快了许多。

燕子是很讨人喜欢的一种益鸟，它分为雨燕、楼燕、家燕、岩燕等种类，在全世界有 80 种，在我国有 7 种，在我家乡经常看到的有两种。乡民根据它们一种住在农家，一种住在野外树上的状况，分别管它们叫家燕和野燕。乡民所叫的野燕，可能是学名上的雨燕或者楼燕。它通身黑色，发着金属光泽，飞得高，飞得速度快，叫声响亮。它偶尔也在农家房檐下垒窝（楼燕喜欢在亭台楼阁古建筑的高屋檐下为巢），但不像家燕那样亲近人，野燕跟雨燕、楼燕的习性相近。家燕体型比野燕大，上身是发着金属光辉的黑色，头部栗色，腹部白色或淡粉红色，飞翔较低，鸣声较小，音质宽厚，多数在居民的屋内房梁上和墙角垒窝，最喜接近人类。

每年农历三月以后，南迁的燕子飞回北方，家燕经过选择，在乡民家中的屋檩上或者屋檐下选定一个位置垒窝。很有意思的是，选择在屋内屋檩上垒窝的，多数燕子把窝巢住址选在脊檩（一间屋子正中间的那根檩条）的中间位置，有些像人们盖房讲究风水方位一样。燕子垒窝时，叼了草茎和泥，然后用它的唾液粘结，巢内铺了细软的杂草、羽毛、破布等，燕子窝像碗的形状，窝巢的"门"像簸箕口那样。窝巢筑成后，燕子开始下蛋孵雏，一年繁殖两窝，孵育期在 5～7 月，一窝产蛋 4～6 枚，一般第一窝比第二窝数量多。"不吃你家谷子，不吃你家穈子，只在你家抱两窝儿子"。幼燕孵化期，燕子夫妻轮换孵蛋，十四五天幼燕出蛋壳，燕子夫妻共同喂养，20 天左右雏燕就会飞了，燕子夫妻带领它们先在院子附近练飞，再引领到更远的地方。燕子夫妻再喂它们五六天，雏燕就自行觅食了。

　　家燕是一种很干净的鸟儿。它在乡民家的屋檩上、屋檐下垒窝居住，生儿育女，从不往窝里和窝外拉屎。孵化出的幼燕拉了屎，它们及时叼出去。乡民很喜欢有燕子住在自家，说燕子不进愁房，进了愁房有余粮。谁家住了燕子，谁家和睦吉祥，人有福气，日子顺当。事实也是如此，乡村里凡是经常吵架的人家，极少住燕子。从这一点讲，燕子很通人性。因此，大人从来不让孩子祸害燕子，警告孩子：不要捅燕子窝，谁捅了燕子窝会瞎眼。不要伤害燕子，谁抓了燕子会烂手指头。即便不懂事的小燕子把屎拉在巢外，掉落地上弄脏了地面，乡民也不厌恶，随时给清理干净。还有细心的户主，弄一块小板子，用绳子吊在燕子窝的下方，雏燕往窝外拉屎的时候，由小板子接住了，就不会落下来弄脏地面了。

　　燕子不是候鸟，它们是被气候逼迫背井离乡南迁的。这是因为，"鸽子不吃喘气的，燕子不吃落地的"，专吃飞行的昆虫。在北方几个月时间里，一只燕子能吃掉20多万只昆虫。进入农历九月，北方天气逐渐转冷，田野里没有昆虫了，燕子食物匮乏，只得向气候温暖、仍有飞虫的南方迁徙，燕子成了鸟类家族中的"游牧民族"。燕子离家南行之前，乡民会发现有许多只燕子聚集在房顶上、野外电线杆的电线上等地方，唧唧喳喳叫个不停，它们好像在开会商讨迁徙大事呢。乡民知道，燕子们快要搬家了。但是，燕子南迁从来不在白天走，也不吵吵嚷嚷，而是在夜深人静、明月当空的时候，它们一家家、一群群相约，悄无声息地一起飞走了。夜空里，燕子飞行特别敏捷，有时只能看见它们的影子一闪而过，根本看不清楚它的模样。第二天早晨，"房东"突然感觉很寂静，抬头看看燕子窝，空了，才知道它们已经走了，心里纳闷着：什么时候飞走的呢？

可爱的燕子，你选择夜深人静的时候不辞而别，是不忍心惊扰了"房东"，还是怕有"十八里相送"的依依不舍？

不过，乡民并不担心，因为它们还会回来的。燕子的记忆力超常，无论迁飞多远，哪怕隔着千山万水，它们也能够靠着自己惊人的记忆力返回故园。家燕返乡后头一件"大事"，是夫妻共建自己的家园，有时将旧窝修补修补，有时重建一个新窝，没多久，一个崭新的碗形的窝巢便出现在你家的屋檩、屋檐下了。一只燕子平均寿命11年，它们可以和你相依共住许多年。在一个暖融融的春日里，当看到去年的燕子归来又入住你家、唧唧喳喳向你"报到"、发出热情"问候"的时候，那是多么令人高兴啊！

古人很有智慧，在创造"燕"字的时候发挥了充分的想象力，把"燕"字给造活了。燕字由四个部件组成：廿、北、口、火。"廿"指雏燕从出壳到会飞所经历的时间：20天。"北"指"玄"。《说文》："燕，玄鸟也。""口"为"或"，为城乡平面形状。这是指家燕有营巢于城乡民居的习性。"火"指气候暖和（春暖花开时节），也兼指南方。廿、北、口、火这四个部件整合成燕子的向北飞行时的形象："廿"模拟燕子开口，为头部；"北"模拟燕子展翅，为翅膀；"火"模拟燕子尾部，为燕尾；"口"指燕子起飞之地。整个"燕"字记载了燕子的习性：每年春暖花开季节，燕子从城乡民居家里的巢中起飞，一路向北，回归故乡。

自古以来，人们喜爱燕子，文人为它赋诗作词，歌者为它歌唱，总是把它与春天和美好联系在一起。用它表现春光的美好，传达惜春之情："冥冥花正开，飏飏燕新乳"；"燕子来时新社，梨花落后清明"；"莺莺燕燕春春，花花柳柳真真，事事丰丰韵韵"；"笙歌散尽游人去，始觉春空。垂下帘栊，双燕归来细雨中。"

用它表现爱情的美好，传达思念情人之切："思为双飞燕，衔泥巢君屋"；"燕尔新婚，如兄如弟"；"燕燕于飞，差池其羽，之子于归，远送于野"；"暗牖悬蛛网，空梁落燕泥"；"落花人独立，微雨燕双飞"；"罗幔轻寒，燕子双飞去"；"月儿初上鹅黄柳，燕子先归翡翠楼"；"花开望远行，玉减伤春事，东风草堂飞燕子"；"樱花红陌上，杨柳绿池边；燕子声声里，相思又一年"；"仙人掌重初承露，燕子腰轻欲爱风。"

用它表现时事变迁，抒发昔盛今衰、人事代谢、亡国破家的感慨和悲愤。最著名的当属刘禹锡的《乌衣巷》："朱雀桥边野草花，乌衣巷口夕阳斜。旧时王谢堂前燕，飞入寻常百姓家。"还有晏殊的"无可奈何花落去，似曾相识燕归来，小园香径独徘徊。"李好古的"燕子归来衔绣幕，旧巢无觅处"。张炎的"当年燕子知何处，但苔深韦曲，草暗斜川"。文天祥的"山河风景元无异，城郭人民半已非。满地芦花伴我老，旧家燕子傍谁飞？"

用它表现羁旅情愁，状写漂泊流浪之苦。雁啼悲秋，猿鸣沾裳，鱼传尺素，燕子的栖息不定给人留下了丰富的想象空间。或漂泊流浪，"年年如新燕，漂流瀚海，来寄修椽"；或身世浮沉，"望长安，前程渺渺鬓斑斑，南来北往随征燕，行路艰难"；或相见又别，"有如社燕与飞鸿，相逢未稳还相送"；或时时相隔，"磁石上飞，云母来水，土龙致雨，燕雁代飞"。

还有，民间用它做孩子的名字：小燕、春燕、秋燕、如燕——与燕子相关的名字不计其数，代代传承。

在此，燕子，已不仅仅再是燕子，它已经成为中华民族传统文化的象征，融入到每一个炎黄子孙的血液中。

燕子归来了，青壮年们要远行了。他们浇了一遍小麦，耙耙了白田，将地瓜母子移栽上炕，剩下的活儿留给其他社员（农民）继续干，他们要到外地出河工。时到春分农事忙，清沟挖河第一桩。为了抗旱防涝，各级政府一年两次大规模地组织乡民出河工，集中力量开挖、清淤较大的河道。这些工程通常以县为单位，调集全县的农村劳动力实施。生活困难的地方的乡民愿意出河工，到了治河工地能吃饱饭，省下家里的口粮，还挣高工分。

挖河很苦。如果施工工地距离村庄远，河工们住在半地上半地下的窝棚里，窝棚四周和棚顶用高粱秸秆围上、盖上，抹层泥，透风漏气，地上铺了麦秸当炕。窝棚里阴暗潮湿，有腰腿疼病的人在里面睡一宿，早晨疼得爬不起来，好腿好脚的小伙子也是肉皮发紧，腰酸腿胀。如果施工工地距离村庄近，河工们住在乡民腾出来的偏房、草屋、门洞里，算是享福了。饭食多数时候很糟糕，如果天天吃玉米面窝头，隔段时日能吃顿饽饽"调调顿"（改善生活），已经很不错了。1973年秋天，我出河工参加乐陵县（现为市）跃马沟（现叫跃马河）会战，在工地干了17天，每天吃发霉了的高粱面窝头，不换样的虾酱咸菜，4个窝头1市斤，我一顿吃6个。高粱面窝头硬得能砸死人，吃了不好消化，加上虾酱在胃里的发酵作用，许多河工吃得天天胃里烧心冒酸水儿。

天刚放亮，锣声响了，河工们睡眼惺忪地出工了。工地上半泥半水，手推车放在道板上，人在泥水里装车，河坡陡滑，推车人和拉车人都蹬直了腿地往上推拉，车子翻倒砸伤人是常有的事情。中午吃在工地，吃饱饭喘口气接着干，一直干到满天星，河工们一个个累得拖不动腿脚。挖河要是遇上流沙，那就毁了，挖一锨不见少，挖一天一个坑，第二天一看又淤平了，工程进展缓慢，急的带工干部团团转。

收工后，干部组织河工开会，学习毛主席语录，要求大家发扬愚公移山精神，"下定决心，不怕牺牲，排除万难，去争取胜利"。在那个时候，这种学习既是形式，又是实际动员令，一个口号的背后往往跟着一个实践活动。挖河虽然艰辛，河工们还是斗志昂扬，因为他们从毛主席的教导里和实际生产中懂得了一个道理："水利是农业的命脉。"没有水，遇到干旱或者大涝灾害，庄稼就减产、绝产，就缺吃少穿，甚至要饭讨食。因此，人人怀揣一个希望：开挖、疏通了河道，能引来黄河水，能排泄洪水，农田可以达到旱能浇涝能排，庄稼一半收成就攥在手里了。也因此，河工们没有多少人为此讲条件，要价钱，"穷则思变，要干，要革命"，他们知道这是在为自己干。

那些年，乡民在各级党委、政府的组织领导下，一年两次出工兴修水利，靠着铁锨、镐头、小推车和一双手，转战南北开沟挖河，以空前的豪情和干劲，硬是挖出了一条条河流，疏通了一条条河道，创造了名副其实的人间奇迹。这些水利工程，在以后的夺取农业丰收中起了举足轻重的作用。即使在今天，许多地方还是在吃那个年代兴修的水利设施的老本。

每当一项水利工程告捷，河工们拆除窝棚，打点行李，推起小车，脚下生风步轻盈，一路欢笑一路歌，像燕子一样踏上回家的路。

## 时 间

每年3月20日或3月21日，这时太阳到达黄经0°为春分。春分古时又称为"日中"、"日夜分"、"仲春之月"。

## 含 义

　　春分，昼夜平分之意。天文学上的意义是：南北半球昼夜平分。春分一是指一天时间白天黑夜平分，各为 12 小时；二是古时以立春至立夏为春季，春分正当春季三个月之中，平分了春季。在气候上也有比较明显的特征，春分时节，我国除青藏高原、东北、西北和华北北部地区外都进入明媚的春天，各地日平均气温均稳定升达 0℃以上，严寒已经逝去，气温回升较快，尤其是华北地区和黄淮平原，日平均气温几乎与多雨的沿江江南地区同时升达 10℃以上而进入明媚的春季。辽阔的大地上，岸柳青青，莺飞草长，小麦拔节，油菜花香，桃红李白迎春黄。而华南地区更是一派暮春景象。从气候规律说，这时江南的降水迅速增多，进入春季"桃花汛"期；在"春雨贵如油"的东北、华北和西北广大地区降水依然很少，抗御春旱的威胁是农业生产上的主要问题。

## 物 候

　　**春分三候**："一候玄鸟至；二候雷乃发声；三候始电。"
　　是说春分日后，燕子便从南方飞来了；下雨时天空便要打雷并发出闪电。春分在中国古历中的记载为："春分前三日，太阳入赤道内。"

## 农 事

　　春分过后，我国大部分地区越冬作物进入春季生长阶段，春季大忙季节就要开始了，春管、春耕、春种即将进入繁忙阶段。农谚："春分麦起身，一刻值千金。"北方春季少雨的地区要抓紧春灌，浇好拔节水，施好拔节肥，注意防御晚霜冻害。进行红薯薯块育苗，种植春红薯。"二月惊蛰又春分，种树施肥耕地深。"棉田造墒保墒，进行植树造林。南方仍需继续搞好排涝防渍工作。江南早稻育秧和江淮地区早稻薄膜育秧工作已经开始，早春天气冷暖变化频繁，要注意在冷空气来临时浸种催芽，冷空气结束时抢晴播种。春茶已开始抽芽，应及时追施速效肥料，防治病虫害，力争茶叶丰产优质。

**北方地区农事：** 春分时节昼夜平，气候宜人好时令。小麦起身黑白长，需水需肥日渐增，喝得足来吃得饱，穗多穗大籽粒丰。撒高填洼沙压碱，整平土地细加工。春灌春耕继续搞，耕深耙透再耱平。晴天晒扬粮棉种，种好苗壮还齐整。发芽试验认真搞，发现问题早纠正。快制棉花营养钵，干籽播种要行动。地瓜母子须上炕，注意温湿和大风。植树造林抓紧搞，果树嫁接好时令。家禽孵化畜配种，还要注意防疫病。放养鱼种莫怠慢，合理搭配鲤青鳙。村村继续灭害鼠，既保粮来又防病。

## 养　生

春分节气平分了昼夜、寒暑，人们在保健养生时应注意保持人体的阴阳平衡状态，使"内在运动"——脏腑、气血、精气的生理运动，与"外在运动"——脑力、体力和体育运动和谐一致，保持"供销"关系平衡。思想上，保持轻松愉快、乐观向上的精神状态。起居，坚持适当锻炼、定时睡眠、定量用餐，有目的地进行调养。饮食，《黄帝内经》中说，春夏养阳、秋冬养阴。气味辛甘发散为阳，酸苦涌泻为阴。此时多吃一些蜂蜜、韭菜、菠菜、豆豉、葱、姜、香菜。吃点坚果核桃、花生、杏仁，有助于提神、去噪、除瘙痒。每日午餐煲一碗汤，胡萝卜排骨汤、白果乌鸡汤等，补充人体所需水分，增加蛋白质摄入，有助于增强人体抵抗力。应时的荠菜、茵陈、苦菜、苣荬菜、榆钱，都是餐桌上的美味佳肴。膳食总原则是多吃养脾的甜食，少吃辛辣食物，禁忌大热、大寒的饮食，也不适饮用过肥腻的汤品，保持寒热均衡。

## 春分一吃

太阳糕：北方一些地方，春分这天要祭拜太阳神，请吃太阳糕，太阳糕寓意"太阳高"，步步高。太阳糕既是春分祭日贡品，也是节令食品。太阳糕以糯米制皮，内包枣泥馅，馅中加入白瓜仁及秘制桂花制成，用红曲水在上面印上昂首三足鸡星君（金鸡）发像，或在上面用模具压出"金鸟圆光"代表太阳神，顶端插一只寸余高的面捏小鸡，十分喜气。太阳糕的内馅也符合春季"宜省酸增甘"的养生理念。

# 诗　词

## 燕 歌 行

南北朝·庾信（公元 513—581 年）

代北云气昼昏昏。　千里飞蓬无复根。

寒雁嗈嗈渡辽水。　桑叶纷纷落蓟门。

晋阳山头无箭竹。　疏勒城中乏水源。

属国征戍久离居。　阳关音信绝能疏。

原得鲁连飞一箭。　持寄思归燕将书。

渡辽本自有将军。　寒风萧萧生水纹。

妾惊甘泉足烽火。　君讶渔阳少阵云。

自从将军出细柳。　荡子空床难独守。

盘龙明镜饷秦嘉。　辟恶生香寄韩寿。

春分燕来能几日。　二月蚕眠不复久。

洛阳游丝百丈连。　黄河春冰千片穿。

桃花颜色好如马。　榆荚新开巧似钱。

蒲桃一杯千日醉。　无事九转学神仙。

定取金丹作几服。　能令华表得千年。

## 赋得巢燕送客

唐·钱起（公元 751 年前后在世）

能栖杏梁际，不与黄雀群。

夜影寄红烛，朝飞高碧云。

含情别故侣，花月惜春分。

## 戏答元珍

宋·欧阳修（公元 1007—1072 年）

春风疑不到天涯，二月山城未见花。
残雪压枝犹有桔，冻雷惊笋欲抽芽。
夜闻归雁生乡思，病入新年感物华。
曾是洛阳花下客，野芳虽晚不须嗟。

## 少 年 游

宋·杜世安（生卒年不详）

小楼归燕又黄昏。寂寞锁高门。
轻风细雨，-惜花天气，相次过春分。
画堂无绪，初燃绛蜡，罗帐掩馀薰。
多情不解怨王孙。任薄幸、一从君。

## 社 日 出 游

明·方太古（公元 1471—1547 年）

村村社鼓隔溪闻，赛祀归来客半醺。
水缓山舒逢日暖，花明柳暗貌春分。
平田白洫流新雨，绝壁青枫挂断云。
策杖提壶随所适，野夫何不可同群。

# 清明

## ——桃花如雨洗江天

乡村纪事

一个细雨蒙蒙的春日，天气萧瑟阴冷。一条乡野泥路上，行走着一位头戴纶巾、身穿长袍的中年人，时有面带悲情上坟祭祖的人从身边走过，使他心里更增加了几分凄凉。身处异乡的他，此时很想找一家酒店，喝杯水酒，歇脚避雨，暖身解乏，排遣愁绪。行走间，他遇到一个放牛的童子，缓步上前询问哪里有酒家。牧童抬手指向不远处的一片杏树林，寻着牧童所指的方向望去，他看见那片杏树林中一棵粗壮高大的杏树梢头，高挂着一个"酒望子"。中年人触景生情，感慨不已，诗涌心头："清明时节雨纷纷，路上行人欲断魂。借问酒家何处有？牧童遥指杏花村。"

他，就是唐朝大诗人杜牧。从此，杜牧的《清明》一诗名传千载，清明节因了杜牧的诗文愈加彰显。

在我的家乡，虽然寒食和清明合为清明节，但是乡民习惯管清明节叫"寒食节"，它是民间三个鬼节之首（另有农历七月十五、十月一日）。寒食节始于春秋战国时期，当时晋国太子重耳避祸流亡途中饿昏，随他出奔的介子推从自己腿上割肉烤熟给重耳吃。后来重耳做了君主——晋文公，他封赏功臣时忘记了介子推，经人提醒想起来，派人去请介子推上朝听封。介子推不愿意接受封赏，背着老母亲躲进绵山。晋文公派兵进山寻而不见，他接受有人提出的一个建议：三面放火烧山、逼迫介子推出山。结果，介子推没下山，母子俩抱着一棵大柳树被烧死了。晋文公后悔不已，

46

悲伤哭拜，发现介子推身后柳树有个洞，看去洞里好像有东西。掏出来一看是片衣襟，上面留有血字："割肉奉君尽丹心，但愿主公常清明。柳下作鬼终不见，强似伴君作谏臣。倘若主公心有我，忆我之时常自省。臣在九泉心无愧，勤政清明复清明。"此后，晋文公常把血书带在身边，作为执政的座右铭。晋文公把介子推母子安葬在大柳树下，改绵山为"介山"，在山上建立祠堂纪念，将放火烧山这一天定为寒食日，每年这天全国禁忌烟火，只吃寒食。晋文公还砍了一段烧焦的柳木做了双木屐，穿在脚上，呼"足下"，以示怀念介子推。据说今天人们尊称别人为"足下"，来源于此。

在民间，寒食节是各家各户祭奠先人的日子。俗话说，寒食不回家无墓。这一天，哪怕是远在外地的人，也要赶在寒食前后回家上坟。我家乡一带寒食节给亡人上坟，都是在节日之前，"早清明，晚十一"。寒食上坟习俗传承至今，许多仪式已经被简化掉了。比如：寒食这天家里不动烟火，只吃冷凉食物的仪式没有了；这天门上插柳辟邪、屋檐下挂柳、妇女头上簪柳、男人身上佩柳、儿童吹柳哨、坟头插柳枝挂纸钱的仪式没有了；这天"女人寒食男人年"的仪式没有了；这天老太太用柳条抽打墙壁、角落、灶台、炕席的风俗没有了，"一年一个寒食节，柳枝专打琵琶蝎，白天不准门前过，夜里不准把人蛰"；这天在坟前"烧包袱"的方式几乎没有了。以前，寒食上坟时，上坟人用白纸糊一只大口袋，象征亲属孝子从阳间寄给阴间亡人的"包裹"，里面放进冥钱，冥钱上面砸上四行圆钱，每行五枚。还有用红颜色印在黄表纸上的"往生钱"，用金银箔叠成的元宝、锞子等等，上坟焚烧送给阴间的亡人。在很早以前，不论贫富人家，寒食上坟都是"烧包袱"。

如今，寒食上坟，一般是在节前三五天里的早晨或者上午，家人带上一些烧纸（冥钱）、供品前去给亡人上坟，到了坟前摆好供品，用酒或以水代酒，在坟前浇出一个圈子，或者用棍棒划一个圈子，供品放在圈子内。圈子按照坟地的"向口"留一个缺口是为"门"，说是让亡人从"门"里出来收钱。然后，上坟人跪在圈子外，把烧纸放在圈子里点燃，一边烧纸钱一边祷告，烧纸燃尽，跪地磕头，起身作揖。之后，给坟头添土，将被雨水冲刷的缺陷部分修补完整，最后在坟头顶上压上一张纸钱。一说这是亡人房屋的窗户。一说是为了让外人看了，知道此坟的家族还有后人。上坟完毕，顺便在地里拔苦菜，苦菜刚长出三五片嫩嫩的叶子，通身鲜绿，滋润舒坦，煞是喜人。老人们说，苦菜蘸酱吃，吃了寒食的苦菜，一年里眼睛清亮不害眼病。

　　寒食节气是气候冷暖无常的时期之一，乡民说，这个季节很容易伤害人。许多老年人、久病的人，由于营养跟不上，医疗跟不上，虽然一个严酷的冬季熬过来了，却有可能在春天里"跌倒"了再也爬不起来。所以，乡村里常常是春天比冬天死人多。乡村里有老人死了，不说"死"了，而是说"没了"、"走了"、"老了人"、"倒头了"。结婚、出丧、盖房，是一个乡民一生中最重要的三件大事，因此，家中死了人，绝大多数乡民把丧事办理得肃穆而庄重。

　　传统的丧俗复杂而郑重。老人咽气时，要给洗脸洗脚，脱去旧衣，换上寿衣，穿戴妥当，抬到灵床上。灵床是用门板或高粱秸秆编织的箔，两头用长板凳担着搭在堂屋中间。灵床上铺黄褥子，死者身上覆盖青布单子，胸部上放一只碟子，碟子里放一些食盐。上述称为"净面"、"抬床"和"铺金盖银"。死者头朝门口，脚蹬北墙，头前摆一供桌，供桌上摆放供品，再摆一只碗或罐叫余饭（食）罐，点一盏灯叫长命灯，烧一炷香。灯、香都不能灭，灯油随时添加（如是蜡烛，燃尽前更换），香随时续燃。死者抬到灵床上后，家人烧"倒头纸"，也叫"离门纸"。然后，哭着到村头十字路口烧纸钱，叫"报庙"，再一路哭着返回。死者后人按辈分披麻戴孝，孝子守灵。本族五服内的晚辈和至亲披麻戴孝守灵。同时，正常死亡的，丧主在大门上贴一长方形白纸，以示有了丧事，挂上纸幡，死者是男性，纸幡挂在大门左侧，死者是女性，纸幡挂在大门右侧，称为"旺门纸"。

　　老人死后，家属差人到各个亲戚家"报丧"，亲戚闻讯前来"吊丧"。亲戚们根据关系近远给死者"摆祭（供品）"，分为"三牲祭"、"五牲祭"、"七牲祭"等，祭品是饽饽、猪头（猪肉）、羊头（羊肉）、鸡、鱼、点心、果品等。主祭往往是亡人之婿，女婿（女儿）的祭品最丰，称为"上祭"。

　　按照习俗，死者在家中停放三天、五天、七天（有的更多）后出殡。停放三天的，在当天半夜时分到村头十字路口烧一次"大纸"。第二天晚上半夜时分入殓——将死者移进棺材。入殓在死者儿女到齐了后举行。如果死者是女性，必须有娘家人在场才能入殓。入殓前，儿子、女儿或者儿媳，先在棺材内底上面铺麻绳，放七枚铜钱，形如"北斗"七星。然后抬尸入棺，死者蒙头，不能让死者见天，并把死者身上盖的布单扯下一条，叫"扯福"，由孝子扎在腰里。死者仰卧于棺内，头前放置一只棉布做的公鸡，叫"鸡内晨"，说是到了那边（阴间）给死者打鸣叫"五更"。尸体与棺材间的空隙，放死者生前用品和心爱之物随葬。

　　之后，由负责丧事的总裁或精通丧礼仪式的人给死者"开光"，"开光"时孝子亲戚依次站在近前。"开光"人手端一碗，碗内放了白酒，蘸一点给死者擦擦脸，按照从头到脚顺序"开光"：开眼光，亮堂堂；开耳光，听四方；开鼻光，闻花香；开嘴光，吃四方；开手光，掌钱粮（女，织锦装）；开脚光，走四方……

　　然后盖棺钉钉，但不能四角都钉。还要在棺材前头挂一块五彩布，说这是死者进门开锁的"钥匙"。入殓停当，孝子们一路嚎哭着来到村头十字路口，焚烧纸糊的"骡马车子"。孝子们人人手持一束香，到路口把香扔到"骡马车子"上，长子站在一条凳子上，手举门幡，面向西南方向高喊："××（父亲或母亲）走好啊！"然后，点燃"骡马车子"。烧毕，一路哭着返回灵堂。

　　出殡，死者单日死的单日埋，双日死的双日埋。双日死的人，活人要用莛杆扎一口小棺材（咯哒瓢子插棺材），挂在棺材的一边，意为有一个人陪着死者去了，他（她）到那边不孤单了。不然，迷信说法，家里近期还有人跟了（死）去。

　　出殡，一般家庭都雇一棚吹鼓手。做官为宦、财大气粗的人家讲排场，还雇人哭丧，请和尚超度亡灵，雇两棚吹鼓手，狮子引灵等。出殡那天早晨，雇用的吹鼓手班子"上班"。早饭后开丧，开丧时，男孝子及男亲属们到路口烧纸钱，女亲属们"行家礼"。在吹打哀乐中，女亲属们一一到死者棺材前给死者行礼磕头，儿女以下的晚辈，自己此时多少岁，就磕多少个头。"行家礼"走步、行礼、磕头都有讲究，家礼行的到位不到位，常遭人评论。开丧完毕，总裁安排前来帮忙乡民去开挖墓穴（当地叫"打坟窝子"），由长子到坟上选定位置后，跪下磕头，起身刨下第一镐土，众人接着挖墓穴。

中午，丧主摆酒宴招待亲戚客人，由陪客者代表孝子敬酒。席间，由两个吹唢呐、一个敲铃铛、一个敲大鼓的吹鼓手奏乐，由总裁引领孝子给亲戚磕头致谢。

下午入葬，租用抬棺材的"龙杠"、棺罩等，棺罩为八抬，长方形，尖顶，棺柩放于其内，红布作围，遮天蔽日，顶立纸制白鹤，谓之"驾鹤仙游"。棺罩前后帘布绘制前龙后凤图案，谓之"乘龙凤升天"。用白布数条拴于棺罩前，约数丈长，由孝子拉扯边哭边行（现简化取消），谓之"扯灵"。起灵前，死者亲属先到棺罩前给抬棺的乡亲磕头"谢杠"——感谢前来帮忙抬杠的乡亲。由长子（长子如死了由长孙代替）打（擎）幡，长儿媳妇兜罐（叫咸食罐），其他亲属一人一支哀杖，腰系麻绳，每人怀揣两个馒头，叫"揣福"，活人吃了有福。抬起棺材时，由打幡者摔瓦，叫"摔老盆"。丧葬队伍边走边撒纸钱，称为"买路钱"。棺罩需要十几个、几十个人抬着，行进途中不断换班抬，暂停时，孝子跪在地上。抬丧不绕道，逢庄稼可以任意踩踏，称为"罡丧"，业主不索赔。进入墓地，将棺材按照坟茔的"向口"放入墓坑，下棺时孝子跪拜，棺材放妥后，亲属把哀杖扔到棺上，长子先往棺上扔三锹土，接着众人填埋成坟，称为"起封土"，将纸幡插在坟头上。

埋葬完毕，晚上酒宴招待亲朋和帮忙乡亲，叫"谢席"。谢席宴可以猜拳行令，所谓"灵柩停堂泪汪汪，埋人回来闹嚷嚷"，说的就是这个意思。

发丧期间，死者生前穿戴的衣帽、被褥等，都扔到房上晾晒，出殡三天后再拿下来拆洗。死者的屋子，出殡前不能打扫，出完殡后才准许扫炕、扫地。

埋葬死者第三天午夜，孝子们到坟前烧幡，同时把死者生前的一些衣物一起烧了。然后，绕着村子走一圈，边走边喊："谢孝啊！"遇到夜行人，不管认识不认识都跪下磕头。一般情况下，凌晨不会遇到有人出门，倘若有人出门，听到喊"谢孝"声，出门人也躲着走，避免正面相遇。乡民说，夜里出门遇到"谢孝"的不吉利。当天上午，死者亲属再去上坟，将坟头添补圆了，称为圆坟。第7天叫一七，第14天叫二七，第21天叫"三七"，第35天叫"五七"，儿女们上坟烧纸，有些地方把一七、二七上坟都免除了。第100天叫"百日"，再去上坟烧纸，"百日"前穿白鞋，系白绑腿带。过了"百日"，祭奠仪式转入正常。头三年叫新坟，每年的"吉日"（死者去世周年日），家人去上坟。家人服孝三年，服孝期间家人不穿鲜艳服装，过年时不贴红色门联，初一早晨不开门，不拜年。这期间，本院中人家结婚办喜事，往死者家门上贴"喜"字时，贴蓝颜色纸的"喜"字。

乡村还有一个习俗，原来弟兄未分家的大家庭，一旦家长去世，丧事办完后，根据弟兄们的意愿，这个家庭可以分家过了。分家时，请本族长辈、舅舅或村中有声望的长者前来主持分割财产，死者的儿子（或儿子的继承人）参与分配，女儿一般不参加分割。除分割财产外，如果还有一位老人尚在，分家时也明确赡养办法，老人要由儿子们共同赡养。

乡村里同是死人也有分别，死者死在外面的叫外丧，尸体不能往家里抬。死者40岁以下叫"少亡"，当时不能进祖坟（坟茔）。非正常死亡的人，不能进坟茔。死者福、寿、终占全了的叫喜丧。

何为喜丧？《清稗类钞》"丧祭类"里说：喜丧，"人家之有丧，哀事也，方追悼之不暇，何有于喜。而俗有所谓喜丧者，则以死者之福寿兼备为可喜也。"喜丧是"福寿全归"（"全"字在此作"圆满"解释）。即全福、全寿、全终，三个基本条件缺一不可。全福：就是死者生前确是自家门内"螽斯衍庆"，人丁兴旺，形成一大家族。本身是大家族的家长，甚至已被尊为祖者。全寿：死者满八九十岁，甚至突破百岁大关，最低也须超过"古稀"（70岁）之年。年纪越大、越老，越符合喜丧的条件，故其全称为"老喜丧"。全终：亦称善终，意为圆圆满满地结束了一生。死者生前积德行善，临终不受病痛折磨，甚至"无疾而终"，自然老死。如果只合乎上述第一、二两项条件，但不是正常死亡的，不能算作"老喜丧"。

出喜丧的家庭，丧事办得更隆重一些。而且，亲人晚辈也不是那么悲痛，甚至可以说说笑笑。亲人和乡民认为，老人活这么大年纪，活着时受到人们的尊敬，死时不遭受痛苦，是自己修来的福分。如今去世了，是又被召到天上享福去了，这是好事呀，再哭哭啼啼就不是喜了。因此，亲人披麻戴孝时，要在胸前戴一条红布条，或者小红花，以示是喜丧。

乡村里还有一种阴婚（也叫冥婚），说起来它虽然是结婚，但是，是死人跟死人结婚。

阴婚在汉朝以前就有了，宋代至清代很盛行，因劳民伤财毫无意义，历史上曾予禁止，但始终没能止住。三国时期，曹操最喜爱的儿子曹冲13岁死了，曹操下聘把已死的甄小姐嫁给曹冲做妻子合葬。阴婚由媒人介绍，程序大体按照喜事的礼仪办理。"婚礼"迎娶仪式多在夜间举行，选个宜破土安葬的"黄道吉日"，女方就可以起灵了。按照阴阳先生指定的时辰，将女方棺材起出后，马上往坑里泼一桶清水，扔进两个水果，高高扬起花红纸钱。将棺材抬到男方坟前，在男方坟的墓侧挖穴，将"新娘"棺材放入，"夫妻"并骨合葬。葬罢，在坟墓前陈设酒水果品，焚化花红纸钱，举行合婚祭。男、女双方的父母等家属边哭边道"大喜"。此后，男、女两方便当做亲家来往了。

寒食，是一个令人伤怀和值得纪念的日子。

寒食时节，是让生者想到应当注重保健、养生益寿的节气。按照中医理论的说法，在寒食之际，人体内肝气最旺盛，肝气过旺则会对脾胃产生不良影响，妨碍食物正常消化吸收，同时还会造成情绪失调、气血运行不畅，从而引发各种疾病。因而，这个时节饮食宜温，多吃些蔬菜水果，多吃些韭菜，适当多吃地瓜、萝卜、白菜等温胃祛湿食品，还可以多吃荠菜、菠菜、山药等护肝养肺的食品。寒食节气中，不宜多吃竹笋、鸡肉等。寒食节踏青时，患有心脏病、高血压、急慢性支气管炎、肺气肿、肾炎、贫血、肺结核、发热、急性感染以及处于结石活动期的病人，不可做大运动量的活动。

这些养生之道虽好，但是，对于20世纪六七十年代以前的乡民来说，委实是没有多大用处。因为，新中国建立前，大多数乡民生活在食不果腹、衣不遮体的极度贫困之中，新中国成立后七八十年代之前，许多地方的乡民生活比较艰苦，"地瓜干子是主粮，鸡腚眼子是银行（靠养几只鸡下蛋换钱）"，他们整天为能吃上饱饭奔忙，虽然"一年盼着一年好，到头还是那件破棉袄"，没有能力更没有心思讲养生。尽管如此，乡民对明天仍然怀有不灭的希望。

寒食作为农事节气乍暖还寒，乡民说"过了寒食莫欢喜，还有十天半月冷天气"，但是，寒冷已经挡不住春天的脚步。这时，杏花飘落，桃花如雨，梨花如雪；杨树吐穗，柳树飞絮，麦长三节。春风和煦，天空清澈，阳光明丽。寒食前后，种瓜点豆。小麦浇过拔节水，施过拔节肥，植树进入扫尾，大田春播在即。田野里万物新生，清新洁净，一派欣欣向荣了。乡民们观天象，看地利，心里盘算着，手里劳作着，脚下已经踩着寒食节气里的土地了。

## 时　间

每年 4 月 4 日或 6 日，这时太阳到达黄经 15 度时为清明。

## 含　义

清明，在春分之后，谷雨之前。清明是表征物候的节气，含有天气晴朗、草木繁茂的意思。常言道："清明断雪，谷雨断霜。"清明时节，除东北与西北地区外，我国大部分地区的日平均气温已升到 12℃ 以上。大江南北，长城内外，冰河解冻，大雁北飞，玉兰花、迎春花、诸葛菜等相继含苞吐蕊，接着杏花、桃花、梨花等次第开放，争奇斗艳。

## 物　候

**清明三候：**"一候桐始华；二候田鼠化为鹌；三候虹始见。"

意即在这个时节先是白桐花开放；接着喜阴的田鼠不见了，全回到了地下的洞中；然后是雨后的天空可以见到彩虹了。

## 农　事

在南方，此时多种植物进入展花期，适时进行人工辅助授粉。黄淮以南地区的小麦已经拔节，应做好小麦中期施肥浇水和防治病虫害管理。抓紧抢晴播种早、中稻。茶树抽芽旺长，及时采摘明前茶。在北方，"清明前后，点瓜种豆""植树造林，莫过清明"。适时春播玉米、高粱等多种作物。防御晚霜对小麦、果树花蕾的危害。

**北方地区农事**：清明时节天转暖，柳絮纷飞花争妍。降水较前有增加，一般年份仍干旱，有的年份连阴雨，寒潮侵袭倒春寒。地温稳定十三度，抓紧时机播春棉，看天看地把种下，掌握有急又有缓，棉花播下锄梦花，提温保墒效果显。涝洼地里种高粱，不怕后期遭水淹。瓜菜分期来下种，水稻育秧抢时间。麦苗追浇紧划锄，查治病虫严把关。继续造林把苗育，管好果树和桑园，栽种枣槐还不晚，果树治虫喂桑蚕。牲畜配种抓火候，畜禽防疫要普遍，大力提倡种牧草，种植结构变"三元"。鲤鲫亲鱼（种鱼）强育肥，适时栽种莲藕茭，捕捞大虾好时机，昼夜不离打鱼船。家鼠田鼠一齐灭，保苗保粮疾病减。

## 养 生

清明时节是一年养生的重要时期，此时体内肝气最旺盛，如果肝气过旺，则会对脾胃产生不良影响，妨碍食物正常消化吸收，还会造成情绪失调、气血运行不畅，从而引发各种疾病。因而，这段时间是高血压病和呼吸系统疾病的高发期，需要人们对其重视。清明节怀念已故亲人，思念朋友，睡眠质量下降，情绪激动，暴饮暴食，都会造成血压上升，增加心脏负担而发生疾病。所以，慢性病患者外出扫墓、踏青应量力而行，要少激动，不要太劳累，不要做剧烈的运动。患有心脏病、高血压、急慢性支气管炎、肺气肿、肾炎、贫血、肺结核、发热、急性感染以及处于结石活动期的病人，都不要逞强登山。饮食宜温，多吃蔬菜水果，尤其是韭菜等时令蔬菜。地瓜、白菜、萝卜、芋头等食品温胃祛湿，适宜多吃。清明节气中，不宜进食竹笋、鸡肉等，可多吃些护肝养肺的食品，例如荠菜、菠菜、山药等，对身体有好处。

## 清明一吃

螺蛳：螺蛳食用营养丰富。药用清热，利水，明目，能够治疗黄疸，水肿，淋浊，消渴，痢疾，目赤翳障，痔疮，肿毒等症。清明时节螺蛳还未繁殖，最为肥美，民间有"清明螺，抵只鹅"之说。炒着吃，锅内放油煸香葱、姜、蒜，放入干辣椒、花椒、大料、小茴香、白糖等佐料同炒。也可以煮熟后，挑出螺肉，拌、炝、醉、糟吃。还可以以油酱椒韭调和食之。

## 诗　词

### 寒　食

唐·韩翃（公元？—785 年）

春城无处不飞花，寒食东风御柳斜。
日暮汉宫传蜡烛，轻烟散入五侯家。

### 清　明

宋·王禹偁（公元 954—1001 年）

无花无酒过清明，兴味萧然似野僧。
昨日邻家乞新火，晓窗分与读书灯。

### 满江红·暮春

宋·辛弃疾（公元 1140—1027 年）

家住江南，又过了、清明寒食。花径里、一番风雨，一番狼藉。流水暗随红粉去，园林渐觉清阴密。算年年、落尽刺桐花，寒无力。

庭院静，空相忆。无说处，闲愁极。怕流莺乳燕，得知消息。尺素如今何处也，彩云依旧无踪迹。谩教人、羞去上层楼，平芜碧。

## 清明游鹤林寺

元·萨都剌（公元约 1272—1355 年）

青青杨柳啼乳鸦，满山烂开红白花。
小桥流水过古寺，竹篱茅舍通人家。
潮声卷浪落松顶，骑鹤少年酒初醒。
若将何物赏清明，且伴山僧煮新茗。

## 送陈秀才还沙上省墓

明·高启（公元 1336—1373 年）

满衣血泪与尘埃，乱后还乡亦可哀。
风雨梨花寒食过，几家坟上子孙来？

# 谷雨

## ——正是披蓑化犊时

"好雨知时节，当春乃发生。随风潜入夜，润物细无声。"在"春雨贵如油"的谷雨时节，一场春雨过后，绿树枝头传出一声声响亮的鸣叫声："布谷布谷，布谷布谷。"

这是布谷鸟儿（杜鹃）在叫，它是炎帝的女儿女娃（精卫）所化，也是春神句芒的使者和化身，它在适时提醒乡民："快快播谷，快快播谷！"

"快快播谷，快快播谷！"

布谷鸟儿触动了历代无数文人墨客的文思才情。西晋傅玄写有《阳春赋》："虚心定乎昏中，龙星正乎春辰，嘉勾芒之统时，宣太皞之威神，素冰解而泰液洽，玄獭祭而雁北征，幽蛰蠢动，万物乐生，依依杨柳，翩翩浮萍，桃之夭夭，灼灼其荣，繁华烨而燿野，炜芬葩而扬英，鹊营巢於高树，燕衔泥於广庭，睹戴胜之止桑，聆布谷之晨鸣，习习谷风，洋洋绿泉，丹霞横景，文虹竟天。"

宋代诗人蔡襄满眼春忙："布谷声中雨满犁，催耕不独野人知。荷锄莫道春耘早，正是披蓑化犊时。"陆游越过时光："时令过清明，朝朝布谷鸣，但令春促驾，那为国催耕，红紫花枝尽，青黄麦穗成。从今可无谓，倾耳舜弦声。"朱淑真心怀愁绪："楼外垂杨千万缕，欲系青春，少住春还去。犹自风前飘柳絮，随春且看归何处。绿满山川闻杜宇，便作无情，莫也愁人苦。把酒送春春不语，黄昏欲下潇潇雨。"郑板桥悠哉悠哉："不风不雨正晴和，翠竹亭亭好节柯。最爱晚凉佳客至，一壶新茗泡松萝。几枝新叶萧萧竹，数笔横皴淡淡山。正好清明连谷雨，一杯香茗坐其间。"

"快快播谷，快快播谷！"

"杜鹃叫得春归去，吻边啼血苟犹存。"布谷鸟儿催促春种啼得口干舌燥，唇裂血出，乡民为它的认真负责精神而感动，抓紧做着春种的各种盘算。谷雨是春播比较集中的时期，也是调整一年庄稼种植茬口的好时机，他们核算着怎样调整春作物种植茬口，不然，人误地一时，地误人一年，乡民的日子是耽误不起的。

去年种大豆的地块不能再种大豆了，重茬种植会减产。豆茬地里不适宜种棉花，种了棉花容易多出产僵瓣棉花。谷子种重茬减产，农谚说："重茬谷，蹦着哭"。花生地至少间隔三年才能继续种花生，重茬导致花生蒂和叶子脱落，影响花生产量和质量。芝麻地间隔三年再种，不然，种重茬芝麻粒发秕，出油少，所以说"油见油，年年愁"。西瓜地间隔三五年再种，"重茬瓜，没钱花"。大蒜种重茬，蒜头空。种大蒜的地块第二年也不能种大葱和韭菜，"葱韭蒜，不见面"。辣椒地种重茬，辣椒卷叶减产。

于是，乡民借春播、秋种前的当口调整庄稼茬口。豆子地和谷子地互相换着种，谷子地改种豆子，豆子地改种谷子，"豆茬种谷子，准备闲屋子"——丰收放谷子。谷子地、玉米地改种棉花，高粱地改种冬小麦，连种几年的棉花地改种花生，花生地改种地瓜，苜蓿地改种西瓜长得又大又甜，有道是："苜蓿地里种西瓜，吃得人们笑哈哈"。芝麻地改种甜瓜，"芝麻地里种了瓜，瓜丰马车往家拉。"大蒜、大葱、茄子、黄瓜、辣椒、西红柿等蔬菜地，相互轮换着种。调整庄稼茬口，使土地里的养分含量得到调节，消耗大的养分得到补充，消耗少的养分得到利用，达到整体平衡。乡民说，茬口调得顺，倒茬如上粪；转转茬口，多收几斗；茬口不换，丰年变欠。

乡民世世代代和土地打交道，他们中不乏农业种植专家，不但庄稼茬口调整得好，间作套种也一套一套的。"要想富，地里开个杂货铺。"他们在麦子地里带油菜，一垄麦子一垄油菜，麦田埂上种菠菜，麦子、油菜丰产，菠菜白捡。在高粱地里带黑豆，一垄高粱一垄黑豆，"上八斗，下八斗，不收上头收下头"。棉花地里带芝麻，凡是缺苗断垄处，哪里没苗就留它。玉米地里带绿豆、红小豆，包你常年喝豆粥。豆子地里（缺苗断垄处）带高粱，地瓜地的两头种上几垄料高粱，牲口有料吃，捆玉米秸有绞子。间作套种，立体种植，充分利用了土地的空间、时间和地力，各种作物有序生长优势互补，获得事半功倍的效果。

不仅如此，大概因为春天天气冷热不均，变化无常，乡民很讲究根据天时种庄稼。比如：高粱种植选在谷雨前，说是寒食前五天不早，寒食后五天不晚。谷雨下谷种，不要往后等。谷雨前后栽地瓜，最好不要过立夏。过了谷雨种花生，苗齐棵旺好收成。瓜类作物选在谷雨前，谷雨前种瓜，立夏后开花，结瓜多的船装车拉。棉花是喜阳作物，清明后，谷雨前，抓住时机好种棉；棉花种在谷雨前，开得利索苗儿全；谷雨种下的棉花大把抓，小满再种棉花不回家。不过，种棉花要看那时的天气转暖情况，看地温是不是已经回升上来。所以，我家乡一带，谷雨期间种棉花时还看当地枣树发芽状况，"枣芽发，种棉花；枣芽长一寸，种棉花不用问"。乡民不论种植哪种作物，都在那个季节里抢一个"早"字，他们说，晚深耕不如早下种，早种八分收，晚种三分丢，早种强似晚上粪。

乡民抓天时善于对接地利，因地制宜种庄稼。在相同的播种期内，土质肥沃的地块先播种，瘦薄地块后播种，并且，瘦薄地块天气寒冷的时候不早种，选择天气暖和的时日下种。沙壤土地块先播种，两合土、红壤土地块后播种。沙岗地块先播种，盐碱洼地后播种；比较而言，在低温天气先种沙岗地，晴热天气播种碱洼地。春播上的小有差别，在秋后的收成上却是大有出入。这是历代农民种田的经验总结，包含着很多朴素的科学道理。

谷雨节气里，春玉米、春花生、春谷子、春芝麻、高粱、土豆、黄烟等种子相继落地，脆瓜、甜瓜、面瓜、西瓜种子跟着入土，棉花播种和地瓜栽秧穿插进行。

棉花是北方地区重要农作物之一，是人们不可缺少的生活必需品，更是国家重要的战略物资。因此，从国家到乡民都十分看重棉花。我家乡每年棉花种植占农作物种植总面积的1/3或1/4，乡民是从来不敢马虎的。谷雨时节种谷天，村村队队忙种棉。

早在播种前，乡民已经充分造墒保墒，在耕耙时将底肥施进了地里。现在，他们把经过挑选了的棉种放进温水里浸泡一天左右，以此加快种子发芽速度，缩短种子在地里的孕育发芽时间。然后，选择晴好的天气播种。播种时，在棉种里拌上一定比例的六六六粉（那时农药品种少，更没有药物包衣种子、地膜覆盖），防止棉种发芽期间和出苗后遭到蝼蛄、蝼蛄等害虫的伤害。前面用木制耧下种，后面用"砘轱辘子"接着砘压，确保达到早、全、齐、匀、壮"五苗"标准。"早"是适时播种早出苗；"全"是不缺苗断垄保证棉花密度；"齐"是棉种发芽出苗整齐一致；"匀"是棉苗分布均匀一致；"壮"是棉苗根系生长迅速、生长健壮、从而实现棉花早现蕾开花、早结铃吐絮。

从谷雨到立夏，是春地瓜插秧最佳季节。人民公社时期，许多乡村地瓜占据粮食生产半壁江山。地瓜抗旱耐瘠薄，病虫害少，是高产稳产作物。一般土质和一般管理水平，一亩地栽种4000棵左右，亩产四五千斤鲜地瓜，二斤半鲜地瓜晒一斤地瓜干，比种小麦、玉米两茬总产高出一倍多。乡民说，一年地瓜半年粮。

春地瓜种植有两种形式，一种是"地瓜母子"（地瓜种）育秧栽种，一种是把地瓜母子直接栽种进地里——"地瓜下蛋"，也叫倭瓜。乡民嫌"地瓜下蛋"栽种浪费地瓜母子，多数情况下选择育秧栽种。秋末刨地瓜时，乡民在地里选留地瓜母子，选择的地瓜母子大都是大小均匀的长条形小块地瓜，然后存放在地瓜窖里越冬。来年惊蛰前后，乡民选一块场地盘地瓜炕。地瓜炕四面垒墙，墙体北高南低，一溜并排几个十几个。炕前或炕后开挖一道深沟，在靠地瓜炕一面的沟墙上掏洞，直掏到地瓜炕下部。春分将地瓜母子移栽到地瓜炕上，地瓜母子竖立着整齐排列，然后用掺了优质肥料的土将地瓜母子填埋到半身以上，炕上面覆盖谷（黄）草苫子保温。在炕下所掏的洞里点燃硬质柴火或煤炭"煴炕"，把地瓜炕下的土烤热，提高地温，加速地瓜生芽和秧子生长。"煴炕"具有一定的技术，火要均匀，要恰当把握时间。不然，温度过低，地瓜母子发芽生长慢，温度过高，会"烧了炕"，地瓜母子出现蔫芽和减少发芽率。之后，要每隔一段时间，在晴天的中午揭开苫子，让地瓜秧子晒太阳。不然，秧苗太嫩了，将来移栽到大田里经不住风吹日晒"闪了秧"，影响秧苗成活率。地瓜炕晾晒时，给地瓜秧洒水，保持炕上湿度，保证秧苗所需水分，促进秧苗生长。从地瓜上炕到第一茬秧苗出炕，大约20天左右，此后每六七天采一茬秧苗。

地瓜喜欢灰粪，"一棵红薯一把草木灰，结得红薯一大堆"。地瓜秧栽种在畦垄背上，扶垄背前把灰粪施在土地表层，扶垄背时正好把肥料包进土里。地瓜秧栽种前，拔下的秧子泡在水中，或在秧子上喷水，用湿麻袋片遮盖防晒。栽种时，有人负责刨窝，有人负责挑水，有人负责往窝里舀水，有人负责往窝里插秧兼培平秧窝。因是栽种在垄背上，所以不能灌溉，都是往窝里浇水栽种。先从井里、河沟里把水提上来，送到地头上开挖的水坑里，再一担一担挑进地里、浇进窝里。因此，栽地瓜时数挑水最累，挑水大都是由中青年男女承担。春地瓜种得越早越好，乡民说，种地瓜没有巧，只要插秧早，谷雨栽上红薯秧，一棵能收一大筐。如果种晚了，地瓜长得似羊须。麦收后，每棵地瓜长出多条长长的蔓子，乡民采了长蔓子，再截成筷子长短，插种到夏收作物腾出的地里，那就是夏地瓜了。夏地瓜瓜块长得小而细长，含水分多，产量低，质量低，晒干率低，一般是鲜食和留着来年做地瓜母子。

地里忙，家里也忙，家里忙着盖新房。谷雨至麦收前，是农村盖房子最集中的时候。过去，乡民盖房子大都是选在春天，秋后一般不盖房子。因为那时乡村里的房屋绝大多数是土房，秋季盖房土墙未干就进入了冬季，土墙内若含有过多水分容易被冻伤，墙体就不那么结实了，影响整个房屋质量。秋季盖房，房体不干，潮湿了不宜居住，所以当年住不进去，空闲一个冬春，造成不必要的闲置浪费。再就是个别盖房户主平时与人结有仇隙，房子空着，怕仇人放火烧房子。

另有一个原因就是迷信说法了。说新房若是不及时住人，弄不好会住进"瞎账行子"，也就是狐狸仙、仙家、神鬼之类，人不住鬼神住，"瞎账行子"们抢先住了。人再住进去容易闹毛病，宅院不素净。所以，秋天修盖新房没住人的，冬天来到了，户主就把新房的门窗封死，封死前，还忘不了在房子里撒泡尿，意思是已经住进人了，"瞎账行子"就不会再来住了。

庄稼人计划性很强，盖新房的前三四年就筹划。盖房不用沙质土，也不用红黏土，更不用盐碱土，最好选用不沙不黏不碱的两合土。因此，他们预先选好了出土的地块，如果土质瘠薄或碱性，提前一两年就深翻——生土晒成熟土，往这块地里多上粪，养地，改变土质。

乡村里的土房有多种建造方式，一种是脱坯垒墙，一种是打坯垒墙，一种是板打墙，还有一种是泥踩墙。

脱坯，是把土加了水合成硬泥，用镐反复搂、砸，砸成"熟泥"，在"熟泥"表面撒一层麦秸。如果需要用推车将泥运到较远的场地脱坯，就把麦秸洒在推车盘上。这样，车盘上不沾泥，将泥倒向地面的时候，正好麦秸在泥的表层上。然后，把泥分割填进坯模子里，蘸水润滑，再把模子里的泥用手摁实抹平，平端着提起模子，一个泥坯脱出来了。

打坯，是把湿润适中的细土填进坯模子里，用石础砸实做出来的坯。

板打墙，是用两扇二三尺宽、丈余长的木板，木板之间打了横撑，填土用石础砸实形成的墙。

泥踩墙，是将土合成比脱坯泥还硬的泥，铺一层泥，撒一层麦秸，人上去用脚踩实踩平，如此反复，剁成墙体。

这几种墙面，脱坯墙比打坯墙结实，但是，墙体抗碱化不如打坯。脱坯墙和打坯墙的内墙，要泥两三遍，第一遍泥干到"喜鹊花"（斑状）状态时，接着泥第二遍，这样墙皮干了很结实。外墙怕雨水冲刷，每年要泥一两遍。板打墙外墙不用泥，表面光滑，不怕一般雨水冲刷。如果砸得不实，下大雨、暴风雨时容易成块成块地脱落。墙体容易发生裂缝、往外或往里倾斜，以致整面墙体倒塌。用板打墙盖房的乡民，房子盖好后，有条件的，往墙面上喷洒一些食用油，增加墙表面的油性和光滑度，下雨时雨水渗不进墙体里面去。并且，墙面很快生长出绿苔，增加墙面的坚固度。泥踩墙比较结实，但是，不抗碱化。盖房采用泥踩墙体，前提是地面地质必须不盐碱。泥踩墙不光华，外表不美观。

乡民脱坯和打坯，时间选在入冬前和清明节以后，入冬前脱坯、打坯，土坯会干得好，结实。清明断雪，基本没有冰冻天气出现了，脱坯和打坯都不会被冻坏。带着凌茬脱出来的坯和打出来的坯，被冻酥了就会像

"糠窝头"。特别是脱坯，如果天气太冷了，气温回升不上来，泥水冰凉，脱坯人容易冻伤双手，手指出现鸡爪形状，乡民管这叫"鸡爪手"，大概就是当下所说的类风湿关节炎吧？

脱坯和打坯有个半月二十天就干了，然后夯实地基，就可以打荐垒墙了。乡村盖房都是乡民互帮互助，只管饭，不动钱财交易。乡民一辈子就这么几件大事：修房盖屋娶媳妇，生儿育女养老送终，谁家都摊得上，帮别人就是帮自己。男人帮着盖房，女人帮着做饭，干得是人情活，人人不偷懒，个个出力气，偶尔有个偷懒耍滑的，会遭到大家的白眼和长辈人的训斥。盖房乡民平时省吃俭用，这时大大方方，有条件的一天两顿馇馇、炒菜，晚饭夹带一次小酒；条件差的中午一顿馇馇、炒菜，晚上的小酒免了；没条件的是一天三顿棒子面窝头；管不起饭的户家盖房子，帮忙的乡民不吃饭。但是，没人抱怨吃的差和"没混上顿饭"。谁都知道，一户盖起一座房，户主呕个脸蜡黄。许多乡民一座房子盖起来了，不但家里的积累花空了，还拉下一腔饥荒。坐在新房里抽闷烟、掉眼泪甚至大哭一场的也大有人在。

不管日子好过难过，乡民都得往前奔。这不，乡民们地里、家里忙着忙着，河里、湾里的鲤鱼、鲫鱼、黑鱼产卵了，园里的牡丹花开了。

## 时　间

每年 4 月 20 日或 21 日，太阳到达黄经 30°时为谷雨。

## 含　义

《月令七十二候集解》："三月中，自雨水后，土膏脉动，今又雨其谷于水也。雨读作去声，如雨我公田之雨。盖谷以此时播种，自上而下也。"这时，我国除青藏高原和黑龙江最北部气温较低外，大部分气温已经在 15℃以上，长江以南地区常有 100 毫米左右的降雨发生。华南沿海地区和川西南低海拔地带日平均气温一般在 20℃以上。古代所谓"雨生百谷"，反映了"谷雨"的现代农业气候意义。天气温和，雨水明显增多，有利于越冬作物的返青拔节和春播作物的播种出苗，对谷类作物的生长发育关系很大。谷雨在黄河中下游，不仅指明了它的农业意义，也说明了"春雨贵如油"。

## 物　候

谷雨三候："第一候萍始生；第二候鸣鸠拂其羽；第三候戴任降于桑。"

是说谷雨后降雨量增多，浮萍开始生长；接着布谷鸟便开始提醒人们播种了；然后是桑树上开始见到戴胜鸟。

## 农　事

长江流域水稻插秧，管理早稻、油菜，采摘炒制春茶。黄淮平原棉花播种，"谷雨前，好种棉"，"谷雨不种花，心头像蟹爬"；小麦孕穗浇水施肥。华北平原种瓜种豆。

北方地区农事：谷雨时节种谷天，南坡北洼忙种棉；水稻插秧好火候，种瓜点豆种地蛋；玉米花生早种上，地瓜栽秧适提前；闲地芝麻和黍稷，深栽茄子浅栽烟；田菁苜蓿沙打旺，绿肥作物种田间。棉花出苗快查补，地头地边无空闲。小麦要浇孕穗水，查治火龙和黄疸。树木栽上细管理，否则成活难保险，林木果园早喷药，花儿过密酌情剪。马牛猪羊饲喂好，家禽孵化科学管。莛藕蒲草继续栽，亲鱼（种鱼）育肥多产卵。赶潮流来堵鱼头，家吉（鱼）黄花捕莫慢。

## 养　生

精神上和体力上都不要过度疲劳和紧张，保持心情舒畅、心胸宽广，可以听音乐、钓鱼、春游、做操、打太极拳、散步等陶冶性情，切忌遇事忧愁焦虑，甚至大动肝火，注意劳逸结合，尽量减少外部的精神刺激。"一年之计在于春，一日之计在于晨"。谷雨时节阳气渐长，阴气渐消，在起居上，要早睡早起，不要过度出汗，以调养脏气。早出晚归者要注意增减衣服，避免受寒感冒。过敏体质的人应减少户外活动，防花粉症及过敏性鼻炎、过敏性哮喘等，特别要注意避免与过敏源接触，出现过敏反应及时到医院就诊。

在饮食上，适时进食补血气的食物，根据个人体质，食用香椿、菠菜、参蒸鳝段、菊花鳝鱼、草菇豆腐羹、生地鸭蛋汤等一些益肝补肾的食物，疏肝养肝，养血明目，健脾益肾，利水祛湿，为安然度夏打基础，减少高蛋白质、高热量食物的摄入。可以多选择食用具有良好祛湿效果的食物：白扁豆、赤豆、薏仁、山药、荷叶、芡实、陈皮、冬瓜、白萝卜、藕、海带、竹笋、豆芽等。谷雨吃碱性谷物防躁怒，食物包括：海带、大豆、胡萝卜、番茄、番瓜、菠菜、香蕉、橘子、草莓、蛋白、梅干、柠檬等。

## 谷雨一吃

香椿："雨前香椿嫩如丝"。香椿树其木质素有"中国桃花心木"之美誉，香椿是"树上蔬菜"，是香椿树的嫩芽。宋苏轼盛赞："椿木实而叶香可啖。"每年春季谷雨前发芽，椿芽叶厚肥嫩，绿叶红边，香味浓郁，富含钙、磷、钾、铁、钠、胡萝卜素、含蛋白质、维生素 B 族、维生素 C 等营养物质。可做成香椿炒鸡蛋、香椿拌豆腐、炸香椿鱼、煎香椿饼、椿苗拌三丝、椒盐香椿鱼、香椿鸡脯、香椿豆腐肉饼、香椿皮蛋豆腐、香椿拌花生、凉拌香椿、腌香椿、冷拌香椿芽等多种菜肴。且具有较高的药用价值，有补虚壮阳固精、补肾养发生发、消炎止血止痛、行气理血健胃等作用。凡肾阳虚衰、腰膝冷痛、遗精阳痿、脱发者宜食之。

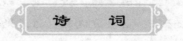

## 诗 词

### 老圃堂

唐·薛能（公元 817？—880 年？）

邵平瓜地接吾庐，谷雨乾时偶自锄。
昨日春风欺不在，就床吹落读残书。

# 题 壁 诗

### 宋·史微（生平不详）

谷雨初晴绿涨沟，落花流水共浮浮。

东风莫扫榆钱去，为买残春更少留。

# 蝶 恋 花

### 宋·范成大（公元1126—1193年）

春涨一篙添水面。芳草鹅儿，绿满微风岸。画舫夷犹湾百转，横塘塔近依然远。

江国多寒农事晚。村北村南，谷雨才耕遍。秀麦连风桑叶贱，看看尝面收新茧。

# 木兰花慢　谷雨日

### 元·王恽（公元1227—1304年）

王君德昂约牡丹之会，某以事夺，北来祁阳道中，偶得此词以寄。

问东城春色，正谷雨，牡丹期。想前日芳苞，近来绛艳，红烂灯枝。刘郎为花情重，约柳边、娃馆醉吴姬。罗袜凌波微步，玉盘承露低垂。春风百匹绣罗围。看到彩云飞。甚着意追欢，留连光景，回首差池。半春短长亭畔，漫一杯、藉草对斜晖。归纵酴醾雪在，不堪姚魏离枝。

# 采 茶 歌

### 清·乾隆（公元1711—1799年）

前日采茶我不喜，率缘供览官经理；今日采茶我爱观，吴民生计勤自然。

云栖取近跋山路，都非吏备清跸处，无事回避出采茶，相将男妇实劳劬。

嫩荚新芽细拨挑，趁忙谷雨临明朝；雨前价贵雨后贱，民艰触目陈鸣镰。

由来贵诚不贵伪，嗟哉老幼赴时意；敝衣粝食曾不敷，龙团凤饼真无味。

# 立夏

## ——一夜薰风带暑来

五月的田野里，一望无际的麦子像孕妇一样齐刷刷地挺立着，又似头戴纱巾只露出半张笑脸的少女。乡民看着一地"绿浪"，心里不由地生出许多感慨：这朗朗日头跑得太快了，娜娜春风太多事儿了，仿佛一夜间，就把人们给推进"立夏"了，火热的夏天开门了。

立夏是个重要节气，是一年四季第二个季节的开始。周朝时，每逢立夏日，帝王亲率文武百官到郊外举行盛大的"迎夏"仪式，指派司徒等官员分赴各地督促农民夏季耕作。在民间，至今保留了一些有趣的习俗。

立夏这天，乡村里很多人家做由小米、绿豆、黑豆、黄豆、豇豆（或红小豆）合成的"五色饭"，说是吃"立夏饭"。吃"立夏饭"有什么说法或好处，乡民说不上来，都说"从老辈子传下来的"。有孩子的人家，给孩子煮"立夏蛋"。煮熟后，在鸡蛋外壳抹上红、绿、黄等颜色，然后放进一只小网兜里，挂在孩子胸前，"立夏胸挂蛋，孩子不疰夏"，说是吃了"立夏蛋"，整个夏天不苦夏。也就是说，夏天高温下照常能吃能喝能睡觉，不四肢乏力，不闹病，不消瘦。立夏这天大人不让孩子坐门槛，说"立夏坐门槛烂腚眼"，意思是说会多病。"立夏坐门槛，容易打瞌睡"。记得在小学读书时，夏天有的同学上课爱睡觉，老师对其罚站醒盹，过后嘱咐家长保证孩子睡足觉。其他孩子的家长听了常问一句："你家孩子立夏这天是不是坐门槛了？"

再就是有女孩子的乡民，立夏这天母亲给女儿扎耳朵眼。养猫的人家，有的这天给猫扎耳朵眼，系上红线绳。生产队里育有小牛的，给小牛的鼻子穿孔，以后安放牛鼻环。鼻环嵌在牛鼻腔里，牵牛人用力大了，牛的鼻子就疼。牛如果调皮，牵牛人就使劲顿牛鼻环，牛鼻子疼痛就不敢闹腾。穿鼻孔，意味着小牛就要学着干农活了。

农历四月初八日，据说是佛祖释迦牟尼的生日，这一天多数时间赶在立夏节气里。我家乡有些已婚妇女，有的因还没生育，想生男孩或女孩，这一天或去佛寺里拜观音菩萨，或去碧霞祠拜泰山奶奶，到神案前求一个或男或女的泥娃娃，套上红线"拴娃娃"，据说可以得到自己想要的男孩或女孩。去泰山碧霞祠的乡民，还在碧霞祠外的树上押石头，栓红线，祈求吉利得子。如果愿望真的得以实现，她（他）还要去还愿拜谢。

"麦蚕吃罢吃推秾，一味金花菜割畦。立夏秤人轻重数，秤悬梁上笑喧闺。"这首诗后两句说的是立夏"称人"习俗。立夏"称人"流行于南方地区。不过，我家乡许多人也知道这个习俗。它的起源说法不一，一说三国时期蜀国的刘备死后，诸葛亮派赵子龙把他儿子阿斗送往回到江东的后妈孙尚香抚养，那天正是立夏，孙夫人当着赵子龙的面给阿斗称了体重，来年立夏再称一次，看看体重增加多少，向诸葛亮汇报。一说是三国时期的诸葛亮七擒七纵孟获，孟获归降蜀国。诸葛亮临终时嘱咐孟获，每年入蜀看望阿斗一次，这天是立夏。蜀国被灭后，孟获每年立夏带兵到洛阳看望阿斗，每次都称阿斗的体重。声言如果晋武帝亏待阿斗，他就举兵反晋。"称人"是在立夏午饭后，每年立夏这天，晋武帝吩咐，用糯米加豌豆煮午饭给阿斗吃，阿斗见糯米豌豆饭又黏又香，吃得很多，每次称他时都增加重量。

我家乡"称人"时，热心乡民拿一杆大木杆秤，或系在村头树木枝干上，或将一根粗棍穿进秤系里由两个人肩抬。称青壮年人，其双手抓牢秤钩，卷曲身子，双脚离地，称其重量。称老年人，秤钩下栓条麻袋做兜，老人坐上去。称小孩子，在秤钩下栓个布兜，把孩子放进布兜里。如果体重增了，说是"发福"，体重减了，说是"消肉"。期间，掌秤人一面看秤花，一面说些吉利话。称老年人："称花一百一，活到九十七。"称姑娘："称花一百一十七，媒人三顾你不依，不贪钱财不恋官，自由恋爱找女婿。"称小孩："称花打到三十三，小哥长大有才干，县长市长平地趟，当个高官也不难。"

人民公社时期，乡民都是公社社员，天天在生产队里集体干活。立夏这天午后下地前，记着"称人"习俗的社员，提议保管员拿来大秤，说说笑笑着互相称体重。"称人"打秤花只能里打外——从小数往大数打，不能外打里，有的社员看到掌秤的保管员往里打秤花，就喊："得罪了保管撸秤砣，得罪了会计笔尖戳，得罪了队长干重活，得罪了支书没法活。"接着换来生产队干部们的一阵叫骂声。有的小孩跑来凑热闹，称完体重，家长说："儿呀儿呀快点长啊，长大以后当队长啊。"

上午立了夏，下午把扇拿。立夏后天气转热，地里的杂草迅速生长。"立夏三天遍地锄""一天不锄草，三天锄不了"。这时，锄地是乡村里的一项重要农活。棉花、高粱、春玉米、花生等春播田，挨个锄一遍。锄地不但消灭杂草，还能抗旱，提高地温，加快土壤养分分解，促进农作物苗期健壮生长。

立夏麦龇牙。用不了几天，麦子抽穗扬花灌浆了。此时，刮几天小风真是爽啊！扬花期的麦子怕雨不怕风，刮风对小麦授粉有益处，下雨对授粉不利。风扬花，饱塌塌；雨扬花，秕瞎瞎。麦子刚起身的时候，不怕大水浇灌，也不怕有积水，到了扬花期特别是灌浆期，它就怕大水灌了，田里水多了或者积水了，风一吹容易造成倒伏。麦子扬花期如果遇上连阴天，又生蜜虫（麦蚜）又生疸（锈病）；如果遇上天干燥，火龙（红蜘蛛）往往少不了；如果生长后期连续遇上干热风或大雾天气，容易生火龙虫和黄疸、黑疸；如果遇上凉爽天气，丰产就定局了。

立夏后、小满前种谷子，谷子是春播农作物中最后播种的一种作物。

谷子在我国繁衍7 000多年了，它的历史居其他农作物之首，它养育了我们古老的华夏民族。在近代中国历史上，它养育了带领全国人民开天辟地的中国共产党人。谷子产量不是很高，但是，小米饭养人，乡民很看重它，生活中离不了它。身体虚弱的人吃它强身，久病炕头的人吃它养病，乡村妇女坐月子更是不可缺少的营养食物。因此，人民公社时期，村村队队几乎都种一些谷子。

播种谷子要选晴天，如果赶上雨天，停雨后地皮干了结痂，谷苗钻不出来，会发生"顶苗"——谷苗出不全。谷子不能留苗太密，乡民说："棉花鳌子腿，谷子羊屙屎；麦子下种子隔子，谷子留苗拉拉屎。""稠谷好看，稀谷吃饭"。谷子耪的遍数越多越好，头遍挖（间苗）、二遍抓（深锄），三遍四遍下狠心，五、六、七遍莫伤根，谷耪八遍饿死鸡（意思是说谷粒饱满，没有秕子，鸡吃秕子）。谷子是一种谦虚的农作物，越饱满越低垂着自己的头颅。

谷子是无名英雄，它从不在人前背后显摆自己。长期以来，人们只看到谷子抽穗结实，很少有人看见它开花现蕊，很多人甚至以为谷子不开花。其实，谷子不是不开花，而是从来不在白天开花，它开花的时间是在后半夜，准确地说是在凌晨两点到四点之间。天将黎明时，那一朵一朵极小极小的谷花就开败了。一只谷穗结出上万个谷粒，这上万朵小花不是在一夜间开尽，而是分散在一个月左右的深夜里连续开放。真乃是"春种一粒粟，秋成万颗子"。由此看来，盘中餐的那"粒粒皆辛苦"，何止只是因为"锄禾日当午，汗滴禾下土"啊！

立夏蝼蛄鸣。谷苗子钻出地皮，蝼蛄也从洞穴里钻出来了。蝼蛄是地下害虫，习惯于在夜间活动，专吃新播下的种子和植物的根茎。蝼蛄这小东西祸害庄稼，是在地下一拱（吃）一条线，哪里苗子稀往哪里拱。我家乡至今流传着一个关于蝼蛄的故事。

故事说，当年王莽追杀刘秀，有一天，刘秀在逃亡中筋疲力尽，坐在现乐陵市大孙乡境内的一棵大桑树下歇脚，不知不觉睡着了。这时，王莽的兵马从后面追上来了。危急关头，刘秀在睡梦中觉得腚底下有个东西在一个劲儿地拱他，把他给拱醒了。刘秀抬起腚一看，原来是只蝼蛄搅了他的好觉，他烦了，一气之下扯着蝼蛄的头和身子掰为两截。刚想继续睡会，忽听得东南方向战马嘶鸣，抬头一看不得了了，只见二三里远处尘土遮天蔽日，追兵如云。刘秀恍然大悟，蝼蛄是在救我呀。他后悔伤害了蝼蛄，立即找来一根枣树棘针，插在蝼蛄的头部脖颈和身子之间，那蝼蛄又活了过来。刘秀说，多谢你救了我一命，我不该伤害你。我要走了，你也快跑吧。蝼蛄说，我能往哪里去呢？刘秀说，我看西边没有敌军，你就往西拱吧，拱得越远越好。蝼蛄误解了刘秀话的意思，以为刘秀叫它"往稀里拱，越稀越拱"。从此，田野里哪儿庄稼长得稀，它就专拱哪儿的庄稼，经常给拱的缺苗断垄，恨得乡民牙根痒痒。现在，你捉住一只蝼蛄，把它的头拔下来，会看到它颈下有一根棘针样的刺，老人说，那就是当初刘秀给它插上的那根棘针。

我念小学的时候，老师组织学生学习之余捉害虫，其中就有逮蝼蛄。蝼蛄白天不出来，晚上黑灯瞎火看不见它，只得白天逮。我们逮蝼蛄的一个方法就是，放学后拿着一张锨，到粪堆上把锨头插进去，然后拿块砖头敲击锨把（柄），一会儿便有一只只蝼蛄从粪堆里爬出来。这样不停地换地方，不停地敲击锨把，就不断地逮到蝼蛄。听人说，蝼蛄害怕震动，敲击锨把震得它头疼，它忍受不了就跑出来了。是不是这么回事且不论它，反正这个法子逮蝼蛄非常灵验。

立夏一过，乡民着手淘井和打新井。乡村里吃水、浇庄稼，世代使用的是用砖砌成的浅水井、大口井，当时技术条件差，想打深井也打不了。淘井是把淤积在井里的淤泥清挖出来，疏通井中被淤泥堵塞的泉眼，保证出水量和水质清洁。地里本来水井就少，加上旧井不断报废，水井不够用，于是，需要不断地增打新井。立夏前后淘干净旧井，打了新井，麦收后浇地正好使用。淘井、打井从来是男人的事儿。在旧社会，打井绝对不让女人沾边，女人连到井旁看看的权力都没有，即便是远远地看打井也不行。说女人参合了不吉利，打出来的井不出水，打不出甜水井等等。这是封建社会对妇女的一种歧视和精神压迫。新中国成立后，提倡男女平等，时代不同了，男女都一样，毛主席说"妇女能顶半边天"，妇女真正翻身做主人。从此，妇女参加到淘井、打井的行列里。

打井需要寻找旺盛的地下水脉——泉眼，乡民没有什么探测仪器，寻找水脉几乎全凭经验和估计。他们经常采用的一个办法是，在一块地里边走边看，看看哪个地方有一种当地人叫它"秃噜酸"的菜长得多，就选择在哪一带打井。这种野菜的茎可以长到半米、一米高，叶子长条形状，味酸，嚼几片叶子酸得你倒牙。小时候，我们见了它就喊："秃噜酸，酸秃噜，酸你娘那个土葫芦。"乡民说，"秃噜酸"扎根深至地下水皮，别看它自身发酸，但它不喝地下的懒水（苦水），只有喝地下的甜水才长得旺势。因此，哪里"秃噜酸"长得旺盛，哪里地下水是甜水的可能性最大。还有，哪里茅草长得多，地下水质也好，因为茅草扎根也很深，盐碱地里很少生长茅草。另一个办法是，看以前打的井哪是甜水井，在它附近的地里接着打。这个办法误差很大，经常打出来的是懒水井。再就是因为两口井间隔比较近，同时使用两口井时，容易出现水不够用的情况。

打井时，乡民在井旁搭起木架子滑车，用来运送井下挖出来的泥土和砌井所需的青砖。乡民根据所打水井的大小，先挖一个圆形坑——井矿，一直挖到地下出水层。然后，按照井口大小，请木匠制作一个与井筒一样大小的圆形空心木盘，平放在井的底部，再在木盘上砌砖，一直砌到距离地面两米左右深处。井下作业一般是两个人，他们用小镐刨挖泥土，把泥土装进柳条斗子里，装满后再用滑车拉上来。井下的人高喊一声"走啊！"井上的人听了，"当当当"敲锣，锣声一响，拉滑车的人拽着滑车绳子跑出三五丈远，把泥土斗子拉上地面。

就这样，一镐一镐地往下刨，泥土一斗一斗地往上运。往下挖一段，木盘驮着砖砌井筒下沉一段，这叫"行盘"。"行盘"是个技术活，有打井经验丰富的乡民掌握，井下井上的人都听他指挥。如果把握不好，井壁在"行盘"中摇晃倾斜变形，甚至发生倒塌，轻者重新砌井壁，重者砸伤、砸死井下作业的人。"行盘"后，再将井筒续砌。水井打成前，井筒始终低于地面，目的是减小井筒对底盘的压力，避免发生井筒变形和塌落。大口井根据地质、水脉丰歉，一般打到两三丈深。最理想的结果是，将井底木盘坐落在红壤土质上，这样，井底不容易淤塞，水质清亮，底盘发生倾斜，井筒不变形，使用寿命长。如果遇到流沙就麻烦了，止不住流沙，清不出井底，一来影响井的出水量和水质，二来弄不好很快淤塞，这口井就白打了。

男人们在地里忙着打井，女人们在家里忙着织布。她们趁麦收前农活不太忙的空隙，赶紧织布，做衣裳。过去乡民日子穷，舍不得花钱买"洋布"（机织布）做衣裳，几乎都是穿自己纺织的土布衣裳。织布用的是木制脚踩提综斜织机，乡村里有很多木制织布机。冬天农活少，夜长，妇女们利用这段空隙把纕子（棉絮）纺成线穗存放，或者把线穗缠到迸车子上，打成一束一束的线捆存放。立夏前后，确定织布了，先"浆线"（用面粉在锅里熬成稀薄的糨糊，将线捆放进糨糊里"浆"），"浆线"是为了增强棉线的强度和韧性，对棉线还起拉直作用。"浆线"晒干后，把线架到迸车子上，再从迸车子上倒缠到鳌子上。然后，将几十个鳌子上的线缠到织布机的线轴上，根据织布的宽度，形成几百根平行的线，叫经线。将经线用缯分隔成上下两层，一根一根递进杼里，叫"上杼"。再将线头衔接在卷布轴上，整个过程叫"牵机"（也叫镶机）。放进梭里的线穗叫纬线。经线、纬线准备齐全，可以织布了。

乡村织布，都是一家一户"凑份子"，你五尺，她一丈，凑成几丈布，伙着织，因为一户人家没有这么多棉线，没有能力织整织布机的布匹。"凑份子"的时候，用白线都用白线，用"红线"（当地乡民管质量次的棉花叫红纕子，红纕子纺成的线叫红线）都用红线。不然，白线红线混着织，影响布匹质量。谁家的棉线如果差别大了，其他合伙人不愿意，认为是跟着占便宜。织布的时候，各家依照紧慢缓急排序，技术熟练的妇女一天织一丈多长，技术一般的一天织五六尺长。乡村的姑娘们，从十五六岁就学习织布了，她们的织布技术大都是在织红线布的时候练习出来的。织白线布，家长是舍不得让她们"糟践"的。一个姑娘会纺线织布，是心灵手巧的象征。姑娘找婆家的时候，这是一个优势条件。

土布可以织白布，也可以织花布。白色土布织成后，再用漂白粉进行漂染，增加布匹的白度。织花布时，将线染成不同颜色，在"牵机"时搭配好了。织出来的花布，多数是直线形状的或者是方块形状的花布。乡民用土布做棉被，做衣服，土布衣服厚敦柔软，吸潮性强，穿着舒服结实。土布织成后，妇女们赶紧剪裁缝制单衣裳，夏天热了，麦秋转眼要到了，家人们还等着穿呢。

"哇哇哇"，水湾里的蛤蟆叫了。乡民说，蛤蟆打"哇哇"，再等40天吃面疙瘩（新麦子下来了）。

## 时 间

每年5月5日或6日，太阳到达黄经45°时为"立夏"节气。

## 含　义

我国自古习惯以立夏作为夏季开始的日子，《月令七十二候集解》中说："立，建始也。""夏，假也，物至此时皆假大也。"这里的"假"，即"大"的意思。实际上，若按气候学的标准，日平均气温稳定升达22℃以上为夏季开始。"立夏"前后，我国只有福州到南岭一线以南地区真正进入夏季，而东北和西北的部分地区这时则刚刚进入春季，全国大部分地区平均气温在18～20℃之间波动，正是"百般红紫斗芳菲"的仲春和暮春季节。

## 物　候

立夏三候："一候蝼蝈鸣；二候蚯蚓出；三候王瓜生。"

即说这一节气中首先可听到蝲蝲（即：蝼蛄）蛄在田间的鸣叫声（一说是蛙声）；接着大地上便可看到蚯蚓掘土（应该是蚯蚓排出的粪便——笔者认为）；然后王瓜的蔓藤开始快速攀爬生长。

## 农　事

立夏时节，万物繁茂。大江南北早稻插秧正值高潮，"多插立夏秧，谷子收满仓"。因气温仍较低，栽秧后要立即加强管理，早追肥，早耘田，早治病虫，促进早发。中稻播种要抓紧扫尾，棉花防治炭疽病、立枯病等病害，茶叶"谷雨很少摘，立夏摘不辍"，突击采制，避免迟采茶叶老化。华北、西北等地气温回升快，降雨少，小麦浇灌扬花灌浆水。立夏后杂草生长很快，"一天不锄草，三天锄不了"。"立夏三天遍地锄"，棉花、玉米、高粱、花生等春作物中耕除草，中耕提高地温，加速土壤养分分解，抗旱防灾，促进作物苗期健壮生长。

北方地区农事：农时节令到立夏，查补齐全把苗挖。粮棉作物勤松耪，灭草松土根下扎。水稻插秧打突击，季节不容再拖拉。玉米花生继续种，红麻黄姜和芝麻。闲散地上种黍稷，南坡北洼栽地瓜。麦浇开花灌浆水，防治锈病和麦蚜。苹果梨子早疏果，稀密恰当果子大。适时防治枣步曲，一般不宜过立夏。牛驴骡马喂养好，加强防疫常检查，使役需要讲科学，强弱快慢巧配搭，小猪要动大猪静，放羊满天星为佳。静水鲤鱼流水鲶，科学喂养鱼龟虾。

## 养　生

立夏后人们容易感到烦躁不安，应重视"静养"。做到"戒怒戒躁"，切忌大喜大怒，保持精神安静，情志开怀，心情舒畅，安闲自乐，笑口常开。可多做偏静的文体活动，如绘画、钓鱼、书法、下棋、种花等。立夏时节日夜温差仍较大，早晚要适当添加衣服，睡眠相对"晚睡""早起"，以接受天地的清明之气，注意睡好"子午觉"，尤其要适当午睡，以保证饱满的精神状态以及充足的体力。选择相对平和的运动，如太极拳、太极剑、散步、慢跑等，运动后要适当饮温水，补充体液。立夏时节，自然界的变化是阳气渐长、阴气渐弱，相对人体脏腑来说，是肝气渐弱、心气渐强，此时的饮食原则是增酸减苦，补肾助肝，调养胃气。饮食宜清淡，以低脂、易消化、富含纤维素为主，多吃蔬果、粗粮。可多吃鱼、鸡、瘦肉、豆类、芝麻、洋葱、小米、玉米、山楂、枇杷、杨梅、香瓜、桃、木瓜、西红柿等；少吃动物内脏、肥肉和过咸的食物。吃些苦菜、苦瓜等苦味食品，喝点绿茶、苦丁茶等，能起到解热祛暑、消除疲劳等作用。

## 立夏一吃

三鲜："立夏尝三鲜。"三鲜分地三鲜、树三鲜、水三鲜。地三鲜为蚕豆、苋菜、黄瓜（或有蒜苗、元麦为其一）；树三鲜为樱桃、枇杷、杏子（或有梅子、香椿为其一）；水三鲜为鲥鱼、海蛳、河豚（或有鲳鱼、黄鱼、银鱼、子鲚鱼为其一）。上述都是立夏时鲜食品，特别是鲥鱼，脂肪丰厚，细腻嫩滑，味道鲜美。它每年立夏前后集群由大海口溯江而上产卵，"初夏时有，余月则无，故名鲥鱼。"（李时珍《本草纲目》）

## 诗　词

### 山亭夏日

唐·高骈（公元 821—887 年）

绿树阴浓夏日长，楼台倒影入池塘。
水晶帘动微风起，满架蔷薇一院香。

### 早夏晓兴赠梦得

唐·白居易（公元 772 年—846 年）

窗明帘薄透朝光，卧整巾簪起下床。
背壁灯残经宿焰，开箱衣带隔年香。
无情亦任他春去，不醉争销得昼长？
一部清商一壶酒，与君明日暖新堂。

### 饮湖上初晴后雨

宋·苏轼（公元 1037—1101 年）

水光潋滟晴方好，山色空蒙雨亦奇。
欲把西湖比西子，淡妆浓抹总相宜。

### 立　夏

宋·陆游（公元 1125—1210 年）

赤帜插城扉，东君整驾归。泥新巢燕闹，花尽蜜蜂稀。

槐柳阴初密，帘栊暑尚微。日斜汤沐罢，熟练试单衣。

## 小　　池

宋·杨万里（公元 1127 年—1206 年）

泉眼无声惜细流，树阴照水爱晴柔。
小荷才露尖尖角，早有蜻蜓立上头。

## 立　　夏

宋·赵友直（公元 1265 年进士）

四时天气促相催，一夜薰风带暑来。
陇亩日长蒸翠麦，园林雨过熟黄梅。
莺啼春去愁千缕，蝶恋花残恨几回。
睡起南窗情思倦，闲看槐荫满亭台。

# 小满
## ——家有小女初长成

地图形状似雄鸡的中国地域辽阔，地理气候南北差别很大。北国千里冰封，万里雪飘，此时南国温暖如春，万紫千红。北方遭遇春旱，土地饥渴，此时南方大雨滂沱，河满沟溢。地理气候差异带来大江南北农民一年四季忙闲不均。但是，在小满节气里是个例外，此时可谓是天不分高低，地不分东西，人不分男女，大江南北的农民都繁忙起来。

在南方，"小满动三车，忙得不知他。（三车：丝车、油车、水车）"以水稻为主的农作物需要充足的水分，农民们忙着踏水车翻水浇地；油菜籽成熟了，赶紧收获，赶紧春打，上油车榨油；蚕姑娘结茧了，蚕妇早起晚睡摇动丝车缫丝。《清嘉录》中记载："小满乍来，蚕妇煮茧，治车缫丝，昼夜操作"。农历4月的江南水乡，那该是一种怎样的农忙情形："小麦青青大麦黄，原头日出天色凉。姑妇相呼有忙事，舍后煮茧门前香。缫车嘈嘈似风雨，茧厚丝长无断缕。今年那暇织绢著，明日西门卖丝去。""绿遍山原白满川，子规声里雨如烟。乡村四月闲人少，才了蚕桑又插田。"

我国纺织原料南（蚕）丝北棉（花），江南地区养蚕兴盛，农民视蚕为神。相传小满是蚕神诞辰，因此江浙一带在小满节气期间有个祈蚕节。祈蚕节不固定日期，各家在哪一天"放蚕"，便在哪一天举行。由此，许多地方建有"蚕娘庙"，庙前建戏楼，祈蚕节期间雇请戏班子来唱大戏。

养蚕人家在祈蚕节那天，带上酒水菜肴，到"蚕神庙"上供祭拜，庆祝蚕茧丰收，感谢蚕神给他们带来丰衣足食，祈求今后养蚕有更好收成。

在北方，"小满晨风故里行，时有布谷两三声。满坡麦苗盖地长，又是一年丰收景。"此时冬小麦生长进入晚期，小满小满，麦粒渐满。麦到小满日夜黄，小满十日满地黄。此情此景，使人想起后人改写的白居易的一句诗：家有小女初长成。

小满是芒种的序幕。在序幕后台，我家乡乡民紧张有序地为迎接芒种到来做准备了。

早晨起来，爷爷来到村北新耕耙过的地头上，弯腰抓起一把湿漉漉的细土，攥一攥，松开手，判断着土地的墒情，嘴里自语着，小满芝麻芒种谷，过了立夏种黍黍。谷子、黍子、豆子、芝麻都脚跟脚地下种了。春谷宜晚，夏谷宜早，下种得掌握好深浅，提耧耩谷浅播豆，半边露豆晒芝麻。种豆子要紧的是看天气，最怕当天遇上下雨，豆子就怕急雨拍，只要下雨，就得赶快搂耙。豆勒脖，一个豆粒打不着。豆子当宿就翻身，播种超过一天，再下雨就不怕了。爷爷看着不远处的井园（菜园）说，过几天就剜（收获）蒜了，小满不剜蒜，留在地里烂。茄子、辣椒也该育秧了。

春田连着棉田，棉苗已经吐出第三、第四片叶子，晃动着小脑袋滋长着。爷爷走进棉田，用脚尖撅撅垄土，测验土地的板结程度。然后蹲在地垄上，将棉苗的叶子一片一片地翻过来，看看是不是生了蜜（蚜）虫。爷爷说，麦前不榜（锄）不长苗，麦后不榜不长桃；麦前不榜地，麦后草来欺，麦前耪上三遍地，麦后雨多沉住气；麦前不治蚜，麦后棉"卷发"。麦秋前给棉花耪一遍地，打一遍药，追一遍肥。有粪串粪苗儿壮，无粪空串好保墒。这样子，过麦秋就沉住气了。爷爷说的"无粪空串好保墒"，起初我不信，认为无粪空串地是自己糊弄自己，是放着轻省不享受没事找事。1975年冬天，我参加乐陵县组织的"农业学大寨工作队"，作为工作队员，包住刘武官公社朱店村第一生产队。第二年麦收前，生产队里仅有的一些土杂肥准备施在玉米地里，棉田没有肥料可施，生产队长王福云安排社员空串棉田。我说，空串地搭上功夫费了力气，你这不是睁着眼睛干傻事吗？他说："空串地能起保墒作用，也顶上粪。"事后，空串过的棉田与没有空串的棉田对比证明，此法管用。

被冷落了半年多的场院热闹了。乡民们先是把场院里杂七杂八的柴草、弃土底子清理干净，把坑坑洼洼的地方垫平，然后用镐头把干硬的地面刨起来，用耙耙碎坷垃，耙平地面，洒水后铺上碎麦秸用碌碡碾平压实——乡民管它叫"杠场"。"杠场"的活儿都是下午的后半下午干，将场院"杠"过一遍，正好太阳将要落山，为的是使碾压平整的场院免遭太阳暴晒，场院表面不生裂纹。夜里，地下水分向地面回升返潮，场院表面能够再滋养滋养，曾经松暄的泥土再融合融合。第二天早晨，对场院削高垫低，再镇压一遍，整个场院就平展展、光滑滑、等待着新麦上场了。

牲畜喂养是"草膘、料力、水精神"——草长膘，料增力，水提神。饲养员按照队长的吩咐开始给牲口加喂饲料了，在饲草里掺了麦麸、玉米或者高粱等原粮。猪吃细草料，骡马囫囵粮，骡马牛驴牙口好，吃原粮不比吃磨碎的面粉吸收差。牛是反刍动物，对吃下的食物通过"二次消化"充分吸收。马不吃夜草不肥，饲养员夜里起身勤了，给牲口增加了喂草次数。麦收是虎口夺粮，人累，牲口更累。虽然人们说喂料常喂喂在腿上，现喂喂在嘴上，年驴月马十天看老牛，这个当口给牲口加料，到麦收的时候，牲口还是能够增膘长劲儿。饲草储满了屋子，足够一个麦季牲口吃得了。饲草比往常铡的短细，庄稼人都懂得，马吃寸草牛吃屑，草细如加料，寸草铡三刀，无料也上膘。饲养员照顾牲口也比平时细心，一有空闲就给牲口刷毛，看着牲口被刷毛时那种舒坦的样子，饲养员高兴地念叨着："刷刷毛，舒筋活血疾病少，一日刷三刷，强如喂芝麻。"晒干的垫栏土堆放在饲养处的房檐下，牲口栏里的粪便打扫干净了，可以短期内不再出栏。提前干完这些活落，一切为收麦让路。

大车棚里传出拉锯声、锛凿声，木匠们给生产队里的大车检查身体。他们撂下锛凿，拿起斧子、刨子，修补破裂了的车底盘，加固松动了的卯榫，卸下漏气的轮胎赶紧去火补，车轴里重新擦抹了黄油，更换断角少撑的车挡板。乡民也把自己家坏了的手推车推来修理，车上盘的木条脱落了，钉几颗钉子加固；车子腿摇晃了，用铁丝拧紧；车子立柱松懈了，加个楔子固定。大车、手推车都是麦秋运麦送肥的主要工具，麦收前不修理，用着的时候坏了临时抱佛脚，就会影响收种庄稼，是丝毫马虎不得的。

车把式关心着牛鞅、驴夹棍、马鞍子、牛缰绳、车套绳、鞭杆、鞭肚、鞭梢子，计算着短缺多少，报数给队长早做购买打算。再就是看看哪匹马、哪匹骡子、哪头驴的蹄子指甲该修理了，让队长预约挂掌（也叫"钉掌""上蹄子"）的师傅前来给骡马修脚挂掌。"龙无云雨不腾空，马无蹄子（即挂掌）路难行"，农忙前给骡马挂掌，避免拉车、耕地时损伤了它们的蹄子。

保管员清仓查库，扫尘土，堵鼠洞，垫地面，补窗台，将仓库里的零碎物品规整分类堆放，腾出地方存新粮。统计需要多少木杈、木耙、推板、扫帚、扬锨、绳经、麻袋、口袋、筐箩、簸箕、筛子、马灯、煤油等，坏了的修补，短缺的买齐。会计把算盘珠子拨拉的噼里啪啦响，计算出添置农具需要花多少钱，队长派人急匆匆赶集置办去了。

家家户户都在为即将到来的麦收忙碌着，有几件活落是应该在麦收前干利索的。

磨镰刀、"渗"镐锄。割麦子的第一工具是镰刀，乡民说，心巧不如手巧，手巧不如工具巧，好手不压快刀。男人们取下挂在墙钉上的镰刀，利用下地前的空隙，拿块磨刀石，端半盆水放在一旁，蘸着水将一把把镰刀磨得雪亮飞快。他们从草棚里拿出镐头、锄头，找一块细瓷瓦片，打磨掉表面的铁锈。钝了的、破损的，拿到集市烘炉铺子里去"渗"（淬火），使之增加钢口，增加锋利。

泥房泥墙。那时，乡民住的都是土房，墙面和房顶经不住风雨捶打，需要每年泥一两遍，以便抵挡风雨侵蚀，防备房屋漏雨和倒塌。泥房使用的泥土由土和麦秸合成，麦秸起稳固泥土、抗雨水冲刷作用。乡民正常时间下地干活，泥房、泥墙都是趁着中午的空隙。家庭劳力多的人家，爷们儿几个自己干，家庭劳力少的人家，几家几户联合干，今天我给你家泥，明天你给我家泥，三五间房子的房顶，一个中午泥完了。无论如何，都要赶在割麦前干完，不然，麦收大忙，根本顾不上这些活儿了，这期间如果大雨袭来，真的发生了房屋漏雨墙头坍塌这样的"祸事"，那不是给收麦添乱吗。

打炕换炕。乡民都是睡土炕，土炕一头连着烟囱，一头连着灶台。灶膛后头有一个口子通向土炕，烧火做饭时产生的烟气，大部分通过灶膛后头的口子进入土炕内预留的洞子，烟气再通过炕洞子从烟囱里冒出去散发空中。这样，炕坯经过烟气常年熏陶变黑，多年的土炕变成肥。麦收前夕，乡民扒掉旧炕盘新炕，把旧炕土坯堆放在下雨淋不着的地方，麦收过后砸碎，用它做地瓜、玉米追肥非常好，还可以用作大葱施肥。乡民说，多年灶台旧炕土，庄稼吃了劲如虎；要想吃辣葱，得使炕洞壅。但是，炕洞土不能做黄烟追肥使用，炕洞土施在黄烟上，长成的烟叶气味特别呛嗓子，没法抽。

主持家务的女人们也没闲着。购买油盐酱醋的事情，都由她们包揽了。她们算计着什么蔬菜存放的时间长，什么蔬菜适合麦秋期间吃，离收麦最近的日子，来到集市上挑挑选选，买回够吃十天半月的蔬菜。许多人家少不了买些咸鱼、虾米、海带、粉条、生姜之类，这些东西存放时间长了也坏不了。至于小葱、韭菜、茴香等时鲜菜，生产队里菜园里种了，到时候会割了分给社员。还有，许多人家趁着"四月鸡蛋贱如菜"，早在小满节气前，把自家鸡鸭鹅下的蛋攒着淹进坛子里，待到芒种正好淹咸了，蛋黄里冒油呢。到时候，炸咸鱼，煮咸鸡鸭鹅蛋，让下地收麦的家人吃，又下饭，又顶饭。这些干货，都是过秋所吃蔬菜中的"硬菜"。

小满前后的集市，是赶集人较多的时候，乡民都在选买过麦秋自家所需的物品。卖农具、家用家什的生意格外好。买锄头、镐头、锨头、镰头（刀）的；买锄杠、镐把、锨把、镰把的；买簸萝、簸箕、筛子、扫帚、笤帚的；买粗绳、细绳、麻绳、牛皮绳的；买水缸、水壶、锅、碗、瓢、盆的；买推车盘、车轮、辐条、滚珠、黄油、打气筒的等等。不论早来晚走的，个个手上提着，肩上背着，手推车上装着购买的物品，没有空手而归的。

此时集市上的烘炉铺子也是最火爆的。一盘烘炉两个铁匠，一个师傅一个徒弟，一个拉风箱，一个看炉火，一个抡大铁锤，一个持小铁锤，拉风箱的抡大铁锤，看炉火的持小铁锤，抡大铁锤的是徒弟，拿小铁锤的是师傅。刚出太阳的时候烘炉就支起来了，铁匠点燃了炉火，风箱拉得呱哒呱哒响，红蓝色的火苗子蹿起老高。乡民拿着钝了、坏了的铁质农具来"渗"补。铁匠把需要淬火的犁铧（或耧刺、镐头、锨头）插进炉火中，火苗子舔得犁铧又红又软，铁匠拿起铁钳把红里泛白的犁铧夹出来，放在铁砧上，摆正了位置，大锤、小锤你一锤我一锤地砸下去，有节奏地发出"叮叮当，叮叮当当"的声音。铁锤落处，火花四溅，把铁匠的围裙烫出一个个小洞，铁匠那张古铜色的脸上挂满了汗水，地面上密布了一层铁屑。顽皮的孩子们怕被火花烫着，躲在远处看，他们对铁匠敲砸出的锤声想象成两个人对话："你当王八，你当王八；我不当，我不当。不当不行，不当不行；当就当，当就当。"

不得不说的是，乡民在忙里忙外的当口，不忘下地时随手剜些苦菜拿回家。"小满之日苦菜秀"，正是好吃的时候，生着蘸酱吃，开水焯了凉拌吃，盐水浸泡淹了吃。它苦中带涩，涩中带甜，新鲜爽口，清凉嫩香，营养丰富，含有人体所需要的多种维生素、矿物质、胆碱、糖类、核黄素和甘露醇等，常吃安心益气，轻身、耐老。苦菜药名败酱草，治疗热症。戏文里传唱的唐朝人物王宝钏，在寒窑18年常吃苦菜。旧社会农民每年春天青黄不接时，挖苦菜充饥。苦苦菜，苦胃肠，苦满口，填空肠，挡饥饿，救命粮。当年红军在江西苏区、长征途中也吃苦菜充饥，"苦苦菜，花儿黄，又当菜蔬又当粮，红军吃了上战场，英勇杀敌打胜仗。"当地人民将苦菜誉为"红军菜"，"长征菜"。苦菜，对人类特别是对生活贫困的农民立下了大功劳。

小满节气里，乡乡村村笼罩在芒种大戏开幕前密集的"锣鼓点"中。不知道是在小满的哪一天，一只麦蝉从地下钻出来爬到树上，在夜幕掩护下蜕变成飞蝉，在初升的朝阳沐浴下渐硬了翅膀，在鲜亮亮的阳光里，它冲着满目清新的世界先是试着"吱——"地鸣叫了一声，然后，放开清脆的歌喉长歌起来。

麦子开镰了。

## 时 间

每年公历 5 月 21 日或 22 日，太阳到达黄径 60°时为小满。

## 含 义

《月令七十二候集解》："四月中，小满者，物致于此小得盈满。"这时全国北方地区麦类等夏熟作物籽粒已开始饱满，但还没有成熟，约相当乳熟后期，所以叫小满。从气候特征来看，小满期间我国除西藏、青海、黑龙江、吉林外，大多数地区日平均气温在 22℃以上，多数省份在小满前后还出现极端高温。自此，全国各地渐次进入了夏季，南北温差进一步缩小，降水进一步增多。

## 物 候

小满三候："一候苦菜秀；二候靡草死；三候麦秋至。"
是说小满节气中，苦菜已经枝叶繁茂；而喜阴的一些枝条细软的草类在强烈的阳光下开始枯死；此时麦子开始成熟。

## 农 事

南方地区抓紧水稻的追肥、耘禾，促进分蘖。抓紧晴天进行小麦、油菜籽等夏熟作物的收打和晾晒。蚕开始结茧，养蚕人家忙着缫丝。北方地区春播已基本结束，各地进入春播作物的田间管理，及时定苗、补苗、补种、松土。小麦加强后期肥水管理，促进充分灌浆，同时预防"干热风"。果树进入果实膨大期，浇水施肥和防治病虫害。

北方地区农事：小满小麦粒渐满，收割还需十多天。收前十天停浇水，防治麦蚜和黄疸。去杂去劣选良种，及时套种粮油棉。干旱风害和雹灾，提早预防灾情减。芝麻黍稷种尚可，春棉播种为时晚。早春作物勤松土，行间株间都锄严。植棉掰杈狠治虫，酌情追肥和浇灌。麦前抓紧把炕换，炕坯砸碎堆田边。早修农具早打算，莫等麦熟打转转。果树疏果治病虫，及时收理桑蚕茧。畜禽管理加措施，怀孕母畜要细管。鱼塘昼夜勤观察，做到防患于未然。养鱼犹如种粮棉，管理得当夺高产。

## 养 生

小满后气温升高，天气炎热，有些人在进入炎热夏季后，容易出现情绪和行为异常，主要表现为心境不佳，情绪烦躁，记忆力下降等，这就是常说的"情绪中暑"。为了避免和防止"情绪中暑"，天气越热，越要静心、勿急躁；遇到不顺心的事，要冷处理，维护良好的情绪。此外，保持室内通风，安排好作息时间，保持睡眠充足。也可以在清晨进行体育锻炼、散步、慢跑、打太极拳等，但不宜做过于剧烈的运动，避免大汗淋漓，伤阴也伤阳。小满时节是皮肤病的高发期。对各种与"风疹"类似的皮肤病人，在饮食调养上均宜以清爽清淡的素食为主，常吃具有清利湿热作用的食物，如红小豆、薏苡仁、绿豆、丝瓜、黄瓜、水芹、荸荠、黑木耳、西红柿、西瓜、山药、蛇肉、鲫鱼、草鱼、鸭肉等。忌食膏粱厚味，甘肥滋腻，生湿助湿的食物，如动物脂肪、海腥鱼类、酸涩辛辣、性属温热助火之品及油煎熏烤之物，如生葱、生蒜、生姜、芥末、胡椒、辣椒、茴香、桂皮、韭菜、茄子、蘑菇、海鱼、虾、蟹各种海鲜发物、牛、羊、狗、鹅肉类等。

## 小满一吃

苦菜：《周书》说："小满之日苦菜秀。"《诗经》曰："采苦采苦，首阳之下。"医学上管苦菜叫败酱草，李时珍叫它天香草。苦菜苦，带苦尝，味虽苦，富营养。苦菜苦中带涩，涩中带甜，新鲜爽口，清凉嫩香，含有人体所需的多种维生素、矿物质、胆碱、糖类、核黄素和甘露醇等营养物质，具有清热、凉血和解毒功能。苦菜吃法多种多样，可以烫熟后冷淘凉拌，配以盐、醋、辣油或蒜泥，清凉辣香。可以洗净后蘸酱生吃，鲜嫩爽口。可以将苦菜腌制后吃。也可以做汤、做馅、热炒着吃。

## 诗　词

### 归田园四时乐春夏

宋·欧阳修（公元 1007—1072 年）

南风原头吹百草，草木丛深茅舍小。

麦穗初齐稚子娇，桑叶正肥蚕食饱。

老翁但喜岁年熟，饷妇安知时节好。

野棠梨密啼晚莺，海石榴红转山鸟。

田家此乐知者谁？我独知之归不早。

乞身当及强健时，顾我蹉跎已衰老。

### 缫　车

宋·邵定（生卒年不详）

缫作缫车急急作，东家煮茧玉满镬，西家捲丝雪满籰。

汝家蚕迟犹未箔，小满已过枣花落。

夏叶食多银瓮薄，诗得女缫渠已着。

懒归儿，听禽言，一步落人后，百步输人先。秋风寒，衣衫单。

### 清平乐·村居

宋·辛弃疾（公元 1140—1207 年）

茅檐低小，溪上青青草。醉里吴音相媚好，白发谁家翁媪。

大儿锄豆溪东，中儿正织鸡笼；最喜小儿无赖，溪头卧剥莲蓬。

## 晨　征

宋·巩丰（公元 1148—1217 年）

静观群动亦劳哉，岂独吾为旅食催。
鸡唱未圆天已晓，蛙鸣初散雨还来。
清和入序殊无暑，小满先时政有雷。
酒贱茶饶新而熟，不妨乘兴且徘徊。

## 小　满

民国·吴藕汀（公元 1913—2005 年）

白桐落尽破檐牙，或恐年年梓树花。
小满田塍寻草药，农闲莫问动三车。

# 芒种

## ——披星戴月人归晚

乡 村 纪 事

每一出大戏有数个大小故事"高潮"。一年四季好似一出大戏，这出大戏里有两个最"高潮"——三夏、三秋生产。三夏——夏收、夏种、夏管处在芒种节气里，是大戏里的头一个最"高潮"。小麦收割，又是这个"高潮"中的高潮。北方的冬小麦，攒足了一个冬春的劲儿，在这一刻迎接生命的成熟。

古人制定24节气，是以北方地区地理气候特征为基础确立的。古人给节气命名很讲究，芒种，从字面上理解，"芒"是指麦类等有芒的作物进入收获。"种"，一是种子的"种"，一是指谷黍类作物播种。

俗话说："芒种夏至天，走路要人牵；牵的要人拉，拉的要人推。"说的是夏天气温升高，人受湿气之染，四肢困倦，萎靡不振，容易懒散。然而，在"麦黄农忙，绣女出房"的季节里，男女老少都投入到三夏大忙中，谁还懒散的下来呢。

不仅如此，就连赶在芒种节气前后的端午节，乡民也常常不过了。乡民知道端午节是为了纪念屈原，或是纪念伍子胥，或是纪念孝女曹娥救父投江。然而，时处人民公社计划经济时期，乡村生活条件差，乡民顾不上这个节日。再者，我家乡一带不出产大米、糯米，当时商品流通渠道窄，南方、东北地区出产的大米运送不过来，乡民常年吃不到大米，更吃不到糯米，大多数乡民不会包粽子，没有粽子吃很正常。我从小长到二十三四岁的时候，就没有吃过粽子的记忆。不过，端午节门上插艾草的习俗，乡民还是沿袭了。这一天，许多乡民门上插了艾草，说是辟邪。不过准确地说，我家乡乡民插在门上的不是艾草，而是当地野生的一种气味很浓的"蒿子草"。乡民常常将蒿子草拧成草绳晒干，夏夜里点燃用它驱赶蚊子。

芒种时节，在乐陵一带金丝枣乡有一项特殊农活：枷枣树。乡民枷枣树，是为了促使多结小枣。枣树花期水分、养分太足了，会'拱'落大量枣花，减少坐果率。老祖宗摸索出了个让枣树多长枣的办法：芒种前枷树。这时，树上的枣花儿开了接近一半，是最好的枷树时节。枷树，就是给枣树身子横着破皮，绕着树身子剥一圈（环剥），一韭菜叶宽窄，深至'骨头'（木质部）。枣树开枷先从离着地面最近的树身部位进行，一年一年往上移。枷树是个巧妙活儿，得把握好'火候'，窄了、浅了不管用，深了、宽了会把枣树枷死。枣树"枷"过后，水分、养分的供应暂时阻断了，枣花落得少了，挂枣多了。待枣儿成形，需要大量水分、养分的时候，枷过的伤口也长好了，又能正常输送水分、养分了。枷了的金丝小枣树，能多产三四成枣子。由此，乐陵一带的金丝小枣树一年枷一次，一次留下一道伤疤，日久年深，周身伤痕累累，伤痕结痂处，鼓起了一个个大大小小的"包"和一道道深浅凸凹的"岭子"，自下往上，一圈一圈螺旋纹似的上升。

据说我国现有200多个枣品种，在所有枣树中，金丝小枣树根系不争地，枝叶不争天，生长不争时，容貌不争艳，肥田薄地都能长，旱了涝了都结果，年年岁岁给主人提供甘美。金丝小枣养分最多、吃着最甜，味道最好，它孕育的这个"最"，是用它生命里那一次次痛苦换来的！

　　芒种时节，以小麦为代表的带芒农作物成熟，"四月芒种麦在前，五月芒种麦在后"。芒种赶在农历四月里，北方地区的小麦成熟了；芒种若是赶在五月里，小麦则还成熟不了（这与按照阴历计算年月有关）。

　　"芒种糜子急种谷"，糜子是一种生长期最短的禾本科植物，早熟品种80天，晚熟不过100天，是大秋作物中最后播种的庄稼。此时，也是晚（夏）谷子的最后播种期，谷子比糜子生长期长，晚秋容易出现霜冻，夏谷子播种太晚了有可能遭受冻害，所以说晚中争早"急种谷"。

　　"芒种栽薯重十斤，夏至栽薯光根根"，"夏豆播种不怕早，麦后有雨耧刺挑"，"夏种一天早下种，秋来提前十日熟"。芒种是地瓜、夏玉米、夏大豆等农作物的适宜栽种、播种期。

　　蚕老一时，麦熟一晌。枣花开，割小麦。早晨看上去还绿乎乎的麦田，中午时分，已被热风暴日漂染得一片金黄；原已泛黄的麦田，一根根麦芒"炸"开着，麦粒在麦皮里绽露出笑脸。乡民披星戴月忙"三夏"的日子开始了。

　　早晨，随着生产队里响亮的钟声，乡民们走出院子，走向田野。他们有的将镰刀拿在手上，有的披在腰间，有的放在背筐里，一路上有说有笑，一个个兴奋地得了宝贝似的。他们像抚育孩子一样把麦子抚养了七八个月，眼下成熟了，快入囤了，就要吃上新白面馇馇了，怎能不高兴呢。

庄稼人风餐露宿，含辛茹苦地伺候它们，等待的就是这一天哪！

乡民们一字儿摆开在一片麦田地头上，一双双欣喜的目光在长长的麦垄上漂动。有人从麦垄里采下几穗麦子看看"勾儿"，计算着一穗麦子出产多少颗麦粒，以此匡算麦子的亩产量。然后放进手心里轻轻揉搓，吹去麦皮，瞅瞅麦粒的成色、饱满度（肥瘦），将麦粒扔进嘴里慢慢咀嚼，麦香溢出嘴角。

乡民们议论着：麦收寒天。今年的气温比往年低，麦子没有生蜜（蚜）虫，也没有生黑疸黄疸，麦穗子刀裁一般齐刷刷的，丰产定局了。有人接话："这话别说得过早啊，俗话说，麦在地里不要笑，收到囤里才牢靠。"有人反驳："简直是张乌鸦嘴呀，就不会说句吉利话吗？"

割麦子一般两人一组，一人在前，一人在后。在前面割麦子的人负责"打绞子"（将两束麦秸从穗部衔接，交织拧起来盘花作结），在后面割麦子的人负责打捆。在后的人看到在前的人漏割麦子了，便提醒说："仔细点，一步丢一棵，一天丢一垛。"在前的人看到在后捆麦子的人把"绞子"捆得太靠近麦穗了，纠正他："靠着麦腰以下捆，没听老人说吗，麦捆根，谷捆梢，芝麻捆在正当腰，咋没个记性呢。不听老人言，吃亏在眼前呀。"捆麦子要求靠近麦秆腰部偏下，是因为过去农村打轧麦子时，把"绞子"以下部分用铡刀铡掉，麦根部分极少有麦穗，不再碾压，当做烧柴。"绞子"以上部分碾压，"绞子"捆的越靠近根部，混杂在麦根里的麦穗越少，减少丢失。碾压过的麦秸，用来做房檐、压墙荐、泥房泥墙等。

麦浪滚滚，熏风阵阵，说笑不断、歌声串串，是割麦子头两天的情景。三天过后，割麦子的人群里说笑声稀疏了，歌声消失了，镰刀挥处发出的"嚓嚓"声里，间杂了粗重的气喘声、呻吟声、"哎呀"声、叫"娘"声。割麦子累呀！不论你弯着腰割还是蹲着割，时间一长，腰疼、腿疼、膝盖疼、腿肚子疼、脚底板疼、胳膊酸疼、抓麦秆的那只手火辣辣的胀疼等一并袭来。平时腰腿有毛病的人更是蹲下起不来，起来蹲不下，弯不下腰，挺不直身。虽然人人挥汗如雨，累得龇牙咧嘴，但是谁也不敢懈怠，咬牙运气加劲干，手中的镰刀"嚓嚓"不停。

庄稼人心明如镜：麦收有五忙：割、拉、打、晒、藏，期间最怕雹砸、雨淋、大风刮。五月天，说变就变，谁知道会不会遇上这"三害"呢。真要遇上，岂不空忙半年？因此，他们欣喜之余还担着十二分的心呢。也因此，麦子蜡黄就开镰了。乡民说，九成熟，十成收；十成熟，一成丢。即便没遇上"三害"天气，麦子熟过了火，也会风起穗摇掉麦粒。那时是人工收割，速度慢，不像现在，联合收割机走一趟就全部解决问题。现在机收小麦，等麦子熟透了才收，落粒丢棵很多，十成麦子丢一成被认为是正常。

割麦中，经常发生令人提神不期而遇的小惊喜：麦垄里，不时有未生翅膀的蚂蚱蹦蹦跳跳，乡民叫它"蚂蚱腤（音）子"；还有一种个头不大，翅膀短小，飞不起来，蹦得很高跳得很远的蚂蚱，乡民叫它"蹦跶蛮子"。麦垄密集处，不时会突然发现一窝鸟蛋，或者一窝羽翼未丰的小鸟，引来跟随大人下地的孩子们的惊喜。也经常有一只、数只刚会跑的小野兔在眼前逃跑，这时会有几个乡民跳起身追逐，免不了引起短暂的小小骚动。

小惊吓也在不断发生着：麦垄间突然窜出一只急速奔跑的黄白色花纹相间的"蝎虎溜子"（蜥蜴——也叫四脚蛇），或者一条麦黄色或草绿色、昂着头、口吐血红信子的长虫（蛇）。胆小的乡民看到"蝎虎溜子"乱跑乱窜，口吐唾沫骂它烦人、找死。看到长虫吓得连声惊叫着跳出几步远，好大一会不敢接近长虫呆过附近的麦垄。胆大的乡民追着长虫不放，用镰刀把它斩为两截、三截。有的乡民捉了长虫，拿过一杆旱烟袋，将一截细长麦莛（杆）插入烟袋杆，取出一些烟油（含尼古丁），抹到长虫嘴里。眨眼工夫，那条长虫浑身痉挛颤抖，一袋烟工夫被烟油毒死了。还有的乡民捉到长虫，一手提着长虫尾巴，一手用大拇指和食指捏住长虫尾部，然后从尾撸到头部，长虫就"死"了一般。你把长虫扔到地上不再管它，它就真死去了。如果你再提起长虫，如法将它从头部撸到尾部，长虫就又活了。

"蝎虎溜子"和长虫一类的小动物，虽然遭人厌恶，但那时候生态好啊，地里到处有它们的足迹身影。可惜，如今田野里的"蝎虎溜子"几乎绝迹了，长虫也寥寥无几了，人们想厌恶它们都已经快没有机会了。

"大麦熟，小麦黄，芒种前后收割忙。……"这是我在小学一年级学过的一篇课文。过麦秋的时候，乡村学校都放麦假，假期半月左右。假期里，学校组织学生帮助生产队收麦子。年龄大一点的学生帮着割麦子、装卸车、摊晒麦子。小学生在老师带领下，到收割后的麦田里拾麦穗，劳动果实颗粒归仓。同学们一字排开，一人拾一二垄地，一块地一块地地拾。

同学们拾了麦穗过秤，看谁拾得多，拾得多的老师给予表扬，鼓励学生爱集体，爱劳动。老师组织学生评选"劳动模范""三好学生""五好学生"，给评上的同学发奖状。同学们都想进步，都想当好学生，都想受到表扬，都很看重这张奖状，都抢着积极表现自己。个别平日娇惯的同学，劳动怕苦怕累，会遭到同学们的轻视。生产队长给同学们发仁丹、清凉油、糖精，给同学们解暑、解渴，把糖精掺在水里喝，很甜。学生参加麦收劳动，不敢说给集体做了多大贡献，但是，对培养学生形成热爱学习、热爱劳动、热爱劳动人民的良好品质，身心健康成长，绝对起了重大作用。

芒种三日打麦场。麦子入场昼夜忙，快打、快扬、快晒、快入仓，把最好的麦子交公粮。年纪稍大的乡民被分工在场院里打轧麦子，卸麦车、垛麦垛、铡麦根、晒麦子、轧场、扬场、晒干入仓等活落。轧场在天气最热的中午前后，天气越晴朗，温度越高，麦秆麦穗晒得越干，碾轧得越干净。中午的日头刻毒地施展着它的威风，晒得麦场上升腾着袅袅白雾，晒得金黄闪亮的麦秆麦穗发出"咔咔"声响，晒得整个大地白晃晃的，晒得人满脸汗水淹了眼睛，连喘气吸进的空气都烫嗓子眼儿。

热生火，火大生风。轧场时乡民格外警惕，他们在场院边上准备了铁锨，堆放了干土，安放了数口大瓮，瓮里盛满了水，防备场院发生火灾。轧场乡民头戴草帽遮阳，汗水湿透了衣衫，擦汗的毛巾片刻便拧出了水。轧场乡民一手牵着接长了的牛马缰绳，一手拿着鞭子，身旁放着粪筐，准备随时接住牛马在轧场中拉的粪便。牛马拉着石磙（碌碡）吱扭吱扭转着圈儿碾压着，又热又累，呼哧呼哧喘粗气，轧场乡民给牛马脊背上披了湿麻袋降温。经过几遍碾压，麦粒儿在石磙碾压下纷纷脱离了母体。

起场的时候，轧场乡民招呼着："不管有风没风，都把糠麦堆在场院当中啊。"糠麦堆在场院中间，周围空旷没有遮挡，不管刮东南西北风，都便于扬场。扬场是借助风力把麦粒和麦糠分开，看上去简单，干起来技术性很强。扬场要看风向，会借风速，风大风小，扬场人将糠麦扬向空中时的方向、使用的力气都有分寸。会扬场的人，一木锨糠麦抛向空中，糠麦散开呈一条弧形线下落，不会扬场的人，一木锨糠麦抛向空中，糠麦散开一大片下落。一条线形状的，糠麦经风一吹，麦粒麦糠在下落过程中分开了，刮落在不同位置；一大片形状的，麦粒麦糠落下来依然混杂在一起，跟没扬差不多。我爷爷、子奎爷爷、立明大爷、立胜大爷他们都是扬场高手，他们在风力很小的情况下，都能把糠麦扬得糠是糠，麦是麦，两分清。在家务农时，我曾跟他们学艺，可惜，悟性差，实践机会又少，没能出徒。

打场最怕阴雨天。所以，乡民格外关心每天的天气，早看东南——云从东南上，下雨不过晌；晚看西北——午后西北黑云生，往往急雨连狂风。火烧云，热死人。西天云来接（太阳），明天雨纷纷。有时候，正在轧场，西北方向乌云滚滚，狂风大作，一场急雨马上来临。这个时候，乡民们如果正在吃饭，撂下饭碗就往场院跑。如果正在地里割麦子，马上停止收割，把割下捆起来的麦子码成垛，然后，疾步往场院里跑去"抢场"，增援轧场的乡民，避免没轧完或刚轧完还没来得及堆起来的糠麦被雨水冲走。有时候，大雨瞬间瓢泼而下，乡民们根本来不及起场，一场的麦子被雨水冲走半场。有时候，连续阴雨两三天，收割的麦子来不及打轧，打轧了的糠麦来不及晾晒，垛起来的麦子潮湿生热，堆起来的糠麦热得烫手，麦粒轻者"红眼"，重者发霉生芽。遇到这种情况，庄稼人一个个急火攻心，心疼得跺脚落泪。乡亲们说，小麦不进场，不敢说短长；小麦进了场，也难说短长。田里看年景，场里看收成，仓里定输赢。这都是因为"三麦不如一秋长，三秋不如一麦忙"，时间、季节不等人，天气变化不依人。

芒种时节，要抢种玉米、夏谷子、夏大豆等秋季作物，还得顾及春播棉花、大豆、谷子的苗期管理。因此，乡民既怕下雨又盼望下场大雨。农历的五月十三日处在芒种期间，乡民望着久旱的苍天念叨着："大旱三年，不忘五月十三。关（羽）老爷正在天上嚯嚯磨大刀哩（一说这天是关羽的生日），就要下雨了。"如果五月十三前后没下雨，乡民们反而沉不住气了："遭了，五月十三，不雨直干，照这阵势要连续旱下去了。"

热藏麦子冷藏豆，不冷不热藏菜种。直到麦子入了仓，乡民们才长舒了一口气："老天爷，下雨吧，俺要睡个囫囵觉了。"

## 时　间

每年公历 6 月 6 日前后，太阳到达黄经 75°时为芒种。

## 含　义

芒种是表征麦类等有芒作物的成熟，是一个反映农业物候现象的节气。

芒种在农历上的日期并不固定，有时在 4 月，有时在 5 月。在此期间，除了青藏高原和黑龙江最北部的一些地区还没有真正进入夏季以外，大部分地区都有出现 35℃ 以上高温天气的可能，一般来说人们都能够体验到夏天的炎热。芒种时节雨量充沛，气温显著升高，常见的天气灾害有龙卷风、冰雹、大风、暴雨、干旱等。

## 物　候

**芒种三候：**"一候螳螂生；二候鹏始鸣；三候反舌无声。"

这一节气中，螳螂在去年深秋产的卵因感受到阴气初生而破壳生出小螳螂；喜阴的伯劳鸟开始在枝头出现，并且感阴而鸣；与此相反，能够学习其它鸟鸣叫的反舌鸟，却因感应到了阴气的出现而停止了鸣叫。

## 农　事

我国大部分地区夏熟作物要收获，夏播秋收作物要下地，春种的庄稼要管理，收、种、管交叉，俗称"三夏"生产，是一年中最忙的季节。长江流域"栽秧割麦两头忙"，华北地区"收麦种豆不让晌"，真是"芒种"。

**北方地区农事：**芒种节到收麦忙，男女老少上战场。麦熟九成就动手，昼夜虎口来夺粮。地里场里不算收，打轧扬晒快入仓。腾出茬口早下种，玉米豆谷快播上。套播粮棉仔细管，定苗松土把虫防。棉田追浇锄治修，切莫忙麦将棉忘。春谷高粱精细管，追肥治虫勤松榜。制种高粱和玉米，严格管理照规章。苹果疏枝和扭梢，枝条盘圈加捆绑，桃树修剪重摘心，内膛疏密要恰当。麦秸氨化方法好，营养提高气味香；无毒无害容易制，十天半月喂牛羊。养鱼犹如女绣花，昼夜不忘巡鱼塘，分期灌水调水质，投放饵料要适量。

## 养 生

精神调养，保持心情轻松愉快，切忌恼怒忧郁，使气机得以宣畅、通泄得以自如。起居，晚睡早起，适当接受阳光，但要避开太阳直射，注意防暑，以顺应旺盛的阳气，利于气血运行、振奋精神。中午小睡 30 分钟至 1 个小时，以解除疲劳，利于健康。天热出汗，衣服勤洗勤换，要"汗出不见湿"，因为若"汗出见湿，乃生痤疮"。经常洗澡，但出汗时不能立刻用冷水冲澡。不要因贪图凉快而迎风或露天睡卧，也不要大汗而光膀吹风。饮食调养，历代养生家都认为"清补"是最佳的选择。唐朝孙思邈提倡人们"常宜轻清甜淡之物，大小麦曲，粳米为佳"。又说："善养生者常须少食肉，多食饭"。元代医学家朱丹溪的《茹谈论》曰："少食肉食，多食谷菽菜果，自然冲和之味"。此时应该吃些祛暑益气、生津止渴的食物，豆类如黄豆、绿豆、蚕豆、红小豆等。适量吃些鸭肉、泥鳅、黄花鱼、青鱼、鲫鱼、鲢鱼、鳊鱼、鲐鱼、鲅鱼、多宝鱼。多吃些大蒜、洋葱、韭菜、大葱、香葱等"杀菌"蔬菜，可预防肠道疾病。水果如乌梅、山楂、柠檬、葡萄、草莓、菠萝、芒果、猕猴桃之类，因其酸味能敛汗、止泻、祛湿，适度进补，能预防因流汗过多而耗气伤阴。

## 芒种一吃

粽子：芒种节气前后适逢端午节，端午节吃粽子。粽子古称"角黍"、"筒粽"，传说为祭投江而死的屈原。《江南靖士诗稿·端午陶山品粽》诗："五日山村鲜角粽，褪绳解箬气犹温。淡黄应渍陶公草，膏饭舌翻香阵喷。"粽子主要原料是糯米，配以各种馅料。北方多包小枣、松子仁、核桃粽子；南方则有豆沙、鲜肉、八宝、火腿、蛋黄等多种馅料。如今的粽子多种多样，璀璨纷呈，有桂圆粽、肉粽、水晶粽、莲蓉粽、蜜饯粽、板栗粽、辣粽、酸菜粽、咸蛋粽等。

## 诗　词

### 耕图二十一首之拔秧

宋·楼璹（公元 1090—1162 年）

新秧初出水，渺渺翠毯齐。清晨且拔擢，父子争提携。
既沐青满握，再栉根无泥。及时趁芒种，散著畦东西。

### 芒种后经旬无日不雨偶得长句

宋·陆游（公元 1125—1210 年）

芒种初过雨及时，纱厨睡起角巾欹。
痴云不散常遮塔，野水无声自入池。
绿树晚凉鸠语闹，画梁昼寂燕归迟。
闲身自喜浑无事，衣覆熏笼独诵诗。

### 练圻老人农隐

明·高启（公元 1336—1373 年）

我生不愿六国印，但愿耕种二顷田。
田中读书慕尧舜，坐待四海升平年。
却愁为农亦良苦，近岁征没相烦煎。
养蚕唯堪了官税，卖犊未足输米钱。
虮须县吏叩门户，邻犬夜吠频惊眠。
雨中投泥东凿堑，冰上渡水西防边。
几家逃亡闲白屋，荒村古木空寒烟。
君独胡为有此乐，无乃地迩秦溪仙。

门前流水野桥断，不过车马唯通船。
秧风初凉近芒种，戴胜晓鸣桑头颠。
短衣行陇自课作，儿子馌后妻耘前。
白头曷复劳四体，若比我辈宁非贤。
旅游三十不称意，年登未具粥与濡。
便投笔砚把耒耜，从子共赋《豳风》篇。

## 田间杂咏（六首）之六

明·樊阜（生卒年代不详）

新水涨荒陂，芸芸稻盈亩。东家及西邻，世世结亲友。夏至熟黄瓜，秋来酿白酒。新妇笑嘻嘻，小儿扶壁走。门口沙溪清，垂垂几株柳。醉卧梦羲皇，凉风入虚牖。近说明府清，征徭曾减否？枣花落靡靡，一犬护柴关。节序届芒种，何人得幽闲。蛙鸣池水满，细草生阶间。刈麦欲终亩，风吹雨过山。大儿旱未饭，叹息农事艰。豪贵本天命，悠悠不可攀。

## 伊利记事诗

清·洪亮吉（公元 1746—1809 年）

芒种才过雪不霁，伊犁河外草初肥。
生驹步步行难稳，恐有蛇从鼻观飞。

# 夏至

## ——绿树浓荫日渐短

如同经历了一场激烈的战斗，从战场上撤下来的时候，庄稼人对自己曾经熟悉的土地居然感觉到是那么陌生：春谷子孕穗了，高粱长得已经没了牛，地瓜棵上长出了三五条二三尺长的蔓子，棉花分叉伸枝开始现蕾……他们似乎有些吃惊：这才几天呀，庄稼也像十八变的大姑娘哩。

乖乖，眨眼间到了夏至了呀！

夏至是个重要节气。在古代，夏至日举行祭祀活动。《史记·封禅书》记载："夏至日，祭地，皆用乐舞。"在宋朝，从夏至这天，百官放假三天。

夏至日，自然现象，它是一年中白天最长的一天。这一天，从南到北是白天唱主角。海南省海口市日长约 13 小时多一点，北京约 15 小时，黑龙江漠河长达 17 小时以上。"吃过夏至面，一天短一线"。自此，白日的时间一天比一天缩短，直到冬至节气过后，再转向一天长一天。

夏至，意思是说夏天到了。从这一天起，一年中最热的伏天将要开始了。"夏至三庚入头伏"。"夏至三庚"说的是入伏日期。我国古代流行"干支纪日法"，用 10 个天干与 12 个地支相配而成的 60 组不同的名称来记日子，循环使用。每逢有庚字的日子叫庚日。庚日的"庚"字是"甲、乙、丙、丁、戊、己、庚、辛、壬、癸"10 个天干中的第七个字，庚日每 10 天重复一次。从夏至开始，依照干支纪日的排列，第三个庚日为初伏，第四个庚日为中伏，立秋后第一个庚日为末伏。当夏至与立秋之间出现四个庚日时中伏为 10 天，出现五个庚日则为 20 天。庚日出现的早晚影响中伏的长短，所以，有些年份伏天 30 天，有些年份伏天 40 天。

三伏天出现在小暑与大暑之间，是一年中气温最高且又潮湿、闷热的日子。"伏"，就是天气太热了，宜伏不宜动，三伏是中原地区在一年中最热的三四十天，初伏为 10 天，中伏为 10 天或 20 天，末伏为 10 天。三伏是按农历计算的，公历大约处在 7 月中旬至 8 月上旬间。

冬有冬九九，夏有夏九九。湖北省老河市一座禹王庙正厅的榆木大梁上的《夏至九九歌》，最能反映我国大部分地区气候特点，全文是："夏至入头九，羽扇握在手；二九一十八，脱冠着罗纱；三九二十七，出门汗欲滴；四九三十六，卷席露天宿；五九四十五，炎秋似老虎；六九五十四，乘凉进庙祠；七九六十三，床头摸被单；八九七十二，子夜寻棉被；九九八十一，开柜拿棉衣。"

其他地方流传有："一九和二九，扇子不离手；三九二十七，汗水溻了衣；四九三十六，房顶晒个透；五九四十五，乘凉不进屋；六九五十四，早晚凉丝丝；七九六十三，夹被替被单；八九七十二，盖上薄棉被；九九八十一，准备过冬衣。"

北方农村的"夏九九"歌略有不同："一九至二九，扇子不离手；三九二十七，冰水甜如蜜；四九三十六，汗湿衣服透；五九四十五，树头清风舞；六九五十四，乘凉莫太迟；七九六十三，夜眠要盖单；八九七十二，思量盖夹被；九九八十一，家家找棉衣。"

夏九九古老歌谣流传了一代又一代，歌谣创作者们谁也不曾想到，进入公元 20 世纪 80 年代以后，歌谣内容更换了许多："一九二九温升高，风扇空调准备好；三九温高湿度大，冲凉洗澡来消夏；四九炎热冠全年，打开风扇汗消减；五九烈日当头照，躲进屋里吹空调；六九时节过立秋，清晨夜晚凉飕飕；七九炎热将结束，夜间睡觉防凉肚；八九到来天更凉，男女老幼加衣裳；九九时节过白露，过冬衣被早打谱。"

《礼记》记载："夏至到，鹿角解，蝉始鸣，半夏生，木槿荣。"是说从夏至开始，阳性的鹿角要脱落了；雄性的知了因感阴气鼓翼而鸣了；属于阴性的草药半夏破土生长了；木槿花儿盛开了。

夏至，乡民很在意它所处的时间，说是"夏至五月头，不种芝麻也吃油；夏至五月终，十个油坊九个空"。不种芝麻也吃油，是说夏至赶在五月头，庄稼长得好会获得丰收；十个油坊九个空，是说夏至赶在五月末，庄稼歉收，年景不好。此谚语是否灵验没有确切记载，但它兴许是农民长期从事农业生产的经验总结。

夏至三天麦自死——不论是杆黄的、杆青的，籽粒饱满的、半粒的，还是青青穗子的麦子，都不再生长了。

夏至十天麦根烂。前几天还硬扎扎的麦根儿，夏至后萎缩了，失去了光泽和坚硬，脚一踩"扑哧哧"随声伏地，垄间的玉米苗已经长出两三片叶子。

庄稼追着乡民的屁股疯长，乡民没有心思和工夫悠闲消夏。夏至这天的饭食，虽然还没有正式入伏，但是，乡民还是按照"头伏饺子末伏面"的习俗，有的吃顿饺子，有的吃顿凉面条，有的吃顿绿豆杂面汤，有的还是家常饭，简简单单把夏至过了。因为他们清楚，到了夏至节，锄头不得歇；夏天不耪地，冬天饿肚皮。耪地，是麦收夏种后的一项紧迫农活。乡民不约而同地拿起扒锄，给玉米定苗、清垄、灭茬——将麦根刨下来使其加速腐烂。撂下扒锄拾起锄头，耪棉花、谷子、地瓜、玉米……该耪的庄稼一样接一样。乡民说，锄头上面有三宝：治旱、治涝又治草。意思是说，在天气干旱的时候，耪地能够保墒抗旱；雨水偏大的时候，耪地可以加快土壤中的水分蒸发，降低土壤水分；不论旱涝，耪地都起到了消灭杂草作用。

可别小看了耪地，它也有三招六式七十二般变化，对不同农作物有不同的耪法。深耪棉花浅耪瓜，不深不浅耪地瓜。乡民说，棉花耪得松，抗旱又抗风；一寸松土一寸墒，棉耪七遍桃成串；深耪棉花纤维长，纺线不断白如霜。还有，高粱耪七遍，长得活像竹竿园；一遍也不耪，少产高粱多出糠。高粱勤耪瞪眼好，豆子多耪结粒饱。豆耪三遍荚成串，结实饱满粒儿圆。

不仅如此，什么天气状况下耪什么庄稼，也是有讲究的。干耪瓜，湿耪麻，不干不湿耪芝麻。下雨以后先耪棉花，能减少蕾花和幼铃脱落。旱天锄草回老家，涝天锄草搬搬家。因此，阴天不耪地，阴天耪地、雨后耪地，都要随时把耪下来的杂草拾出来。不然，耪下来的杂草一旦遇雨或接触到湿地生了连根接着长，再耪就费劲儿了。

乡民很看重耪谷子，他们说，谷耪八遍皮儿薄，碾米无糠饿死鸡。谷耪八遍吃干饭，八遍谷子米汤甜。谷子耪的遍数越多，其质性越好，这是劳动人民长期的实践经验。因此，从谷子出苗到谷子抽穗壮粒，一般都要耪三四遍，耘一二遍。凡是耪、耘遍数多的谷子，穗大粒实秕子少。小时候，我随爷爷赶集买谷子，爷爷伸手从人家的谷子口袋里捏出数粒谷子，在手里捻破谷皮，看谷粒大小，谷皮厚薄，如果谷皮厚，粒儿小，爷爷嘴里“哼”一声说：“这是懒谷子。”转身便走。爷爷说，懒谷子碾出来的小米熬饭不黏糊，吃着垫牙。后来，我理解了，不是谷子懒，是种谷子的人懒——耪的遍数少，谷子皮厚质性差，碾出的小米是不会好吃的。

耪玉米是在定苗后，庄稼把式讲究耪头三遍要“三面见铁”。就是不但要把畦垄间耪严耪匀，还要把玉米苗子根部的左右和前面都耪到了，耪掉根部周围的杂草，疏松板结的土壤。农谚说：“夏至不锄根边草，如同养下毒蛇咬。”三面见铁分寸不好把握，如果耪地技术差，一锄下去，常常会把苗子耪下来。土地耪到这个程度，玉米苗子在风吹下东摇西摆甚至东倒西歪，看上去好像幼小的根系快要被拔出来，不懂农事的人以为这样会将玉米苗子给耪死。乡民说，要的就是这个劲儿。三面见铁，玉米苗子根系扎得深，吸收养分能力强，抗旱耐涝抗倒伏。玉米耪的遍数越多，棒槌子长得越大，粒儿越饱满。乡民说，玉米耪的遍数多少，收了玉米在石磨上一磨面子就知道了。耪的遍数多的玉米，玉米粒儿特别硬实，如果是在小型石磨上磨面子，头一两遍都磨不碎它。至于吃起来的口感，那更是差别分明了。

夏至期间，给庄稼施肥是另一项重要农活。夏至时节满地苗，遍地需要追肥料。并且，对于夏播作物来说，是一次非常重要的施肥，乡民都力争赶在下大雨前把肥料施进地里，说是夏天追肥在雨前，苗子一夜长一拳。生产队把牛栏、猪场里的粪都清理出来了，各家各户把茅厕、羊栏、猪圈、鸡窝、兔舍、草木灰等都清理出来了，还有替换下来的多年的老墙皮、老房土、土炕灶土。这么说吧，凡是对庄稼生长有养分的，算得上是粪的，都收集起来用做追肥。乡民说，麻饼养瓜，豆饼养（棉）花。想让玉米长得好，猪羊牛粪要喂饱。20 世纪六七十年代，是人民公社集体生产，农家肥积得少。因此，乡民把有限的肥料集中使用，追求最大效益，便有了"追肥一大片，不如一条线；追肥一条线，不如下个蛋（窝施）"的施肥方法。

那个时期，化肥还没有大量生产和广泛使用，种地几乎全靠农家肥。60 年代初，我村乡民朱立训是第一个给庄稼使用化肥的人。当时，乡亲们到他的自留地里看稀奇，认为他是在"出洋相"，笑他说："这白面面一丁点臭味都没有，要是能当粪，咱买袋子白糖施在地里得了。"一个个脑袋摇得像拨浪鼓。那时是有化肥，没人买。到了 70 年代，乡民认识化肥了，化肥转脸不"认识"乡民了。因为国家化肥产量少，化肥实行供应制，一个生产队一年供应不了几百斤化肥。乡民说，化肥比白糖还紧缺呢。后来，一些县里建立氨水厂，氨水是生产固体化肥的原料，是化肥的一种前期产品。乡民拉着盛油倒出来的铁桶到氨水厂买氨水，氨水厂生产的氨水供不应求，乡民便托关系，走门子购买，"走后门"的风气像庄稼地里的杂草一样生长出来了。

夏至是进入汛期的前夜，夏至期间雨水偏少，此时的雨水对农作物生长影响很大，因此乡民说"夏至雨点值千金"。但是，夏至以后地面受热强烈，空气对流旺盛，下雨多是骤来疾去的雷阵雨，往往夹杂着冰雹。乡民管冰雹叫雹子，一有恶劣天气，乡民就担惊受怕，他们出门看天，凭借老祖宗总结流传下来的经验观云测雨：黄云翻，冰雹天。黑云尾，黄云头，雹子个大砸死羊和牛。白云黑云对着跑，这场雹子小不了。浓云下边长馒头，雹子下来像拳头。西北来了榔头云，雹子很快要来临。雹打一条线，地点不改变；雹子认熟道，上年此处落，下年还在这里抛。

下雹子的时候，乡民从屋里拿出铲子、菜刀、铁钩子什么的往院子里扔，有的乡民拿起家里的脸盆、簸箕敲打，说这样能把雷公爷吓跑，雹子就会停止了。在故乡的时候，我见过下雹子时乡民扔这些东西，但不知道是不是管用了。下雹子的时候，还有许多乡民拾雹子吃，还叫自己的孩子也拾雹子吃，说是吃了雹子不得牙疼病。孩子天生富有好奇心，乐得父母允许自己拾了雹子吃，便拿了锅盖、脸盆等物顶在头上，跑到院子里拾雹子。在地里干活的乡民遇到下雹子，拼着命地往瓜屋、大树底下跑，离着这些遮挡物远来不及跑的，就蹲下来两手护住头部避免砸伤。雹子的冲击力很大，被鸽子蛋大小的雹子击中，轻者砸个鼻青脸肿，重者丧命的事情时有耳闻。

夏至节气下雹子，早春作物受害首当其冲，高粱、谷子常常被砸掉了叶子，甜瓜、西瓜、梨、苹果等被砸的遍体鳞伤，棉花被砸成光杆。一场雹子过后，引来乡民对老天的一片抱怨声。乡民种地盼的是天，爱的是天，恨的是天，离不开的也是天。

雹子是冰，砸过的地块地温下降许多，能使庄稼多日生长缓慢甚至不长。冰雹过后，乡民根据庄稼被砸状况施救，对能继续生长的庄稼，赶紧对这些地块进行松土、追肥，提高地温，增加地力。比如棉花，乡民说，只要棉花还保留着叶节，就不怕它成了一根撅。棉花的再生能力强，管理措施跟上，棉花可以从叶节间重新长出枝条，再及时治虫、修枝，秋后还可以有不错的收成。这个时候，棉花翻种已经来不及了，一翻二不收，三翻到了秋。对不能继续生长的庄稼，改种早熟粮食作物或者秋菜。

在这里，不能不说到一种早熟玉米，乡民叫它"快棒子"，也叫它"六十天还家"。这种玉米从播种到收获，只有 60 天左右时间，是弥补冰雹等造成毁苗灾害的首选补种粮食作物。"快棒子"的优点是生长期短，成熟早，棒粒金灿灿的成色好，质性好。用它蒸的窝头颜色金黄金黄的，熬粥又香又黏糊，口感很好，炒棒花（玉米花）很少出"哑巴（不爆花玉米）"。缺点是产量低。人民公社时期，正常种植亩产五六百斤算高产，灾后种植亩产也就三四百斤。但是，补种"快棒子"收成不错，总比让土地闲置一季强。

一场雨后，乡民不经意间听到田野里蛙声一片，不由地生出许多欣慰：我们的好帮手集合了，在帮着消灭庄稼的害虫哩。

## 时　间

每年公历 6 月 21 日或 22 日，太阳到达黄经 90°时，是"夏至"节气。

## 含　义

夏至这天，太阳直射地面的位置到达一年的最北端，几乎直射北回归线（北纬 23°26′），北半球的白昼达最长，且越往北昼越长。如海南的海口市这天的日长约 13 小时多一点，杭州市为 14 小时，北京约 15 小时，而黑龙江的漠河则可达 17 小时以上。夏至以后，太阳直射地面的位置逐渐南移，北半球的白昼日渐缩短，而此时南半球正值隆冬。"不过夏至不热"，夏至这天虽然白昼最长，太阳角度最高，但并不是一年中天气最热的时候。夏至以后地面受热强烈，空气对流旺盛，午后至傍晚常易形成雷阵雨。这种热雷雨骤来疾去，降雨范围小，人们称夏雨隔田坎。夏至期间，长江中下游、江淮流域梅雨，频频出现暴雨天气，容易形成洪涝灾害，应注意加强防汛工作。北方地区进入汛期。

## 物　候

**夏至三候：**"一候鹿角解；二候蝉始鸣；三候半夏生。"

麋与鹿虽属同科，但古人认为，二者一属阴一属阳。鹿的角朝前生，所以属阳。夏至日阴气生而阳气始衰，所以阳性的鹿角便开始脱落。而麋因属阴，所以在冬至日角才脱落。雄性的知了在夏至后因感阴气之生便鼓翼而鸣。半夏是一种喜阴的药草，因在仲夏的沼泽地或水田中出生所以得名。由此可见，在炎热的仲夏，一些喜阴的生物开始出现，而阳性的生物却开始衰退了。

## 农　事

"夏种不让晌"，夏播工作抓紧扫尾，已播的出苗后及时间苗定苗，移栽补缺，加强管理。"夏至不锄根边草，如同养下毒蛇咬。"抓紧中耕锄地是夏至时节重要的农活。棉花已经现蕾，要及时整枝打杈，中耕培土，雨水多的地区做好田间清沟排水工作，防止涝渍和暴风雨的危害。夏至后进入伏天，北方气温高，光照足，雨水增多，农作物生长旺盛，杂草病虫迅速滋长漫延，需加强田间管理。

**北方地区农事**：夏至时节天最长，南坡北洼农夫忙。玉米夏谷快播种，大豆再拖光长秧。早春作物细管理，追浇锄草把虫防。夏播作物补定苗，行间株间勤松耪。棉花进入盛蕾期，常规措施都用上，一旦遭受雹子砸，田间会诊觅良方，一般不要来翻种，整修松耪促生长。高粱玉米制种田，严格管理保质量，田间杂株要拔除，母本玉米雄去光。起刨大蒜和地蛋，瓜菜管理要加强。久旱不雨浇果树，一定不能浇过量。麦糠青草水缸捞，牲口爱吃体健壮，二茬苜蓿好胀肚，多掺干草就无妨。藕苇蒲芡都管好，喂鱼定时又定量。青蛙捕虫功劳大，人人保护莫损伤。

## 养　生

精神调养，遵循"心静自然凉"，就是要神清气和，快乐欢畅，心胸宽阔，精神饱满，如万物生长需要阳光那样，对外界事物怀有浓厚的兴趣，培养乐观外向的性格，以利于气机的通泄。起居，晚睡早起。室外工作和体育锻炼避开烈日炽热之时。合理午休，一避炎热，二消疲劳。锻炼身体选择清晨或傍晚天气较凉爽时，场地宜选择在空气新鲜的地方，散步、慢跑、太极拳、广播操为好，不宜做过分剧烈的活动。饮食，以清泄暑热、增进食欲为宜，因此多吃苦味食物，勿过咸、过甜。不宜肥甘厚味，以免化热生风，激发疔疮之疾。绿叶菜和瓜果类等水分多，如白菜、苦瓜、丝瓜、黄瓜等，都是很好的健胃食物。还有西瓜、绿豆汤、乌梅小豆汤等，亦是解渴消暑佳品。冷食瓜果适可而止，不可过食，以免损伤脾胃。"饭不香，吃生姜""冬吃萝卜，夏吃姜""早上三片姜，赛过喝参汤""男子不可百日无姜"。生姜有利于食物的消化和吸收，对于防暑度夏有一定益处，适量吃姜对男子性功能的保护和提升很有好处。

## 夏至一吃

狗肉：狗肉又叫香肉或"地羊"。民间有"天上的飞禽，香不过鹌鹑；地上的走兽，香不过狗肉"之说。民间还有"狗肉滚三滚，神仙站不稳"、"闻到狗肉香，佛爷也跳墙"的谚语。狗肉性热，蛋白质含量高，尤以球蛋白比例大，对增强机体抗病能力、细胞活力及器官功能有明显作用。"吃了狗肉暖烘烘，不用棉被可过冬""喝了狗肉汤，冬天能把棉被当"。夏至这天吃了狗肉，能祛邪补身，抵御瘟疫等，"吃了夏至狗，西风绕道走"。中医认为狗肉有温补肾阳的作用，对于肾阳虚，患阳痿和早泄的病人有疗效。吃狗肉时也要注意了，狗肉不能和鲤鱼一起吃，不能和茶一起吃，不能和大蒜一起吃。

## 诗　词

### 夏至日作

唐·权德舆（公元 759—818 年）

璿枢无停运，四序相错行。寄言赫曦景，今日一阴生。

## 夏至避暑北池

唐·韦应物（公元 737—792 年）

昼晷已云极，宵漏自此长。未及施政教，所忧变炎凉。
公门日多暇，是月农稍忙。高居念田里，苦热安可当。
亭午息群物，独游爱方塘。门闲阴寂寂，城高树苍苍。
绿筠尚含粉，圆荷始散芳。于焉洒烦抱，可以对华觞。

## 祷雨题张王庙

宋·叶适（公元 1150—1223 年）

夏至老秧含寸黄，平田回回不敢犁。
群农无计相聚泣，欲将泪点和乾泥。
祠山今古同一敬，签封分明指休证。
传言杯珓三日期，注绠翻车连晓暝。
龙神波后何惨怆，昔睡今醒喜萧爽。
人云天上行水曹，取此化权如反掌。
浙河以东尽淮壖，哀哉震泽几为原。
愿王顿首玉帝前，请赐此雨周无偏。

## 田家苦

宋·章甫（公元约 1182 年前后在世）

何处行商因问路，歇肩听说田家苦。
今年麦熟胜去年，贱价还人如粪土。
五月将次尽，早秧都未移。
雨师懒病藏不出，家家灼火钻乌龟。
前朝夏至还上庙，着衫奠酒乞杯珓。

许我曾为五日期，诗潯秋成敢忘报。

阴阳水旱由天工，恍雨恍风愁杀侬。

农商苦乐元不同，淮南不熟贩江东。


## 夏日杂兴（四首之一）

明·刘基（公元1311—1375年）


夏至阴生景渐催，百年已半亦堪哀。

茸鳞不入龙螭梦，铩羽何劳燕雀猜。

雨砌蝉花粘碧草，风檐萤火出苍苔。

细观景物宜消遣，寥落兼无泼酒杯。

# 小暑

## ——蟋蟀居宇鹰高翔

乡 村 纪 事

季节迈进小暑，头伏也脚跟脚地来了，天气转向高温炎热。

此时，活跃在田野里的蟋蟀躲避炎热，跑到农家庭院房舍里安家，苍鹰则扶摇直上，在清凉的高空中翱翔。

此时，北方地区进入汛期，正常年份雨水开始多起来。乡民们正盼着老天爷下雨呢，有钱难买五月旱，六月连阴吃饱饭。这个时节的农时农事，抄录一首顺口溜概括表达：

节到小暑进伏天，天变无常雨连绵。有的年份雨稀少，高温低湿呈伏旱。立足抗灾夺丰收，防涝抗旱两打算。夏播作物间定苗，追肥治虫狠锄田。春苗中耕带培土，防治病虫严把关。棉花进入花铃期，修治追榜酌情灌。预防中暑和中毒，掌握两早和两晚。毛巾肥皂随身带，长裤长褂身上穿。空闲地上种蔬菜，头伏萝卜不容缓。雨季造林好时机，精细认真管果园。冬修榆树夏修桑，修整白杨于伏天。村村户户沤绿肥，肥堆如山粮增产。割晒青草好时机，牲口冬季之"美餐"。伏天牲口保好膘，秋天种麦不为难。鱼长"三伏"猪三秋，增饵防病是关键。

此时，"三夏"期间一度萧条的集市又繁华起来。乡民们戴上草帽，手里提只兜子，肩上搭条袋子来到集上，选购需要的商品。

从南方购运来的竹席、草席、枕席卖快了。它是乡民度夏的好物件，干活收工回来，饭前饭后、睡晌觉、晚上乘凉、夜间睡觉，拿条竹席、草席往当院、街头一铺，或坐或躺，又隔潮气又凉爽，酷热自然消减了许多。

顶着露水上市的韭菜、茴香、茼蒿、小葱……也是抢手货。"三夏"那晌，乡民起早带晚忙活收割播种，哪里顾得上赶集上店买菜呀。眼下有空儿顾嘴了，买捆子鲜灵灵的青菜，用新麦子磨得面粉蒸包子、擀面汤、包饺子、烙饸子，大人孩子美美地吃上一顿。旧时这里面有个讲究，叫"尝新""吃新"，遵循传统的人家，还在院中或屋中摆上供桌，放上小麦，贴上"福"字，焚香烧纸，祈求秋后五谷丰登。

最招眼的要数瓜果市场了。椹子、杏子已经下市，李子、桃子相继登场：五月半、小红嘴、大红嘴、小白桃、大白桃……摆满了一条大街，争相"招摇惑众"。另外，推着车子、挑着担子卖桃的，在集市外围的街头巷口铺开了摊子，乡民说这叫"劫"着卖。再等些时日，六月鲜、蟠桃也要上市了。

瓜类最先上市的是脆瓜，多数脆瓜是长圆形状，颜色有白皮的、绿皮的、褐色薄皮八楞形的。脆瓜含水分高，几乎不含糖分，脆而不甜，有的稍带酸头，吃它是吃个"水气"，最宜解渴。随后上市的是甜瓜，庄稼人不懂得叫啥品种，按照甜瓜的表皮颜色分为白甜瓜、黄甜瓜、蛤蟆酥（表皮颜色像青蛙肤色）等。根据种籽大小，有一种叫芝麻粒甜瓜。根据口感有一种橙黄色或黄绿相间颜色的叫火瓜，也叫面瓜，年纪偏大、牙齿不全的老年人喜欢吃，乡民叫它"老头乐""一口闷"，咬一口噎得你抻脖子瞪眼睛"哏哏"的。乡民常拿它来比喻某种情形，如果某人在某件事情上输了理没话说的时候，对方往往说："老太太吃面瓜闷口了吧？"

还有一种香瓜。它原产于非洲热带沙漠地区，大约在北魏时期随着西瓜一同传入我国，明朝开始广泛种植。我家乡的香瓜多数是金黄颜色，椭圆形或长圆形，种植量很少。乡民种瓜时捎带着种植它，主要不是吃它的肉，而是闻它的味。香瓜成熟后，皮色金黄鲜亮，散发出特有的香味儿，拿在手上香气扑鼻，放在屋子里清香弥漫。香瓜皮厚，能够存放多日，因此，乡民把它放在屋里改变空气气味儿。

西瓜和甜瓜差不多同时上市，西瓜有花皮红瓤的，有黑皮黄瓤的（形如枕头叫"西洋枕"），有白皮、白籽、白瓤的（"三样白"）。有小黑籽、大黑籽、小红籽、大红籽等。集市上的西瓜既整个卖也切开零卖，每个西瓜摊都备有切瓜的板子和西瓜刀。卖瓜人高声吆喝着："沙土地里长的红籽西瓜，不甜不要钱哪，看呀，熟得起沙了。"卖瓜人为什么强调他的西瓜是"沙土地里长的"呢？乡民都知道，涝梨旱瓜。瓜类喜旱不喜涝，越是天气干旱，地里长的瓜越甜。沙土地土壤结构松散，渗水性强，表层土壤含水分低，太阳同样照射，沙土地地温高，生长的瓜含糖分多水分少，因此格外甜。如果遇上干旱年月，沙土地里生长的瓜更甜。卖瓜人嘴里喊着，随手掏起一个西瓜托到胸前，用手拍拍，侧耳细听发出的声响，以此判断生熟程度，然后放到板子上手起刀落，一个西瓜被均匀地切成数十块："吃西瓜喽，一毛钱两块。"赶集人口渴了，在西瓜摊前吃两块解解渴，临走买上一两个带回家。

猪羊市里买、卖的、看行情的人来人往，熙熙攘攘。乡民的日子是算计着过的。此时，他们大都是买猪仔、羊羔。猪吃菜，羊吃草，入夏后地里杂草丛生，野菜繁茂，一直持续到秋末，养猪养羊不用格外伺候。买头猪仔放进圈里，下地干活时随手拔些苦菜、青青菜、燕子尾、老牛舌（车前子）等野菜，回家洗洗，剁碎，下锅煮煮，加放少量麦麸等精料给猪吃，基本不花多少饲料钱；买只羊羔，弄根绳子往脖子上一套，下地干活时牵到地里，找块草多的沟边壕崖一栓，羊在那里尽情地吃吧，更不花草料钱。

一头（只）猪羊养到秋后，如果是母猪仔、母羊羔，长大进入繁育期，配种后来年生下猪仔、羊羔，头一窝卖了能换回本钱，以后再生了、卖了就是赚的了。如果是公猪、公羊，育肥后卖给屠户宰杀，只赚不赔。手头宽裕的乡民，将育肥的猪、羊养到春节自己宰杀，把肉卖了，骨头、下货（五脏六腑）自己留下，过个肥实年。羊皮或卖给收购站，或自己留着，熟皮后做褥子、皮袄，铺着、穿着保暖御寒。同时，猪羊积攒了一圈（一栏）粪，那是庄稼上等的好肥料。

小暑后，中年妇女们可以在家歇几天工了。准确地说，是忙忙家务活了。"六月六晒龙衣，龙衣晒不干，连阴带晴四十五天。"婶子、大娘们将冬春季节替换下来的棉衣、棉被拆了，抽出其中的棉絮，将存放许久的衣服拿出来，放在太阳地儿里暴晒。中午头上，棉絮被太阳晒得烫手。这时，她们拿根竹棍、藤条抽打棉絮，然后翻晒。穿了、盖了一个冬春的棉衣、棉被里的棉絮都板结了，经过暴晒抽打震落棉絮中的尘屑，晒死隐藏其中的病菌虫蚁，棉絮又暄和了。她们把晒好的棉絮、衣服收回屋里，凉透后叠好放进柜子里或炕寝上。

婶子、大娘们拿了被面、被里、衣裳来到湾边，用湾水洗，搓板搓，棒槌砸。湾水是从四处流来的雨水，很浑浊。她们说，伏天里的湾水洗衣裳下泥，不用搓"洋胰子"（肥皂）、碱面（那时还没有洗衣粉）。立秋以后，湾水经过沉淀清亮了，但是洗衣裳不下泥了。

她们中间，有的从家里带来了小凳子，有的图省劲就地找块砖头坐了，有的干脆蹲着凑合着。蹲着的人蹲得时间长了腿疼脚酸，不时地挪动腿脚，坐着的见了，赶紧把自己坐的小凳子或砖头递过来，让蹲着的人坐一会儿。蹲着的人不好意思坐，便放眼四处寻找能坐的物件，看见不远处有块木头，起身拿来要坐。一位大娘提醒说："冬不坐石，夏不坐木呀，你坐它还不如蹲着呢。"蹲着的人问："为啥呀？"大娘说："热天雨水多，露天里的木头露打雨淋湿气重，阳阳（太阳）一晒表皮干了，内里湿着呢，里面的潮气往外泛，坐它容易得痔疮，弄不好还引起骨头节子疼（关节炎）。"蹲着的人大大咧咧地说："坐不了一个屁时（放屁的空儿），没事呀。"大娘笑了："要是一个屁时，那还坐着干吗，照前蹲着得了。""哎呦呦，那得多大一个屁呀，咯咯咯……"湾边响起一片笑声。

三个女人一台戏。夏天的湾边是女人们的"戏台"子。婶子、大娘们手里忙活着，嘴里说叨着，张家长，李家短，谁家儿媳妇跟公公婆婆拌嘴了，谁家两口子又支"黄瓜架"（打架）了，谁家的姑娘心灵手巧针线活做得好了，谁家的小子不正经念书逃学了……陈谷子烂芝麻都倒腾出来了，水面上飘动着一湾话语。

说着说着，话头儿转到了眼下。一个说，新麦子下来了，该"送筐

子"（走亲戚）了，你家推（磨）面了吗？一个说，赶明儿先上闺女家
"送筐子"去，后天去孩子他大姑家，把俺娘家放在末了了。一个说，整
天忙得跟倒气似的，这不，俺还没腾出手来呢。到下个集口割点肉，买几
斤韭菜，蒸肉包子"送筐子"去，蒸素包子人家会说咱小气哩。又一个
说，晚送几天吧，跟秋天的"筐子"合在一块送省事了。

　　从前，小暑期间的农历六月六是回娘家节、姑姑节，是老姑娘、少姑
娘回娘家探亲的日子。后来，乡民将它扩大化了，演变为凡有往来关系的
亲戚，相互走动"送筐子"。

　　在农村，亲戚相互来往，一年中至少有两次"送筐子"。一次是在麦
收夏种后，乡民收了新麦子，磨了面粉，蒸了饽饽、包子去走亲串友，亲
朋之间借此见见面，叙叙旧，联络感情。一次是在大秋前后，这时候许多
水果、秋菜下来了，乡民除了蒸饽饽、包子，还给亲朋好友带一些自种自
产的时鲜水果、蔬菜等新鲜物儿，互通有无，尝个鲜儿。乡村里乡民的亲
朋关系就是这样维系和加强的。

　　说着话，被面、衣裳洗好了，她们再从井里提桶清水涮一遍，拧干，
搭在院子里的晾衣绳上晒干。洗干净的被面，乡民当做夏夜睡觉的盖身
单子。

　　整个伏天，水湾成了女人们的洗衣盆。

　　孩子们一年四季都是活蹦乱跳的，夏天更是他们最滋生的时节。放学
后，一个个撂下书包，从干粮筐子里拿个窝头，往窝头眼里抹些酱，或拿
块咸萝卜，或抓把小葱，背起筐，拿上镰刀，边吃边走，下地拔菜割草喂
猪羊。哪里草盛菜多，从小生长在这块土地上的孩子们心里倍儿清楚，他
们摸瞎都能走到那儿。烈日下，汗水顺着孩子们的脊梁沟往下流，暑热难
耐，他们跑到路旁树荫下凉快。渴了，有的孩子带了拴绳子的瓶子，他们
把瓶子系到井里打水喝，或者到有水车的井上摇水喝，或者采来蓖麻叶子
做成"兜"，系到井里提水喝。

　　夏季雨水多，田野里的青蛙、长虫（蛇）、屎壳郎等动物，下雨时不
慎被雨水冲着掉进井里。屎壳郎很快被淹死了，尸体漂浮在水面上。青蛙
和长虫会游泳，它们在水面上游动着。长虫吃青蛙，但是在水里，大概青
蛙比长虫的水性好，长虫奈何不了青蛙，只得共处。由此看来，在特定环
境中，敌我关系也是可以暂时共处的。但是，如果青蛙遇上水蛇，恐怕还

是难逃厄运。孩子们用水瓶砸它们，用砖头、坷垃投它们，青蛙潜入水中，许久不再浮出水面，长虫则昂着头绕着井边游走。只要井里的水涨不到与地面基本持平的状态，它们恐怕要在井中度过余生了。

草菜满筐，孩子们并不急着回家。他们商量着去偷瓜。孩子们悄悄来到瓜地旁，倘若瓜地里没有人，偷了就走。要是看瓜人有提防，他们便来个明修栈道，暗度陈仓。几个孩子兵分两路，一路在明处，在瓜地一头的相邻地里佯装拔草，吸引看瓜人的注意力。看瓜乡民远远看见了，放开嗓子高喊："哎，砍草的小孩儿，离瓜地远着点，上别处拔草去。"孩子们理直气壮地高声回应："这儿又不是你的瓜地，管得着吗，看你管得还挺宽呢，只要不进你的瓜地，俺们爱在哪里砍（草）就在哪里砍。"看瓜人自知驱赶孩子们的理由不充分，拿他们没办法，便往瓜地这头走，提防孩子们偷瓜。

这时，另一路孩子悄悄来到瓜地的这一头，借助玉米、高粱或者棉花的掩护接近瓜地，趁着看瓜人不注意，快步跑进瓜地，不管生熟，拣个大的瓜摘，脱下衣裳兜着。看瓜人发现了，大声呵斥着："小秃恩子们，明抢啊，看你们往哪里跑？我告诉你们老师去！"嘴里喊着，做出要来追赶的样子，孩子们欢笑着匆匆逃跑，有时跑掉了鞋子。他们知道，看瓜人不敢真来追赶，因为瓜地那一头，还有他们的同伙在虎视眈眈地等待机会呢。对看瓜人喊的后一句话，他们半信半疑，胆小的孩子真怕他到老师那里去告状，那就免不了挨罚站了。不过，看瓜人一般不去找老师，只是顺口说说吓唬吓唬他们。乡民常常管孩子偷瓜叫溜瓜，大大淡化了"偷"的成分和性质，因为孩子们嘴奸馋、年纪小、不懂事嘛，谁都从小时候走过，前有车，后有辙呢。

孩子们吃了瓜，消渴解馋了，背起筐回家。路上合计好了，放下草筐去下湾。

水湾，夏天是农村孩子的天然游泳池。从夏至前后，常常有孩子下湾了。进入小暑伏天，水温持续升高，下湾的孩子更多了。水性好的往深水处游，不会水的在湾边"扑蹬"。水性好的孩子当"教练"，教给不会水的孩子先学"狗刨"，再学浮仰水、踩立水、闭气换气扎猛子。不会水的孩子呛过几次水后，学会了浮水（游泳）。孩子们在水里嬉戏打水架，有的用两手淘水喷对方，有的竖起手掌推出一溜水花击对方，有的一个猛子扎到水底，抓起一把稀泥投向对方。你淘我，我喷你，打不过对方时，便一个猛子扎出很远，探出头，抹一把脸上的水珠，得意地向对方招呼着："追呀，有本事来追呀。"

水湾的一部分水面养殖了莲藕，小锅盖大小的荷叶铺满水面，莲花儿或含苞待放，或美艳盛开，一支支粉红、粉白色如贵妃出浴，先开早谢的莲花儿莲蓬初长，泛着滢滢的翠绿，满湾里荡漾着淡淡的清香。大蜻蜓、小蜻蜓、"红辣椒"在花叶间飞翔，它们忽高忽低，忽快忽慢，贴着水面飞行的蜻蜓，不时弯曲了尾部点击水面，"蜻蜓点水"词语大概由此而来。孩子们采下一片荷叶扣在头上，将叶梗（叶梗空心）采下来吹水泡。这时，在湾边乘凉的大人看见了，扯着嗓子喊："小秃羔子们，还想吃藕不，采了叶子它咋长藕啊？"

那个年代，村村有水湾，几乎每个湾里有鱼虾。孩子们闹够了，疯够了，其中一个呼喊一声："不闹了，摸鱼呀。"湾里的嘈杂一下子随水漂走。水性好的孩子游到深水里扎猛子摸鱼，能够捉到四两半斤重的草鱼、鲤鱼、鲶鱼。水性差的孩子在浅水里哈下身子，抻着脖子，只露出个小脑袋，两只手在水里摸来摸去，捉一些两二八七（一二两重）的鲢鱼、鲫鱼、嘎鱼（黄颡鱼）。不太会水的孩子在膝盖深浅的水里摸，有的两个人相隔一段距离对面坐到水里，放平、岔开双腿"打岔"往一起滑行，滑行时双腿要紧贴水底面，把鱼圈在双腿内。两人滑行到双脚对双脚，被圈进腿里的鱼儿东突西窜，撞在大腿根上怪痒痒的。当然，"打岔"圈鱼只能捉些指头大小的鲢鱼、"麦穗"鱼儿了。

先摸到鱼的孩子，提着鱼跑到湾边，爬到柳树上折下一些柳条，撸去柳叶，自己要一根，其余的分给伙伴们。然后，他把柳条梢头的一头打了结，把柳条从捉到的鱼"耳子"（鱼鳃）部位串进，从鱼嘴里串出，鱼被串在了柳条上挣脱不掉了。孩子们用嘴叼着柳条上端，捉一条串一条。会摸鱼的孩子，不大工夫，柳条上挂满了各种大小不一的鱼儿。

如果能够摸到鳝鱼那就更好了。"小暑黄鳝赛人参"，黄鳝在小暑前后一个月最为滋补味美。身体虚弱、气血不足、营养不良、脱肛、子宫脱垂、妇女劳伤、内痔出血、风湿痹痛、四肢酸疼无力、糖尿病、高血脂、冠心病、动脉硬化的人多吃有好处。因为鳝鱼无鳞，长得细长像蛇，抓在手里滑溜溜，不好逮，孩子们也不喜欢鳝鱼，有时候捉到了再扔回水里，他们才不管它营养不营养呢。

一个夏天，许多孩子都是这样度过的。在乡村，哪个孩子没做过偷瓜摘枣的"坏事"儿，大人们说他老实的像个大姑娘；哪个孩子听大人的话不去下湾，长大了往往不会游泳。

## 时　间

每年 7 月 7 日或 8 日，太阳到达黄经 105°时为小暑。

## 含　义

暑，表示炎热的意思，小暑为小热，还不十分热。意指天气开始炎热，但还没到最热，全国大部分地区基本符合。南方地区小暑时平均气温为 33℃左右。在西北高原北部，此时仍可见霜雪，相当于华南初春时节景象。南方大部分地区进入雷暴最多的季节。江淮流域梅雨即将结束，盛夏开始，进入伏旱期。华北、东北、东北地区渐次进入高温多雨季节。

## 物　候

**小暑三候：**"一候温风至；二候蟋蟀居宇；三候鹰始鸷。"

这时节大地上便不再有一丝凉风，而是所有的风中都带着热浪。《诗经·七月》中描述蟋蟀的字句有"七月在野，八月在宇，九月在户，十月蟋蟀入我床下"。文中所说的八月即是夏历的六月，即小暑节气的时候，由于炎热，蟋蟀离开了田野，到庭院的墙角下以避暑热。在这一节气中，老鹰因地面气温太高而在清凉的高空中活动。

## 农　事

东北、西北地区收割冬、春小麦等作物。南方地区早稻处于灌浆后期；中稻拔节孕穗；晚稻插秧。中稻追肥，晚稻防治病虫害。北方地区棉花进行整枝、打杈、去老叶、追肥、治虫。玉米、高粱、大豆、花生等秋收粮油作物进行追肥、耘锄、除草、灭虫等田间管理。种植蔬菜。防涝抗旱。

**北方地区农事：**节到小暑进伏天，天变无常雨连绵。有的年份雨稀少，高温低湿呈伏旱。立足抗灾夺丰收，防涝抗旱两打算。夏播作物间定苗，追肥治虫狠锄田。春苗中耕带培土，防治病虫严把关。棉花进入花铃期，修治追榜酌情灌。预防中暑和中毒，掌握两早和两晚。毛巾肥皂随身带，长裤长褂身上穿。空闲地上种蔬菜，头伏萝卜不容缓。雨季造林好时机，精细认真管果园。冬修榆树夏修桑，修整白杨于伏天。村村户户沤绿肥，肥堆如山粮增产。割晒青草好时机，牲口冬季之"美餐"。伏天牲口保好膘，秋天种麦不为难。鱼长"三伏"猪三秋，增饵防病是关键。

## 养　生

"春夏养阳"。小暑是人体阳气最旺盛的时候，此时气候炎热，人们容易烦躁不安，爱犯困，少精神。应养护好心脏，保持平心静气，以"心静"为宜，确保心脏机能的旺盛。劳动时注意劳逸结合，保护人体的阳气。"热在三伏"，此时人们外出时要带遮阳伞、遮阳帽等工具，多喝水，尽量避开午后太阳热辣时外出，以避暑气。饮食吃清凉消暑的食品。要多喝粥，如绿豆粥、金银花粥、薄荷粥、莲子粥、荷叶粥、莲藕粥等。多吃青菜，如小白菜、香菜、苦瓜、丝瓜、南瓜、豌豆苗、茄子、草菇绿豆芽等。多吃西瓜、香瓜、黄瓜、猕猴桃等瓜果，瓜果汁多味甜，能生津止渴，清热解暑。多饮茶，茶能提神醒脑，精神振奋，消除疲劳，清油解腻，增进食欲，消食利尿。俗话说"头伏饺子二伏面，三伏烙饼摊鸡蛋"。这种吃法便是为了使身体多出汗，排出体内的各种毒素。

## 小暑一吃

黄鳝：黄鳝俗称鳝鱼、田鳝或田鳗，生活在淡水水底。鳝鱼肉质细嫩，蛋白质含量高，铁的含量比鲤鱼黄鱼高 1 倍以上，含有多种矿物质和维生素。特别是它含有丰富的 DHA 和卵磷脂，经常摄取卵磷脂，可以大大提高记忆力。所以，食用鳝鱼肉有补脑健身的功效。中医认为，鳝鱼有补血养气、温阳健脾、滋肝补肾、祛风通络等功能，可治疗虚劳咳嗽、湿热身痒、痔瘘、肠风痔漏、耳聋等症。“小暑黄鳝赛人参。”根据冬病夏补的说法，小暑时节吃黄鳝，既是一道美味佳肴，又是养生保健良药。黄鳝吃法很多，个人根据自己的口味，可做炒鳝鱼、红烧鳝片、油溜鳝片、鳝鱼粉丝、清蒸黄鳝、油卤鳝松、鳝鱼火锅、白汁黄鳝、归参鳝鱼汤、黄鳝粥等菜。

## 诗　词

### 小暑戒节南巡

南北朝·庾信（公元513—581年）

百川乃宗巨海。众星是仰北辰。九州攸同禹迹。四海合德尧臣。
朝阳栖于鸣凤。灵畤牧于般麟。云玉叶而五色。月金波而两轮。
凉风迎时北狩。小暑戒节南巡。山无藏于紫玉。地不爱于黄银。
虽南征而北怨。实西畧而东宾。既永清于四海。终有庆于一人。

### 端午三殿侍宴应制探得鱼字

唐·张悦（公元667—730年）

小暑夏弦应，徽音商管初。愿赍长命缕，来续大恩馀。三殿褰珠箔，群官上玉除。助阳尝麦彘，顺节进龟鱼。甘露垂天酒，芝花捧御书。合丹同蝘蜓，灰骨共蟾蜍。今日伤蛇意，衔珠遂阙如。

### 答李滁州题庭前石竹花见寄

唐·独孤及（公元725—777年）

殷疑曙霞染，巧类匣刀裁。不怕南风热，能迎小暑开。游蜂怜色好，思妇感年催。览赠添离恨，愁肠日几回。

## 小暑六月节

唐·元稹（公元779—831 年）

倏忽温风至，因循小暑来。竹喧先觉雨，山暗已闻雷。
户牖深青霭，阶庭长绿苔。鹰鹯新习学，蟋蟀莫相催。

## 玉溪小暑却宜人

宋·晁补之（公元1053—1110 年）

一碗分来百越春，玉溪小暑却宜人。
红尘它日同回首，能赋堂中偶坐身。

# 大暑

## ——六月伏天热死牛

小暑大暑，上蒸下煮。大暑是一年中天气最热的时段。乡民说，六月伏天能热死牛。用当下时髦说法叫"桑拿"天气。

热在三伏，三伏即头伏、二伏、三伏，也叫初伏、中伏、末伏。"夏至三庚即初伏"（一般在夏至后第28天），每10天一伏。三伏中数中伏最热，中伏处在大暑节气中，是大暑中的节中节。乡民比较重视过三伏，习俗是：头伏饺子二伏面，三伏烙饼摊鸡蛋。

我国关于伏天的说法很久远，起源于春秋时期的秦国，《史记·秦记六》中说："秦德公二年（公元前676年）初伏。"唐人张守节说："六月三伏之节，起秦德公为之，故云初伏，伏者，隐伏避盛暑也。"伏日吃面习俗早在三国时期就有了，《魏氏春秋》中说："伏日食汤饼，取巾拭汗，面色皎然。"这里的汤饼就是说的汤面。

在我家乡一带，过三伏不是很正规，一般是头伏饺子末伏面，许多人家把过中伏给省略了，还有的干脆三伏合一只过初伏，因为光顾了地里的农活了，忙着忙着把后两伏给忘记了。初伏这天中午或者晚上，吃饺子或者擀面汤（当地人对汤面的叫法）。因为天气炎热，面条常常是过水面——凉面。吃凉面比吃热面汤复杂多了，需要搭配许多佐料。比如：陈醋、大蒜、麻汁（芝麻酱）、酱腌萝卜、香椿、黄瓜、韭菜、炒豆角、西葫芦鸡蛋汤等。面条配上这些佐料很好吃，吃凉面很大程度上是在吃佐料。虽然是凉面，也是人人吃得满头大汗。人民公社时期乡民生活贫穷，家家细粮紧缺，许多乡民过初伏吃杂面汤（绿豆面、黄豆面），或者一半面粉一半地瓜面。反正是全家人在初伏尽量能够吃上一顿面汤。吃过面汤，乡民感慨且满足地说："今年算不白活了。"

大暑，乡民是在对庄稼牵肠挂肚的煎熬中度过的。

大暑酷热，地面水分蒸发特别快，庄稼生长发育旺盛又需要大量水分。此时，三天不下雨干一砖，五天不下雨一小旱，十天不下雨一大旱，一月不下雨地冒烟。农作物中的谷子就怕卡脖旱，地瓜过旱不长蛋，花生缺雨不扎针（谢花后果针扎入地下结花生果），玉米遇旱不甩缨，有些庄稼会因此减产或绝产。对另外一些庄稼，天气干旱一段时间却能使它们丰产。比如：芝麻不怕旱，只怕雨水溅；要吃芝麻油，伏里晒出头。高粱扬花地裂璺，家家坐下高粱囤。

谷在田里热了笑，人在屋里热了跳。大暑高温炎热有利于农作物生长，大暑不酷热，五谷多不结；不热不冷，不成年景；大暑无汗，收成减半。大暑没雨，谷里没米；小暑雨如银，大暑雨如金；大暑连阴，遍地黄金。不过，遇上连续阴雨天气，下得沟满壕平，地里积水泥涝，倘若再夹杂有大风和雹子，庄稼必定减产。

由此，乡民手里伺候着庄稼，心里想着旱涝丰歉，算得上风调雨顺的年份，十年二十年中能有几个呢？真是不下雨担心旱了，雨下大了担心涝了，看到庄稼呼呼地往上蹿心里又笑了。

　　每天，乡民们马不停蹄地给玉米、棉花追肥、锄草、治虫。"大暑前后，衣裳湿透"。乡民们在齐肩高的玉米地里榜地，头上烈日炎炎，地上潮湿蒸人，男人热得脱了上衣，晃动着古铜色的脊梁；姑娘媳妇们热得解开了领口，一个个被汗水湿成水人儿一样，扬头低头时，手起锄落间，汗珠子噼啪落地。有一次我从单位回到家，那天，父亲榜地到了中午一点钟后才回来，只见父亲的衣服通身被汗水湿透了。当时我心疼地难受，责备自己无能！静心细想，在那个年代，那个季节，我的父辈们哪个不是这样？哪个中年不弓背，哪个老来不弯腰？"锄禾日当午，汗滴禾下土。谁知盘中餐，粒粒皆辛苦。"那是诗人的亲眼目睹，那是诗人的触景生情，那是诗人对农民劳作的真实写照。

　　农活苦累，但乡民也有自己的快乐，因为他们对秋实充满期待。一场大雨过后，露水浓重的夜晚走在田野路上，听吧，玉米、高粱地里传来接连不断地"咔咔"响声，那是它们旺长拔节时发出的声音。乡民说，大暑期间，玉米、高粱一夜能窜出一骨节高。乡民听着玉米、高粱的拔节声，心里像吃了蜜糖。

　　棉田里，一株株棉花像一棵棵小树苗，绿叶掩映下，庚桃、伏桃、蕾花挂满枝条。中老年妇女们手脚麻利地给棉花打滑条，抹耳叶，打边心，嘴里念叨着：抹耳不过指（半寸），拿杈不过寸；棉花不打杈，肥水两成瞎。杈子掰得早，养分跑不了。蕾见花，二十八（天），花见花（絮），四十八（天）。这里的"二十八"，说的是棉花一朵花蕾从形成到开花的时间；"四十八"，说的是一只棉桃从生成到成熟开出棉花的时间。棉花在女人的手指间长大，她们憧憬着秋天棉田里的那一片银白。

老年人也不闲着，他们推着车子到沟头壕崖铲草。大暑里杂草多，雨水多，气温高，沤绿肥发酵快，是积肥最好时机。其时，生产队里牲畜养得少，积攒不了多少肥料，人粪尿也有限，化肥限量供应且时常无钱购买，当家肥料还是土杂肥和绿肥。种地不上粪，等于瞎胡混；庄稼一枝花，全靠粪当家。不上粪的"卫生田"能打多少粮食、棉花呢？乡民知道肥料在种田中的举足轻重作用。所以，伏天里，勤劳的乡民忍受着高温炙烤，把午睡时间用在拔草积肥上了。

热在中伏，冷在三九。大暑中伏的天空常常没有一丝风，屋子像"闷罐"（乡民管没有窗口、封闭严密的车厢叫闷罐），人在屋里热得躁，牛在栏里哞哞叫，鸡不进窝狗溜墙根，苍鹰高飞夜半蝉鸣。屋里热，乡民吃午饭，把桌子搬到门洞里，吃晚饭，把桌子搬到当院里。院子里铺了席子、稾荐（麦秸秆或谷子秸秆用麻绳勒成），稾荐隔潮防热，上面铺条被单，孩子躺在上面睡觉，大人坐在上面乘凉。吃罢晚饭，婆婆刷锅洗碗，媳妇赶紧把男人换下来的汗湿了的衣服洗涮出来。男人肩上搭条湿毛巾，顺手拿只马扎，抄把扇子，抽烟的忘不了带上他的"烟筒"家伙什儿，迈开缓慢的步子到过道口、村头纳凉啦呱去了。

家前、家后过道口、村头空地是乡民的说书场。夏天晚上，乡民三五成群聚在一块纳凉扯闲篇。他们想起什么说什么，知道什么说什么，想说什么说什么，天上地下，山南海北，旧时今日，那才叫聊天呀！

一个乡民仰脸看着天上说，听说那颗金星就是太上老君呢。这个白胡子老头在玉皇大帝那里挺吃香，玉皇大帝常派他下到凡间查看人们的善恶，然后报给玉皇大帝。孙猴子（孙悟空）大闹天宫时被抓住，太上老君把他投进炼丹炉里火烧了七七四十九天，不光没把孙猴子烧死，还炼出了个火眼金晴，倒给孙猴子长了本事了。

一个乡民说，嗯，你别看孙猴子一个跟头一溜下去窜出十万八千里，可是，他的本事大不如西天如来佛的手掌大，愣是没有跳出如来佛的手心。如来佛通天，孙猴子不在天星，在人世间有能耐，到了天宫里就吃不开了。

一个乡民说，人家杨二郎也在天星，孙猴子七十二般变化，就没躲过杨二郎的三只眼。还有，你别看哪吒是个小孩子，也在天星，还有他爹托塔李天王（李靖），孙猴子跟人家比就不行了。去西天取经路上，孙猴子起初遇到的妖怪，都能治的了。越往后越打不过妖怪，就是因了那些妖怪都通天，跟这天神那天神的有瓜葛，孙猴子就降不了人家了。官多大奴多大呢，他只得让这神那神的把人领回去算完。

一个乡民说，听说在凡间的那些开国功臣，他们前世都在天星，是玉皇大帝派他们下来帮着皇帝打江山保江山的。三国里的诸葛亮也在天星，那本事真叫大，（民间传说）死诸葛治死活司马懿。诸葛亮写了兵书，他知道自己死后司马懿会想着法地得到他的兵书，他在死前把一本兵书用毒药泡了，每页写上"死诸葛治死活司马懿"。后来，司马懿得到了诸葛亮的"兵书"，翻开一页，上面写着"死诸葛治死活司马懿"，再翻下一页，粘住了，他就蘸着唾沫翻，翻一页蘸一下唾沫，这页上面还是写着"死诸葛治死活司马懿"。司马懿烦了，一个劲地蘸着唾沫翻书，心里话：我到底看看你个死诸葛怎么治死我这个活司马？他翻着翻着，一下子想过来了：书上有毒。可是晚了，中毒死了。那诸葛亮也是在天星的。

一个乡民说，还有三国里智勇双全的大将赵云，也在天星呢，他下凡就是保刘备来的。长坂坡大战，要不是赵云搭救，他儿子阿斗就没命了。刘备心眼多，接过睡着的阿斗，做出要摔的架势，说为了阿斗差点伤了他一员大将。他是故意做样子给赵云和手下看，从此落了个话巴，后人说："刘备摔孩子收买人心。"

一个乡民说，刘备这一摔，就把赵云给买死了。赵云铁定跟着刘备干，后来又在江边救幼主。论这个，赵云的功劳比关羽、张飞都大。

一个乡民说，关羽能耐大，也有打不过的人。他"过五关斩六将"时把蔡阳给杀了，其实，他的武功赶不上人家蔡阳。当下关羽千里走单骑追寻刘备，途中把蔡阳的外甥杀了。蔡阳要为他外甥报仇，带兵追上关羽，和关羽说定了他俩决斗，关羽打不过蔡阳，他耍了个心眼，打着打着对蔡阳说，你说咱俩单打独斗，为什么你的人马上来了？蔡阳不知是计，回头去看，上当了，被关羽一刀砍了。关羽一辈子英雄，他谁也不服啊，这能行吗，人外有人，天外有天，最后吃亏就吃在一个"傲"字上。

一个乡民说，这些在天星的人，到凡间该干哪些事，定干哪些事，一件不多，一件不少。唉，都叫天管着呢。

自从盘古开天地，人类便和天紧紧地连在一起了。庄稼人每天都跟天打交道，在他们看来，喘的每一口气，产的每一粒粮、一朵棉、一棵菜，都是上天和大地给予的恩赐。因此，他们敬畏天，感恩天，依赖天，探索天，许多时候也烦恶天。约定俗成似的，散坐在过道口、村头上纳凉的乡民们，拉呱话题离不开他们的庄稼，离不开老天爷和眼前的天气。他们从天上的星月明暗说到天气的风雨阴晴，个个俨然是气象学家。小时候，我从他们那里听来了许多"天事"。多年后，我梳理乡民的"气象预报"经验时蓦然发现，同是预报天气，在小暑大暑等不同的节气里，观察、判断天气的方法差异分明呢。

小暑节气里，乡民观察天气从季节开始。小暑热得透，大暑凉飕飕。淋了伏王，一天一场，淋了伏王旱伏尾。伏里顶风乌云集，顷刻之间下大雨。

看风向观天：旱了东风不下雨，涝了东风不晴天。东南风是钓雨钩，西北风是开天钥匙。风倒八遍，不用掐算。六月东风当时雨，好似亲娘叫闺女。常刮南风忽转北，风雨齐来不到黑。常刮北风忽转南，当夜就是阴雨天。风急云越急，越急越有雨。傍晚西北风，半夜天就晴。

看时间观天：早上浮云走，明日晒死狗。早有破絮云，午后雷雨淋。早晨下雨一天晴。早霞红丢丢，晌午雨溜溜；晚霞红丢丢，明天好日头。午后云上日，有雨在当时。傍晚火烧云，明天晒死人。日落云里走，有雨半夜后。早烧雨，晚烧晴，乌云接日等不到明。

看云彩形状观天：扫帚云，淋死人。天上鲤鱼斑，晒草不用翻。云似炮台形，没雨定有风。黑云接得低，有雨在夜里；黑云接得高，有雨在明朝。云彩接太阳，大雨下三场。不怕云彩顺风流，就怕云彩乱碰头。云彩往东一阵风，云彩往南雨连连，云彩往西雨凄凄，云彩往北一阵黑。

听雷鸣看闪电观天：沉雷主连阴。雷轰头顶，虽雨不猛；雷轰天边，大雨连天。雷声绕圈转，有雨不久远。不怕炸雷响破天，就怕闷雷挤磨眼。上昼雷，下昼雨，下昼雷，三日雨。闪光西北天，大雨下连连。立闪风雨急，横闪雨来迟。东闪晴，西闪雨，南闪雾露北闪水。闪光强转弱，有雨来不到。

看征兆观天：朝虹雨，夕虹晴；对日虹，不到明。东虹呼雷西虹雨，南虹出来下涝了，北虹出来干河底。太阳回头笑，等不到鸡叫。日晕三更雨，月晕一天风。日晕蓝、红、绿，很快就有雨。日出胭脂红，无雨便是风。晕圈到中午，风雨都解除。日落有晕下满盆。大晕风伯急，小晕雨师忙。月亮被圈套，定有大风到。星星眨眼，大雨不远。北斗星打闪，离着下雨不多远。星星稀，披蓑衣；星星密，晒脱皮。先下蒙蒙无大雨，后下蒙蒙不晴天。雨点落下一个泡，还有大雨要来到。朝雾消，晒衣帽；朝雾延，阴雨天。三日雾蒙，非雨即风。久雨大雾晴，久旱大雾雨。

大暑节气里，乡民观察天气则是另有路数了。他们说，天气欲变有前兆，虫畜禽鱼能预报。

看天上飞的：燕子低飞蛇过道，大雨不久就来到。蜻蜓成群绕天空，不过三日雨蒙蒙。蜻蜓高，晒得焦；蜻蜓低，满地泥。蠓虫子打脸，下雨难免。蝴蝶屋内飞，下雨不到黑。蜜蜂不出巢，当天有雨浇；今天蜜蜂忙，明天雨衣忙。今晚蚊子狂，明天雨一场。乌鸦哑声叫，大雨要来到；乌鸦叫声响，将有风一场。啄木鸟叫三声，不是下雨就刮风。喜鹊清早高枝叫，天气一定晴得好。还有"听哇知天"，有一种飞禽乡民管它叫"哇子"（一说是大雁，不准确），它的叫声能预报天气：早哇阴，晚哇晴，半夜哇声等不到明。是说半夜里听到"哇子"叫声，天明之前便会下雨。

看地上跑的：蚂蚁垒窝留门避风雨，满地乱跑天气好。蝎子水缸底下爬，天公就要把雨下。蜘蛛结网天必晴，蜘蛛悬吊雨蒙蒙。雨中知了叫，预报天晴了。蝼蛄唱歌，有雨不多。蝈蝈叫得欢，必定是晴天。蚯蚓堆粪，雨淋地湿。蚯蚓路上爬，雨水乱如麻。水蛇盘柴头，地下大雨流。家鼠活动早，阴雨将来到。蝎虎子成群屋里跑，大雨很快就来到。

看水里藏的：鱼打漂，雨来到。河里鱼跃雨，雨中蝉鸣晴。泥鳅往上翻，必是大雨天。鳝鱼停在水皮上，一两天内有雨降。青蛙哇哇叫，大雨要来到。雨蛤叫不停，风雨不容情。癞蛤蟆白天出洞，很快就有大雨倾。

看家里养的：鸡晚宿窝蛤蟆叫，盐坛出水烟叶潮；牛打喷嚏天下雨，牛舐前蹄雨就到。驴刨槽，阴天晴不了。猪洗澡，雨不小。猪在圈外睡大觉，天气晴好太阳照。羊吃草时没个饱，明天就要洗个澡。狗咬青草晴，猫咬青草雨。鸡愁雨，鸭愁风。晴天鹅扑翅，大雨没多时。

看田里长的：桃树出胶，大雨要到。槐树叶子卷，雨在明天晚。树枝鲜叶落，下雨也随着。谷子生白根，大雨就来临。地瓜秧窜白尖，下雨不过两三天。蘑菇冒出头，地上雨水流。

看生活用的：石磙发潮像出汗，久旱下雨不用算。柱腿石发潮，地板返潮，雨将来到。瓮穿裙，雨淋淋。铁器腥潮，阴雨就到。旱天厨房落烟油，雨在明天晌午头。烟囱不出烟，不是下雨就阴天。炊烟团团转，出门带雨伞。炊烟笔直上，望雨是空想。木门难开关，下雨在眼前。

暑天里，当我沐浴在熏风热浪中重温乡民这些经验总结的时候，不由地感慨：乡村，不仅仅是人类生活的粮仓，也是人类智慧的海洋！

## 时　间

每年的 7 月 23 日或 24 日，太阳到达黄经 120°时为大暑。

## 含　义

大暑正值"中伏"前后，在我国大部分地区都处在一年中最热的阶段，而且全国各地温差也不大。大暑也是雷阵雨最多的季节，有谚语说："东闪无半滴，西闪走不及"，意谓在夏天午后，闪电如果出现在东方，雨不会下到这里，若闪电在西方，则雨势很快就会到来，想躲避都来不及。这一时期气温最高，农作物生长最快，大部分地区的旱、涝、风灾也最为频繁，抢收抢种，抗旱排涝防台风和田间管理等任务很重。同时，"大暑天，三天不下干一砖"，酷暑盛夏，水分蒸发特别快，尤其是长江中下游地区正值伏旱期。

## 物　候

**大暑三候：**"一候腐草为萤；二候土润溽暑；三候大雨时行。"

世上萤火虫约有两千多种，分水生与陆生两种，陆生的萤火虫产卵于枯草上，大暑时，萤火虫卵化而出，所以古人认为萤火虫是腐草变成的。第二候是说天气开始变得闷热，土地也很潮湿。第三候是说时常有大的雷雨会出现，这大雨使暑湿减弱，天气开始向立秋过渡。

## 农　事

南方早稻收获及晚稻插秧，北方各地加强各种农作物生长期管理，玉米追肥耘锄，棉花修剪保铃，防治病虫害，随时抗旱排涝。果树管理减少裂果、控梢疏果。蔬菜管理重点防治病虫害。

**北方地区农事**：大暑处在中伏里，全年温高数该期。洪涝灾害时出现，防洪排涝任务急。春夏作物追和榜，防治病虫抓良机。玉米人工来授粉，棒穗上下籽粒齐。棉花管理须狠抓，修追治虫勤锄地。顶尖分次来打掉，最迟不宜过月底。大积大造农家肥，切莫错过好时机。雨季造林继续搞，成片零星都栽齐。早熟苹果拣着摘，红荆绵槐到收期。高温预防畜中暑，查治日晒（病）和烂蹄（病）。水中缺氧鱼泛塘，日出之前头浮起。矾水泼洒盐水喷，全塘鱼患得平息。

## 养　生

大暑时节高温酷热，人们易动"肝火"，经常会出现莫名的心烦意乱、无精打采、食欲不振等问题，对身心健康危害很大，特别是老年体弱者，由于情绪障碍时会造成心肌缺血、心律失常和血压升高，甚至会引发猝死。有心脑血管疾病的人一定要避免生气、着急等极端情绪，尽量做到心平气和，保护好心神。高温炎热，尽量不外出，不进行体力消耗过大的户外锻炼。夏令气候炎热，易伤津耗气，饮食调养可选用药粥滋补身体。《黄帝内经》有"药以去之，食以随之""谷肉果菜，食养尽之"的论点。古人称"世间第一补人之物乃粥也"，"日食二合米，胜似参芪一大包"。可吃些适当配以药物的粳米粥、糯米粥、莲子粥等。多吃苦味食物，苦瓜、苦菜、苦荞麦等，健脾开胃、增进食欲，预防中暑。多吃健脾利湿食物，如西瓜、荷叶、莲子、冬瓜、绿豆、黄瓜、莲藕、扁豆、薏仁等。多吃益气养阴食物，如山药、大枣、海参、鸡蛋、牛奶、蜂蜜、木耳、豆浆等。适量吃点鸡肉、鸭肉、瘦猪肉、鸽肉等平性凉性的肉制品。多喝白开水、绿豆水、清茶、菊花茶等，避免脱水。

## 大暑一吃

荷花：大暑时节荷花盛开，"接天莲叶无穷碧，映日荷花别样红"。荷花又名莲花，不但圣洁好看，而且药用食用俱佳。荷花药用能活血止血、去湿消风、清心凉血、解热解毒。食用做奶油炸荷花、荷花粉蒸肉、荷花酥、栗子荷花鸡、荷花干贝汤、荷花驻颜粥等，都是别有风味的食品。

## 诗　　词

### 夏日闲放

唐·白居易（公元 772—846 年）

时暑不出门，亦无宾客至。静室深下帘，小庭新扫地。
褰裳复岸帻，闲傲得自恣。朝景枕簟清，乘凉一觉睡。
午餐何所有，鱼肉一两味。夏服亦无多，蕉纱三五事。
资身既给足，长物徒烦费。若比箪瓢人，吾今太富贵。

### 萤

唐·徐夤（生卒年不详）

月坠西楼夜影空，透帘穿幕达房栊。
流光堪在珠玑列，为火不生榆柳中。
一一照通黄卷字，轻轻化出绿芜丛。
欲知应候何时节，六月初迎大暑风。

### 六月十八日夜大暑

宋·司马光（公元 1019—1086 年）

老柳蜩螗噪，荒庭熠燿流。人情正苦暑，物怎已惊秋。
月下濯寒水，风前梳白头。如何夜半客，束带谒公侯。

# 大　暑

民国·闻一多（公元 1899—1946 年）

今天是大暑节，我要回家了。
今天的日历他劝我回家了。
他说家乡的大暑节
是斑鸠唤雨的时候
大暑到了，湖上飘满紫鸡头。
大暑正是我回家的时候。

我要回家了，今天是大暑；
我们园里的丝瓜爬上了树，
几多银丝的小葫芦，
吊在藤须上巍巍颤，
初结实的黄瓜儿小得像橄榄，……
呵！今年不回家，更待哪一年？

今天是大暑，我要回家了！
燕儿坐在桁梁上头讲话了；
斜头赤脚的村家女，
门前叫道卖莲蓬：
青蛙闹在画堂西，闹在画堂东，……
今天不回家辜负了稻香风。

今天是大暑，我要回家去！
家乡的黄昏里尽是盐老鼠，
月下乘凉听打稻，
卧看星斗坐吹箫；
鹭鸶偷着踏上海船来睡觉，
我也要回家了，我要回家了！

# 立秋

## ——凉风习习从此来

从小听老人们说，每年到了那一时刻，各种树木的叶子都翻一个身儿。从树叶翻一个身儿的那一刻起，就立秋了。

立秋，预示着夏季的结束，秋季的开始。从此，凉风徐徐吹来了。

到了立秋，梧桐树开始落叶，故有"落一叶而知秋"成语。

我国地域辽阔，各地立秋习俗不尽相同，我家乡有"摸秋""啃秋"习俗。

"摸秋"，是在立秋这天晚上，年轻小伙子三五人结伴，到地里摸瓜摘枣，俗称"摸秋"。"八月摸秋不为偷"，丢了"秋"的人家，不论丢多少，也不计较。这个"不计较"在人民公社时期例外，其时是集体经济，如果不严加看管，还不得让乡民借此把瓜果给偷光了呀。

"啃秋"，是在立秋节前，重视习俗的乡民从集市上买回西瓜，放在阴凉处，等到立秋这天全家人一起吃，就是"啃秋"了。据说立秋吃了西瓜不得秋痱子，不得疟疾，不得痢疾，不泻肚子。

上述习俗大概多是乡村男人上心的事儿，乡村女人关注的是处在立秋前后的七夕节，又叫乞巧节、女儿节、鹊桥会。她们惦记着"七月七，牛郎哭织女"呢。说是这天夜深人静的时候，青年男女躲在葡萄架下（一说南瓜架下），能够听到牛郎、织女鹊桥上相会时的哭泣、说话声。赶巧阴天下雨，那是牛郎、织女哭的眼泪呢。

七夕节是中国人的情人节。七夕由天空中的星名衍变而来，最早记载见之成书于战国中期的《夏小正》："七月，初昏，织女正向东。"到汉代，出现了描写牛郎织女故事的雏形。南朝梁萧统编《文选》收录的《古诗十九首》中第十首《迢迢牵牛星》有"迢迢牵牛星，皎皎河汉女……盈盈一水间，脉脉不得语"的句子。《淮南子》上有"乌鸦填河成桥而渡织女"的传说，民间已有七夕看织女星和穿针、晒衣裳的习俗。晋代葛洪《西京杂记》说："汉彩女常以七月七日穿七孔针于开襟楼，俱以习之。"当时太液池西边建有"曝衣楼"，专供宫女七月七日晾晒衣裳用。民间出现了向牛郎织女二神祈求赐福的活动。历经唐宋元代，牛郎织女的爱情故事日臻完整。宋元之际，京城中有了专卖七巧物品的市场，世人称之为"七巧市"。宋代罗烨、金盈之编辑的《醉翁谈录》中说："七夕，潘楼前买卖七巧物。自7月1日，车马嗔咽，至七夕前3日，车马不通行，相次壅遏，不复得出，置夜方散。"由此可见当时七夕七巧节的热闹景况。

随之，牛郎织女的爱情故事传说流行开来，几乎人人皆知，此不赘述。

文人好多情，他们被牛郎织女的爱情故事所感动，乘兴写下了许多名诗辞赋。其中，现今保存时间最古老、内容最完整的吟咏夫妇爱情的《迢迢牵牛星》曰："迢迢牵牛星，皎皎河汉女。纤纤擢素手，札札弄机杼。终日不成章，泣涕零如雨。河汉清且浅，相去复几许？盈盈一水间，脉脉不得语。"唐代李贺借牛郎织女抒闺中离怨，其《七夕》诗曰："别浦今朝暗，罗帷午夜愁。鹊辞穿线月，花入曝衣楼。天上分金镜，人间望玉钩。钱塘苏小小，更值一年秋。"唐代杜牧笔下的天真少女，望着牛郎织女星也有了自己的心事："银烛秋光冷画屏，轻罗小扇扑流萤。天街夜色凉如水，卧看牛郎织女星。"还有，宋代秦观的《鹊桥仙》词："纤云弄巧，飞星传恨，银汉迢迢暗度。金风玉露一相逢，便胜却人间无数。柔情似水，佳期如梦，忍顾鹊桥归路。两情若是久长时，又岂在朝朝暮暮。"这首词最后两句，揭示了爱情的真谛：爱情要经得起长久分离的考验，只要能彼此真诚相爱，即使终年天各一方，也比朝夕相伴的庸俗情趣可贵得多。这两句感情色彩很浓的议论，成为爱情颂歌当中的千古绝唱。

诗人吟诵的词调高雅，民间延续的习俗风趣。在我家乡一带，七夕节里吃乞巧饭。七个要好的姑娘凑份子，拿来面粉蔬菜包饺子，把一枚铜钱、一根针和一个红枣分别包到三个饺子里。然后品瓜果，月下做穿针引线游戏。聚在一起吃饺子时，谁吃到钱有财有福，吃到针心灵手巧，吃到枣获情早婚。

七夕节，给立秋节气平添了说不尽的浪漫情怀。

老人们说，立秋的时间不同，在立秋后一段时间里的气温也不一样。比如：早晨立秋凉飕飕，晚上立秋热死牛。立秋后，天气不再像之前那样从早到晚闷热，而是变成"枣核"天气，早晚凉爽，中午炙热。乡民说，立秋莫把扇子丢，还有一个月的炎热呢。乡民管立秋后的热天叫"秋傻子""秋老虎"。不管是"秋傻子"还是"秋老虎"，它也只能是在中午前后发发威风了，而且一天天消弱下去。

立秋像一道号令，各种植物遵令而行，都在为自己的成熟悄悄做准备。棉花立了秋，高矮一齐揪：打顶心、打边心、抹赘芽、去老叶，俗称"四门落锁"。夏玉米长到喇叭口了，再追一遍肥，防旱防涝防治钻心虫。大豆结荚一串串，芝麻开花节节高，春谷子满粒渐黄。冬瓜结瓜，葫芦满架，大葱培土，茄子压枝。头伏萝卜末伏菜，胡萝卜、秋茴香整畦撒种，白菜开始育秧。7月葡萄8月梨，9月柿子来赶集，葡萄成熟"嘀里嘟噜"地上市了。

立秋18天，寸草结籽粒。香草、水草、爬蔓草、墩子草、狗尾巴草……各种野草抽穗结实；苦菜、蒲公英、曲曲菜、青青菜的种子，乘坐降落伞随风飘飞他乡；马齿苋、贴血头、花卧单、草鞋底的种子，挣脱母

怀投入大地。

这个季节，水湾里"接天莲叶无穷碧，映日荷花别样红"，莲藕正在旺长、荷花还要盛开一段日子。也许乡民并不知道，莲藕在地球上已经生存一亿三四千万年了。20世纪70年代，在我家乡近邻沧州市曾发现有两种莲的孢粉化石。莲藕从西周时期由野生状态进入田间池塘，至今也已有3 000多年了。

莲藕，既有实用性，又有观赏性，夏天看荷花，秋后采藕采莲蓬。一个村子种上一湾、两湾莲藕，夏秋季节水上一片红花（白花、粉白）绿叶。饭后茶余，拿只马扎往湾边树下一坐，手摇扇子欣赏着一湾红绿纳凉，荷香随风扑面而来，浸人心脾，身心倍感凉爽。自北宋周敦颐写了"出淤泥而不染，濯清涟而不妖"的名句后，荷花被看作"君子之花"。虽然乡民不太懂得文人们的"文话"，但他们知道，荷花鲜艳纯洁，从骨子里是很"干净"的花儿。

莲藕，既是蔬菜，又是粮食，还是中药。做蔬菜——炒、煨、蒸、卤都行，制作炒藕片、炸藕合、酥炸藕合、香酥藕饼、莲藕肉片、酸辣藕丁、糖醋藕条、凉拌莲藕、藕片夹肉、荷叶蒸肉、桂花糯米藕、莲藕木耳炒肉片、莲藕排骨汤、莲藕玉米排骨汤、猪肉莲藕水饺、蒸包等。

做粮食——用藕制成粉，能消食止泻，开胃清热，滋补养性，预防内出血，是妇孺童姬、体弱多病者上好的流质食品和滋补佳珍。莲藕可以做莲子粥、莲房脯、莲子粉、荷花粥等，还可做成蜜饯果品。

做药品——《本草纲目》中记载说荷花，莲子、莲衣、莲房、莲须、莲子心、荷叶、荷梗、藕节等均可药用。荷花能活血止血、去湿消风、清心凉血、解热解毒。莲子能养心、益肾、补脾、涩肠。莲须能清心、益肾、涩精、止血、解暑除烦，生津止渴。荷叶能清暑利湿、升阳止血、减肥瘦身，其中荷叶简成分对于清洗肠胃，减脂排瘀有奇效。藕节能止血、散瘀、解热毒。荷梗能清热解暑、通气行水、泻火清心。荷花真是一身都是宝！

莲藕是多年生植物，它的根茎横生于水底泥中，圆形叶子长出水面，花儿开在水面。泥中根茎（藕）越发达，荷花开的越多。所以，乡民估量产藕多少，常常从荷花开的多少上去做判断。秋后采藕的时候，乡民穿了高腰皮鞋下到水里，用双脚在泥水里踩来踩去，他们管它叫"踩藕"。"踩藕"，很大程度上凭着双脚的感觉，凭借经验。不会踩的，不是把藕节踩断了，就是把藕给踩到深泥里去，反而采不出来了。会踩的，只一会儿工夫，一根几节长的藕就浮出水面了。然后，他们把最上头的一节"藕钻子"掰下来，再踩入泥中，让它做种子，来年接着长。

一到立了秋，知了（蝉）往下溜。立秋后，知了的末日到了。

知了的名字很多，在不同的地方叫法不同。有蝉猴、爬拉猴、知了猴、结了龟、黑老哇哇等。我家乡一带叫它知了猴。其实，这是一个动物在两个生存时期的一个合称叫法。蝉在地下生活的那些岁月里，叫它知了猴比较贴切；当他爬到地面上蜕壳而飞后，叫它知了比较贴切。所以，我们那里管没变以前的蝉叫知了猴，管蜕壳会飞的叫知了。

我家乡的知了猴有两三种。

一种是在麦收前夕爬出地面蜕变，它体形较小，乡民叫它"麦知了""小知了"。它爬出地面蜕变时，经常是爬到树身下半部完成蜕变，会飞后也多是伏在大树树身、树干上，而不是高卧在树枝上，雌性"小知了"不会叫，雄性"小知了"叫声尖细。

另一种是在夏至至立秋前这段时间爬出地面蜕变，体形比"麦知了"大，乡民叫它"大知了"。雌性"大知了"不叫，雄性"大知了"鸣叫，"大知了"叫声宏亮。

不论"小知了""大知了"，乡民管雄性知了统称"叫知了"，雌性知了统称"哑知了"。孩子们管"叫知了"叫"老叫"，管"哑知了"叫"老哑"。

还有一种入伏后爬出地面蜕变，它体形细长，介于"大知了"和"小知了"之间，叫"伏了"。我家乡乡民管它叫"杜了"，不知道算不算是知了猴的一种。"杜了"蜕变后颜色灰白相间，雄性"杜了"叫声宏亮悠长且会拐弯，一口气能叫六七十声。它"伏了、伏了"的叫声，好像告诉人们当下是在伏天里。"杜了"比"小知了"和"大知了"都精，"小知了"和"大知了"都是傍晚开始从地下爬出地面，很容易被人捉住，"杜了"是什么时间从地下爬出地面，乡民很少看到过。蜕变后，并且只听到雄"杜了"的叫声，却很少能捉到它。往往在你离它很远时，它已经觉察到了，就停止了鸣叫，当你接近时，它"噌"地飞走了。我家乡乡民评价一个人过于聪明时，常说他"精的跟那'杜了'。"

"叫知了"是昆虫音乐家、大自然的歌手。每个知了能发出三种叫声：受每日天气变动和其他"叫知了"鸣叫声调节的集合声；交配前的求偶声；被捉住或受惊吓飞走时的惊叫声。知了的鸣叫能预报天气，如果知了很早就在树上高声歌唱起来，这就告诉人们"今天天气很热"。雨后知了歌唱，预示虽然天还阴着，但是没有雨了。盛夏里你走在树下，常常有一股细密的水珠从树叶间洒下来，那是知了撒的尿液。有时候天下蒙蒙雨，乡民说："下了这么一点'知了尿'。"

说起来，我觉得知了猴的一生很凄美。知了猴要在地下生长两三年、四五年，北美洲有一种知了猴在地下生长13年，有一种在地下生长17年。这个时期它们生活在黑暗中，它们是吸食植物的昆虫，靠吸食树木根部的液体生长，是喝"饮料"长大的。从幼虫到成虫经过五次蜕皮，其中四次在地下进行。最后一次，是它发育成熟了，小知了猴选在小满后，大知了猴和"伏了猴"选在夏至后、立秋前的某一天夜晚，它用前爪掏洞破土而出，凭着生存的本能找到一棵树爬上去，用一小时左右的时间完成从知了猴到知了的蜕变，从此以树为家，在一个崭新世界里享受阳光雨露。

在树上，知了把它像针一样的嘴刺入树木枝干体内，吸食树液，并且能一边用吸管吸汁，一边用乐器唱歌，饮食唱歌互不妨碍。知了在地上的生命期很短暂，以"大知了"为例，从夏至到霜降前是它们的生存时限，满打满算只有两三个月。地下两三年、四五年，地上两三个月，它们在黑暗中和阳光下的生活时间比例太悬殊了。以人的惯常思维推断，它们怎么能不珍惜在阳光里的时间、尽情地歌唱（鸣叫）呢？它们带给人类歌声和快乐，也是一种奉献吧。凭这，对于它们偶尔无休止的鸣叫，人们也不该表现出厌烦情绪了。

尤为可悲的是，由于人们发现知了猴是很好的美味，纷纷捕捉它。夏夜里，无数知了猴刚刚爬出地面即被"摸知了猴"的人逮住了，还没来得及见见天日就命在旦夕；无数知了白天在树上唱着唱着、晚上在树上睡着睡着，就被"粘知了""烤知了"的人捉住了，成了城乡居民的盘中餐。呜呼！

在20世纪六七十年代，捕捉知了猴的群体主要是孩子。孩子们捕捉知了猴、知了，除了吃它，还有一个重要因素是兴趣使然。捕捉知了猴、知了大体有三种方式：一种是"摸知了猴"。在太阳将要落山和刚落山完全天黑前，到树下摸知了猴——在地面上寻找知了猴的洞穴，挖到一只躲藏在洞里的知了猴。这样摸知了猴有一定的技巧，懂门道的人往地面上细瞅，一看地面上的豆粒、玉米粒大小的不规则的一个个小洞，就知道哪是、哪不是知了猴窝。知了猴窝洞口或方或扁或圆或一条缝，一般都是洞口细小，洞口周围的土层很薄，用手指头一戳，薄土层塌陷，现出一个圆洞，知了猴就挂伏在接近洞口的洞壁上。摸知了猴的人伸进两个手指头肚就把它捏出来了，或者伸进一根手指头，知了猴两只前爪使劲搂手指头，手指往上一提就把知了猴给带出来了。这样摸知了猴有一种别样快乐感觉，是很有意思的事儿。完全天黑后，才打着灯笼或者手电筒寻找爬到树上待蜕变的知了猴。

另一种是"粘知了"。找一根长杆子，杆子一头顶部再绑上一根细扫帚苗，抓一把小麦面粉掺水和成面团，把面团在水中洗，最后只剩下很黏很黏的"面筋"。取豆粒大小的"面筋"粘在长杆顶部的扫帚苗上，用它去粘住伏在树枝上的知了的翅膀，"面筋"和知了的翅膀一接触就粘在一起，一般挣脱不掉，知了就被活捉了。

再一种是"烤知了"。晚上，几个人带上柴草，到大树下，先有一个人摸黑爬到树上，然后，树下的人点燃柴草，火光映红树下。这时，树上的人用力摇晃树干，伏在枝干上的知了便纷纷往火堆旁飞落，树下的人借着火光，把飞落的知了一只一只捉住。不过，蜕变后的知了皮硬内空，远远不如知了猴好吃。

"叫知了"通过鸣叫吸引"哑知了"进行交配，从而完成其传宗接代的使命。"哑知了"用像剑一样的产卵管在树枝上刺成一排小孔，把卵产在小孔里。"叫知了"交配后、"哑知了"产完卵几周后相继死亡。卵经过1个月左右即孵化，孵化后若虫掉落到地面，自行掘洞钻入土中栖身，进行着周而复始的繁衍。

知了猴的外衣（蝉蜕）是很好的中药材，它具有祛风明目、疏肝利肺之功能，是治疗外感风热、咳嗽音哑、麻疹透发不畅、风疹瘙痒、小儿惊痫、目赤、翳障、疔疮肿毒、破伤风的良药。当年中医为我医治牛皮癣，药方中曾经长期大量配伍蝉蜕。因而，我对蝉及蝉蜕别有情感。

古人以为知了餐风饮露，是高洁的象征，常以知了的高洁表现自己品行的高洁。初唐虞世南咏蝉："垂緌饮清露，流响出疏桐。居高声自远，非是藉秋风。"诗人"居高"致远，以独特的感受告诉人们一个真理：立身品格高洁的人，并不需要某种外在的凭藉（例如权势地位、有力者的帮助），自能声名远播。这里突出的是人格的美，人格的力量，表现出一种雍容不迫的风度气韵。

而生活时代与虞世南相去不远的骆宾王咏蝉："西陆蝉声唱，南冠客思深。那堪玄鬓影，来对白头吟。露重飞难进，风多响易沉。无人信高洁，谁为表予心？"骆宾王借蝉抒怀，表达自己政治上的不得意，自己的品性高洁却不为时人所理解。

晚唐诗人李商隐的《蝉》诗曰："本以高难饱，徒劳恨费声。五更疏欲断，一树碧无情。薄宦梗犹泛，故园芜已平。烦君最相警，我亦举家清"。诗人由蝉的立身高洁联想到自己的清白，由蝉无人同情联想自己同样也是无同道相知。

由于三位诗人的地位、际遇、气质不同，使三诗旨趣迥异，各臻其妙，被称为唐代咏蝉诗的"三绝"。清人施补华《岘佣说诗》对其评论可谓一语中的："同一咏蝉，虞世南'居高声自远，端不借秋风'，是清华人语；骆宾王'露重飞难进，风多响易沉'，是患难人语；李商隐'本以高难饱，徒劳恨费声'，是牢骚人语。比兴不同如此。"

寒蝉知秋。立秋后，知了伏在树枝上，不时地顺着树枝往后倒退，它们的鸣叫逐渐变得凄凉低沉，时断时续。并且，它们的体内开始生蛆。乡民说，立了秋，知了就患头疼了，这是它们头疼得往下缩呢。

立秋节气像高明的魔术师，把一个夏天的热风变清爽了，把雾蒙蒙的天空变清明了，把湾里、河里的浑水变清澈了。

## 时　间

　　每年 8 月 7 日或 8 日，太阳到达黄经 135°时为立秋。

## 含　义

　　我国以立秋为秋季的开始。立秋一般预示着炎热的夏天即将过去，秋天即将来临。气候学上以每 5 天的日平均气温稳定下降到 22℃以下的始日作为秋季开始。按照这样的标准，一般年份里，秋来最早的黑龙江和新疆北部地区到 8 月中旬入秋，首都北京 9 月初开始秋风送爽，秦淮一带秋天从 9 月中旬开始，10 月初秋风吹至浙江丽水、江西南昌、湖南衡阳一线，12 月上中旬秋的信息到达雷州半岛，而当秋的脚步踏上"天涯海角"的海南崖县时已快到新年元旦了。

## 物　候

　　**立秋三候**："一候凉风至；二候白露生；三候寒蝉鸣。"

　　是说立秋过后，刮风时人们会感觉到凉爽，此时的风已不同于暑天中的热风。接着，大地上早晨会有雾气产生。并且，秋天感阴而鸣的蝉开始鸣叫。

## 农　事

　　我国中部地区收割早稻，移栽晚稻，中稻追肥，秋耕茶园。"棉花立了秋，高矮一齐揪"，打顶、整枝、去老叶、抹赘芽，对长势较差的地块补施速效肥，以减少烂铃、落铃，促进正常成熟吐絮。北方地区进行秋收粮棉油等农作物后期水肥和防治病虫害管理，抓紧种植大白菜。割青草沤积绿肥。

　　**北方地区农事：**时到立秋年过半，可能有涝也有旱。男女老少齐努力，战天斗地夺高产。棉花抹杈打边心，追肥时间到下限。天旱浇水要适量，防治病虫巧把关。早秋作物渐成熟，防雀糟蹋要常转。晚秋作物治追榜，后期管理不能软。适时播种大白菜，炕土壅葱夺丰产。精心管好大田菜，及时采摘餐桌鲜。继续积造农家肥，割晒青草抽时间。林木果树管理好，摘下果梨去卖钱。畜禽管理要加强，要紧预防牛流感。喂鱼注意多投草，鱼病防治至关键。坑内菱角采下来，持续管好藕苇芡。

## 养　生

《管子》中记载："秋者阴气始下，故万物收。"《素问·四气调神大论》指出："夫四时阴阳者，万物之根本也，所以圣人春夏养阳，秋冬养阴，以从其根，故与万物沉浮于生长之门，逆其根则伐其本，坏其真矣。"此乃古人对四时调摄之宗旨，告诫人们，顺应四时养生要知道春生夏长秋收冬藏的自然规律。因此秋季养生，凡精神情志、饮食起居、运动锻炼、皆以养收为原则。精神调养：做到内心宁静，神志安宁，心情舒畅，切忌悲忧伤感，即使遇到伤感的事，也应主动予以排解，以避肃杀之气。同时，还应收敛神气，以适应秋天容平之气。起居调养：应"早卧早起，与鸡具兴"，早卧以顺应阳气之收敛，早起为使肺气得以舒展，且防收敛之太过。运动调养：可根据自己的具体情况选择打拳、舞剑、游乐等不同的锻炼项目。饮食调养：《素问·脏气法时论》说："肺主秋……肺收敛，急食酸以收之，用酸补之，辛泻之。"饮食应以滋阴润肺为宜，酸味收敛肺气，辛味发散泻肺，秋天宜收不宜散，所以要尽量少吃葱、姜等辛味之品，适当多食酸味果蔬。可适当食用芝麻、糯米、粳米、银耳、蜂蜜、乳品等柔润食物，以益胃生津。多吃新鲜蔬菜，如菠菜、芹菜、茴香、南瓜、茄子、丝瓜、西红柿等。多吃水果，如：苹果、葡萄、枇杷、菠萝、梨、杨桃、柠檬、柚子、山楂等。

## 立秋一吃

红焖肉：立秋"贴秋膘"，补偿夏天消耗的营养。"贴秋膘"首选"以肉贴膘"，最常见的当是红焖肉。红焖肉的主要食材是猪肉，猪肉含有丰富的优质蛋白质和必需的脂肪酸，并提供血红素（有机铁）和促进铁吸收的半胱氨酸，能改善缺铁性贫血。红焖肉是一道色香味俱全的汉族名菜，香嫩可口，肥而不腻。做法是：葱洗净，切小段；猪肉洗净，切成小方块。油锅烧热，下冰糖炒成糖色，放入肉块、葱段、大料翻炒几下，加入适量清水、酱油和料酒，用小火焖50分钟。转中火焖3分钟至汤汁黏稠，加盐调味即可。

## 诗　词

### 秋　思

唐·张籍（公元约767—约830年）

洛阳城里见秋风，欲作家书意万重。
复恐匆匆说不尽，行人临发又开封。

### 秋　词

唐·刘禹锡（约公元772—约842年）

自古逢秋悲寂寥，我言秋日胜春朝。
晴空一鹤排云上，便引诗情到碧霄。

### 立秋后自京归家

唐·李郢（生卒年不详）

篱落秋归见豆花，竹门当水岸横槎。
松斋一雨宜清簟，佛室孤灯对绛纱。
尽日抱愁跧似鼠，移时不动懒于蛇。
西江近有鲈鱼否，张翰扁舟始到家。

## 立秋日曲江忆元九

唐·白居易（公元 772—846 年）

下马柳阴下，独上堤上行。故人千万里，新蝉三两声。
城中曲江水，江上江陵城。两地新秋思，应同此日情。

## 立　　秋

宋·刘翰（公元 919—990 年）

乳鸦啼散玉屏空，一枕新凉一扇风。
睡起秋声无觅处，满阶梧桐月明中。

# 处暑
## ——秋风起处炎热散

　　秋风起，落叶黄，难耐的炎热渐渐散去，"秋老虎"亦没有了底气，处暑节气里，广袤的田野上一派祥和。玉米在有条不紊地抽穗扬花，玉米槌吐出鲜嫩的红缨接受授粉。春地瓜瓜块在土下快速膨大，根部垄背撑开一道道裂罅，夏地瓜也伸蔓长瓜。高粱依次成熟，齐刷刷的穗子一片彤红，让人以为是红云落地。绿海棉田里，庚桃抢先吐絮，报答主人一个春夏的辛勤伺候。黍子黄透了，收割了，它是一年里收获的第一份秋粮。干打谷，湿打黍——乡民趁着湿劲儿打了，晒干后用石碾脱皮碾米，做一道黄澄澄香喷喷的黄米饭，这是秋季新粮的头一顿新米饭。

　　此时，农田里大宗主粮作物的耪、耘告一段落，乡民可以"挂锄钩"了。农活转向积绿肥，移栽白菜，种植芫荽、芹菜、茴香等秋菜。乡民在劳作中，抬头仰望天空，天高云淡，风清气爽。七月八月看巧云。每年这个时节的云彩是绚丽多姿的。丝云，钩云，散云，朵云，团云，片云，行云，飞云；棉絮白的，胭脂粉的，朱砂红的，金黄镶边的，流光溢彩的；一马平川的，沟壑纵横的，似船如舰的，波涛浪花的，万马奔腾的，恍如人流的……给人无限遐想，百看不厌欲罢难休。

　　处暑难得几日阴，雨水稀少贵如金。有道是：五月六月天似火，七月八月地如筛，九月十月又上来。处暑的土地像是一张硕大无边的筛子底，又如生出了"地漏"子，土壤中的水分"江河日下"般地"漏"进了地下，地表发干一天增厚一层。干爽的地面，恰好给蝗虫（蚂蚱）提供了产卵条件。

我家乡人习惯管蝗虫叫蚂蚱。晴日里，走在田野小路上，不时有蚂蚱从硬邦邦的路面上惊慌地飞起飞落。仔细观看便会发现，有的蚂蚱上半截身子朝上，下半截身子插进土里，这是雌蚂蚱在产卵。它看见有人来，急急慌慌从土里"拔"出尾部飞走。雌蚂蚱个头大，雄蚂蚱个头小。雌蚂蚱产卵时，把产卵管插入10厘米左右深的土中，先分泌白色物质形成圆筒形状的栓状物，然后产卵，一只雌蚂蚱能产下大约50粒左右的卵。蚂蚱卵在24℃的气温里可以孵化，由卵孵化为虫约21天时间。

蚂蚱喜欢温暖干燥，干旱环境对它们的繁殖、生长和存活很有利，干旱年头最容易形成蝗灾，我国古书上就有"旱极而蝗"的记载。这是因为，在干旱年份，由于水位下降，土壤变得比较结实，含水量降低，且地面植被稀疏，蚂蚱能增加产卵数量，多的时候每个卵块中有50～80粒卵，每平方米土中产卵4 000～5 000个卵块，即每平方米有20万～40万粒卵。干旱年份，沟、河水面缩小，低洼地裸露，为蚂蚱提供了更多适合产卵的场所。同时，干旱环境生长的植物含水量较低，正合蚂蚱的胃口，蚂蚱以此为食，生长比较快，而且生殖力提高。相反，多雨和阴湿环境会降低蚂蚱的生殖力。故此，乡民说，旱了收蚂蚱，涝了收蛤蟆。蚂蚱，把历代农民害苦了。

说来话长。

我国蝗虫已知有900多种，其中对农、林、牧业可造成危害的约有60余种。我国自古以来蝗灾频发，受灾范围、受灾程度堪称世界之最。

据历史记载统计，从公元前707年到公元1911年的2 000多年中，大蝗灾发生约538次，平均每三四年就发生一次，它一直是严重威胁我国农业生产的三大自然灾害之一。

历代人民与蝗虫进行了不屈不挠的斗争，远在公元前11世纪，商代的甲骨文上就有了世界上最早的蝗灾记录。《诗经·大田》说"去其螟螣，及其蟊贼，无害我田稚"，还说："秉彼蟊贼，付畀炎火"，意思是要积极地除去虫害，还采取了用火杀虫的方法。《礼记·郊特性》中，写有年终祭礼（即"蜡祭"）的《蜡辞》说："土反其宅！水归其壑！昆虫毋作！草木归其泽！"这是用祈祷的方式求昆虫不要为害，反映了早期先人对虫害的反应。《资治通鉴》记有孝武太元七年（382年）前秦符坚派军队协助民众灭蝗的事例。

汉代王充在《论衡·顺鼓篇》中说："蝗虫时生，或飞或集，所集之地，谷草枯索。吏率部民堑道作坎，榜驱内于堑坎，杷蝗积聚以千斛数，正攻蝗之身……"比较详细地描述了蝗虫的生态习性和危害情况，以及采取掘沟捕蝗的历代相沿办法。平帝元始二年夏，郡国大旱蝗，（青）州境尤甚，"遣使者捕蝗。民捕蝗诣吏，以石斗受钱"，记载了发动群众悬赏捕蝗的最早事例。

唐宋年间，蝗灾平均两三年发生一次。唐代诗人白居易作有《捕蝗——刺长吏也》诗，记述了当时的捕蝗境况："捕蝗捕蝗谁家子，天热日长饥欲死。兴元兵后伤阴阳，和气蛊蠹化为蝗。始自两河及三辅，荐食如蚕飞似雨。雨飞蚕食千里间，不见青苗空赤土。河南长吏言忧农，课人昼夜捕蝗虫。是时粟斗钱三百，蝗虫之价与粟同。捕蝗捕蝗竟何利，徒使饥人重劳费。一虫虽死百虫来，岂将人力定天灾。我闻古之良吏有善政，以政驱蝗蝗出境。又闻贞观之初道欲昌，文皇仰天吞一蝗。一人有庆兆民赖，是岁虽蝗不为害。"

到了宋代，人们对蝗虫生存成卵的阶段有了认识，开始注意掘卵主动灭蝗。著名政治家、文学家欧阳修在《答朱采捕蝗诗》里写道："大凡万事悉如此，祸当早绝防其微。蝇头出土不急捕，羽翼已就功难施。只惊群飞自天降，不究生子由山陂。官书立法空太峻，吏愚畏罚反自欺。"郑獬的《捕蝗》曰："翁妪妇子相催行，官遣捕蝗赤日里。蝗满田中不见田，穗头栉栉如排指。凿坑篝火齐声驱，腹饱翅短飞不起。囊提篑负输入官，换官仓粟能得几。虽然捕得一斗蝗，又生百斗新蝗子。只应食尽田中禾，饿杀农夫方始死。"诗人章甫《分蝗食》曰："田园政尔无多子，连岁旱荒饥欲死。今年何幸风雨时，岂意蝗虫乃如此。麦秋飞从淮北过，遗子满野何其多。扑灭焚瘗能几何，羽翼已长如飞蛾。天公生尔为民害，尔如不食焉逃罪。老夫寒饿悲恼缠，分而食之天或怜。"从诗人笔下可见其时蝗虫肆虐之疯狂，即便全民动员也难以消灭蝗灾。

明、清时期，蝗灾几乎连年发生。"开封大蝗，秋禾尽伤，人相食。"这句话叙述了明崇祯十三年的蝗灾情景。这一时期，也出现了不少影响深远的治蝗类农书，对蝗虫习性、蝗灾发生规律、除蝗技术等方面有了初步的科学认识和总结。明代著名科学家徐光启通过对明代以前蝗灾的统计、分析，得出有关古代蝗灾发生季节和滋生地的正确认识，著作《除蝗疏》，是我国古代蝗灾研究的杰出成果。清代顾彦的《治蝗全书》对治蝗有详细的论述。我国还是全世界最早的治蝗法规的制定者，公元1075年颁布《熙宁诏》，1182年颁布第二道治蝗法规《淳熙敕》，1193年颁发治蝗手册《捕蝗法》。蝗虫是庄稼害虫榜上的首恶，历代都把捕蝗列为国家要政。

"小麦开花，蚂蚱蹦跶。"也就是说，立夏以后，它就由卵化虫了。我家乡有多种蚂蚱，单从体形上分有小蚂蚱、半大蚂蚱、大蚂蚱；有一种翅膀很短、以蹦跳为主要行走方式的"蹦跶蛮"蚂蚱；有一种红色内翅、飞起来发出"沙沙"声响、乡民叫它"撒跶虫"（音）的蚂蚱。另有一种通身绿色或黄褐色，背面有淡红色纵条纹，雌性躯体比一般蚂蚱细长、雄性躯体短小的"蚂蚱"，当地人管雌性的叫"大单"（音），雄性的叫"油单"，乡民也把它列入了蚂蚱之列，实际它的学名叫蚱蜢。蚂蚱刚出生时没有翅膀，它经过5次脱皮，由卵、若虫长成成虫。脱一次皮叫一龄，三龄开始生长翅芽，五龄双翅形成能飞行了。

20世纪五六十年代，我家乡一带多次发生蝗灾。记得闹蝗灾的时候，政府派出飞机低空喷洒农药，乡民指认着运输机叫"老母鸡"，直升机叫"飞蜓"。更多的时候，是由公社组织乡民统一行动，几百人、上千人集中到一个、几个村子的田野里，一字排开，用扫帚、笤帚、麻袋片、口袋片等扑打蚂蚱，前头的人负责扑打蚂蚱，后面的人负责清除，一麻袋一麻袋地运到地头上，然后掘坑掩埋。遮天蔽日的蚂蚱飞落到一块庄稼地里，只听得"刷刷刷"如同刮风，用不了多大工夫，这块地的庄稼就被吃完了。在有月亮的晚上，蚂蚱群飞迁徙，空中像刮风，冲着月亮往天空看，密密麻麻遮挡了月光。当时我年纪小，不明白蚂蚱为什么能群起呼应地统一行动。后来知道了，蚂蚱本来喜欢独居，但是，当它的后腿某一部位受到触碰时，就会改变原来独来独往的习惯，变得喜欢群居。最终大量聚集，集体迁飞，形成令人生畏的蝗灾，给农作物带来毁灭性破坏。

我小时候到地里捉蚂蚱，用鞋底扣，用拍子拍，捉了蚂蚱烧着吃，挺香。特别是有卵的雌蚂蚱，更好吃。蚂蚱是药食两用昆虫，在我国能食用和入药的主要有两种，即东亚飞蝗和中华稻蝗。这两种蚂蚱营养丰富，肉质松软、鲜嫩，味美如虾。蚂蚱富含蛋白质、碳水化合物、昆虫激素等活性物质，含有维生素A、维生素B、维生素C和磷、钙、铁、锌、锰等微量元素。药用有暖胃肋阳、健脾消食、祛风止咳之功效。《本草纲目》记载，蝗虫单用或配伍使用能治疗多种疾病，如破伤风、小儿惊风、发热、平喘、痧胀、鸬鹚瘟，冻疮，气管炎和防止心脑血管疾病等。

不过，蚂蚱也有一定"毒性"，吃多了容易造成肿脸等中毒现象。20世纪六十年代初三年自然灾害期间，村里不少乡亲饿得吃蚂蚱，吃多了肿了脸。有的人吃后发生过敏反应，危及生命。

蚂蚱的嘴很硬，牙也很硬。那时我们在地里捉了蚂蚱，用指甲触摸蚂蚱的牙齿，它会张嘴咬你的指甲。我们恶作剧，把蚂蚱的牙齿给掰下来，从蚂蚱嘴里流出黄水——大概那是它的血液。蚂蚱的眼睛是复眼，眼睛外皮是硬的，常人用肉眼看不出它是否转动，因此说蚂蚱眼是"死"的。乡民之间，一个人叫另一个人去拿某件物品，如果去的人一时看不见，找不到那件物品，指使他的人有时着急地说："不就在那儿了吗，你咋不知道转转眼珠子，简直是蚂蚱眼——死的！"蚂蚱不劳而食，乡民常拿它比喻不劳而获、坐享其成、侵害他人利益的人。前些年，有些机关干部到村里白吃白喝，大吃大喝，连吃带拿，乡民管他们叫"蝗虫"，看到一群干部临近中午或傍晚进了村，就说："蝗虫队又来了。"

处暑时节，蝈蝈也活跃在田野里。在许多人眼里，蝈蝈和蚂蚱有着相似的"貌相"，它们该是近亲了。

其实不然。商周时期人们把蝈蝈和蝗虫统称为"螽斯"，《诗经·召南·草虫》："喓喓草虫，趯趯阜螽。"那种"喓喓"叫的"草虫"，就是指蝈蝈；而那"趯趯"而跳的"阜螽"，是指一般的蚱蜢。《诗经·周南》中记载："螽斯羽，诜诜兮。宜尔子孙，振振兮。螽斯羽，薨薨兮。宜尔子孙，绳绳兮。螽斯羽，揖揖兮。宜尔子孙，蛰蛰兮。"全诗用六个叠字绘声绘色地刻画出嗡嗡乱叫、到处毁灭庄稼的螽斯形象，借以比喻剥削者子孙众多。清代画家蒋廷锡作《螽斯》曰："穷冬无大雪，三月无阴雨。旱气产螽斯，戢戢遍禾黍。一日父生子，三日子如父，四日子复生，五日孙见祖。"他在这里用螽斯的多而能食尖刻的讽刺贪官。

宋朝人将蝈蝈与纺织娘混为一谈了。不过，宋人已开始养蝈蝈了。明代从宫廷到民间，养蝈蝈已经普遍，有了"聒聒"的称呼，"聒聒"和"蝈蝈"都是以声名之，实际上"聒聒"和"蝈蝈"是一个等同的名称。明太监若愚，在《官中记》中说到，皇宫内有两道门以蝈蝈的名字命名：一曰"百代"，一曰"千婴"。寓意希望皇帝借此感触动物的生机，多生后代。古人把螽斯视为吉祥之物，用螽斯的多子象征子孙繁盛，故有"螽斯延庆"之说。

清代对蝈蝈的宠爱尤盛，掀起了前所未有的蝈蝈热，从康熙、乾隆直到宣统，多位皇帝喜欢蝈蝈。乾隆游西山时，听到满山蝈蝈鸣叫，即兴赋诗《榛蝈》曰："啾啾榛蝈抱烟鸣，亘野黄云入望平。雅似长安铜雀噪，一般农候报西风。蛙生水族蝈生陆，振羽秋丛解寒促。蝈氏去蛙因错注，至今名像混秋官。"他把蝈蝈誉为"秋官"，确是捧得很高了。末代皇帝宣统与蝈蝈的情缘更是带有浓重的神奇色彩，这在电影《末代皇帝》里有其精彩情节。清代吴江词人郭麐的《琐寒窗·咏蝈蝈》，写的更有家庭生活情趣，颇像一幅风俗画："络纬啼残，凉秋已到，豆棚瓜架。声声慢诉，似诉夜来寒乍。挂筠笼晚风一丝，水天儿女同闲话。"

外国人也喜欢蝈蝈，英国诗人约翰·济慈作有《蝈蝈与蛐蛐》诗："大地的诗歌/从来/不会死亡：当/所有的鸟儿/因骄阳而昏晕，隐藏在/阴凉的林中，就有/一种声音在/新割的草地/周围的树篱上/飘荡那就是/蝈蝈的乐音啊！它争先沉醉于/盛夏的豪华，它从未感到/自己的喜悦消逝，一旦/唱得疲劳了，便舒适地栖息在/可喜的草丛中间。大地的诗歌呀，从来没有停息：在/寂寞的冬天/夜晚，当/严霜凝成/一片宁静，从/炉边就弹起了/蛐蛐的歌儿，在/逐渐升高的暖气，昏昏欲睡中，人们感到/那声音仿佛就是蝈蝈/在草茸茸的山上鸣叫。"

蝈蝈属于杂食性昆虫，它食肉性强于食植物性，主要以捕食昆虫及田间害虫为生，是捕捉害虫的能手，即使遇到比它体宽力大的蝉也可以死抱住对方，撕开肚皮，把蝉的内脏吃光挖净，它是庄稼的卫士。它虽然啃食农作物，因为蝈蝈的总体数量少，对庄稼形不成明显的危害。所以，乡民不在意，也没有要消灭它们的心理。

蝈蝈若虫共蜕6次皮，蜕皮后将蜕下的皮自己吃掉。蝈蝈成虫多数时候在上午羽化，经过一二周开始交配，历时半小时左右，雄蝈蝈排出乳白色的粘性精托，附着在雌蝈蝈生殖器内外。这时，雌蝈蝈腹部向前弯曲，并用嘴咬吃精托，将精子挤入贮精囊中，不吃精托则不能产生受精卵。雌蝈蝈交配怀卵后体重可增加3倍左右，交配两三周开始产卵，将卵分批分散的产于土中。产完一批卵后抽出产卵管，用后腿使劲向后弹土，封闭住产卵孔，再继续产卵。蝈蝈产卵期从7月上旬到10月上旬，高峰期在8月，一只雌蝈蝈产卵三四百粒。蝈蝈一生可以进行多次交配。雌雄蝈蝈寿命近似，一般为八九十天。进入9月下旬或10月上旬，成虫就死亡了。

蝈蝈按体色分为五类：黑蝈蝈（铁蝈蝈）、绿蝈蝈、草白蝈蝈、山青蝈蝈、异色蝈蝈。我家乡一带的蝈蝈大都是通身碧绿的绿蝈蝈，它的翡翠绿肤色格外好看，只是到它老了的时候，肤色逐渐变为淡黄。乡民管雄蝈蝈叫"叫蝈子"，管雌蝈蝈叫"驴蝈子"（音），雌蝈蝈不会叫。蝈蝈同蚂蚱一样，雄蝈蝈个头小，雌蝈蝈个头大。蝈蝈喜欢生活在花生、豆子、蔬菜地里和玉米地里，它伏在绿叶之间，如果不叫，你很难发现它。即便听到叫声，循声寻找，也得费些眼神。况且，一有动静，它就快速躲避了。"叫蝈子"翅膀长，"驴蝈子"翅膀短。"叫蝈子"背部的前翅附近有发音器，通过左右两翅摩擦而发音，鸣叫发声时两前翅斜竖起，来回摩擦，从而发出醇美宏亮的音响。两翅愈发达（翅大且厚），摩擦就越强劲有力，叫声愈大。绿蝈蝈翅薄，叫声偏高，但鸣声没有黑蝈蝈那样响亮宽厚。蝈蝈的三种鸣叫有三个作用：吸引异性；呼唤同性；惊叫敌人。在我们常人听来，其叫声都"差不多"，不太好作出区分。许多人喜欢听蝈蝈叫，但又不满足它只是能叫，希望还有点别的本事，这事差强"蝈"意，有些强"蝈蝈"所难。乡民把"叫蝈子"的本能引伸外延，常把能说会道、不干实事的人比作"叫蝈子"，说："他这个人，是个'叫蝈子'，没肉。"

因为蝈蝈叫的好听，人们欣赏它，历来被视为宠物，以它取乐消遣，派生出了中国独有的源远流长的蝈蝈文化。这小生灵，帝王养的，平民百姓也养的。当年我在家乡的时候，下地拔草时捉了"叫蝈子"，把它放进用高粱秸秆劈的"细篾"编织的蝈蝈笼子里，挂在北墙下，每天喂它南瓜花、丝瓜花、菜叶等，中午天气越热，它叫的越欢。

擅长饲养蝈蝈的乡民，能够将一只蝈蝈养到寒冬甚至春节，依然鸣叫不止。白天，他们把用小葫芦制作的蝈蝈笼子揣在怀里保温，走到哪里带到哪里。夜晚，把蝈蝈笼子放进被窝卷里保温。冬天喂蝈蝈白菜、胡萝卜、玉米面、黄豆面等。隆冬聆听蝈蝈的鸣叫，那是一种特殊的享受啊！

以"养虫玩虫"闻名的老北京人，他们为了听到更美的蝈蝈声，发明了一种"点药术"，即用朱砂、松香等，配制成特殊的药膏，将其点在蝈蝈的翅膀上。这样，蝈蝈的叫声会更加悦耳动听，并且能发出不同的音律，似交响乐。

自然界万物都有自己的生存季节、生存本能和生存方式，可谓千姿百态。处暑前后，当是它们活跃的季节。哦，八月的乡村真生动！

## 时　间

每年 8 月 23 日左右，此时太阳到达黄经 150°时为处暑节气。

## 含　义

据《月令七十二候集解》说："处，去也，暑气至此而止矣。"意思是炎热的夏天即将过去了。处暑前后，我国北京、太原、西安、成都和贵阳一线以东及以南的广大地区和新疆塔里木盆地地区日平均气温仍在摄氏 22℃以上，处于夏季。东北、华北、西北雨季结束，江淮地区还有可能出现较大的降水过程。冷空气南下次数增多，此后长江以北地区气温逐渐下降，华南和西南地区仍有 30～35℃高温天气出现。时有"秋老虎"天气出现。

## 物 候

**处暑三候**："一候鹰乃祭鸟；二候天地始肃；三候禾乃登。"

此节气中老鹰开始大量捕猎鸟类。天地间万物开始凋零。"禾乃登"的"禾"指的是黍、稷、稻、粱类农作物的总称，"登"即成熟的意思。

## 农 事

南方双季晚稻处暑前后即将圆秆，适时烤田。黄淮地区及沿江江南早中稻成熟收割，单季晚稻追肥，遇旱抗旱。产棉区摘拾棉花。北方晚秋作物田间管理。秋菜定苗、浇水、追肥，除草防荒，防治病虫害。抓紧积造绿肥。华北、东北和西北地区抓紧蓄水、保墒，以备秋种。

**北方地区农事**：农时节令到处暑，早秋作物陆续熟。首先田间选好种，黍棒秫谷精细收。腾出茬口快耕翻，土地得歇收麦厚。处暑棉田见新花，及时采摘善收贮。后期管理莫松劲，整修治虫加松土。晚秋作物要管好，水稻玉米和豆薯。绿肥正逢盛花期，压青正是好火候。抓紧移栽大白菜，大葱继续来壅土。成熟瓜菜收管好，新栽蔬菜追浇锄。苹果梨子收下来，喷药治虫把叶护。今秋叶子保得好，来年继续获丰收。骡马彻夜草不断，耕运拉打有劲头。青草鲢鳙鱼速长，增饵防病莫疏忽。

## 养 生

秋天主"收"，因此，情绪要慢慢收敛，凡事不躁进亢奋，也不畏缩郁结。"心要清明，性保持安静"，在时令转变中，维持心性平稳，注意身、心、息的调整，才能保生机元气。要保证充足睡眠，适当午睡，睡觉关好门窗，腹部盖薄被，防止秋风流通使脾胃受凉。白天开窗使空气流动，让秋杀之气荡涤暑期热潮留在房内的湿浊之气。早晚加强锻炼，进行登山、散步、做操等简单运动为好。不宜急于增加衣服。增加水和流食的摄入，提倡采用"五一二"的方法："五一"的意思是5个1杯，即早晨起床后喝1杯白开水，早餐时喝1杯豆浆，午餐时喝1碗汤，晚餐时喝1碗粥，睡前半小时喝1杯牛奶；"二"的意思是上下午各喝两杯茶。脸无痘、面不红者若有吃辣味的习惯，可适当吃些辣椒、胡椒之类食物；有饮酒习惯者可适量少喝点酒，其中白酒、黄酒一定要加温；喜欢吃红枣、桂圆者，早晨可吃几颗；喜欢吃酸味者，可适量吃些山楂等酸味食品，酸味主收敛。饮食主食以吃精白面为好。多吃含维生素的食物，如西红柿、辣椒、茄子、马铃薯、梨等。多吃碱性食物，如苹果、海带以及新鲜蔬菜等。适量增加优质蛋白质的摄入，如鸡蛋、瘦肉、鱼、乳制品及豆制品等。还要多吃含钾的食品，如干果、豆类、海产品等，它能维持细胞水分，增强其活性，有助于机体恢复生机。这段时间尽量不吃萝卜（胡萝卜除外）。萝卜主下气，此时人的中气不足，吃萝卜易伤中气。

## 处暑一吃

鸭肉：祖国医学认为，鸭肉味甘微咸，性偏凉，入脾、胃、肺及肾经，"滋五脏之阴，清虚劳之热，补血行水，养胃生津，止咳息惊"，即有清热解毒、滋阴降火、止血痢和滋补之功效，特别是对麻疹患者、热症的治疗有明显疗效。处暑是夏秋两季换季之时，气候燥热，老鸭味甘性凉，是解燥热的理想食品。因此，民间有处暑吃鸭子传统。鸭肉做法五花八门，有白切鸭、柠檬鸭、子姜鸭、烤鸭、荷叶鸭、萝卜烧鸭、五味香辣鸭、莲藕炖仔鸭等。

**诗　词**

### 长江二首

宋·苏泂（公元约1200年在世）

处暑无三日，新凉直万金。白头更世事，青草印禅心。
放鹤婆娑舞，听蜩断续吟。极知仁者寿，未必海之深。

# 七月二十四日山中已寒二十九日处暑

### 宋·张嵲（公元 1096—1148 年）

尘世未沮暑，山中今授衣。露蝉声渐咽，秋日景初微。
四海犹多垒，余生久息机。漂流空老大，万事与心违。

# 处暑后风雨

### 宋·仇远（公元 1247—1326 年）

疾风驱急雨，残暑扫除空。因识炎凉态，都来顷刻中。
纸窗嫌有隙，纨扇笑无功。儿读秋声赋，令人忆醉翁。

# 秋日喜雨题周材老壁

### 宋·王之道（公元 1093—1169 年）

大旱弥千里，群心迫望霓。檐声闻夜溜，山气见朝隮。
处暑余三日，高原满一犁。我来何所喜，焦槁免无泥。

# 元宫词

### 明·朱有燉（公元 1379—1439 年）

白酒新篘进玉壶，水亭深处暑全无。
君王笑向奇妃问，何似西凉打剌苏。

# 白露
## ——大珠小珠落玉盘

乡村纪事

　　一夜的湿气，给草尖上、禾叶上布满了晶莹剔透的露珠儿。露珠儿不愿意让太阳看见它，因为它和阳光一打照面就得死；露珠儿不愿意被云彩笼罩它，因为云彩妨碍它聚汽成珠；露珠儿也不愿意叫风婆子撞见它，因为风婆子执意要把它赶到地里去。

　　清晨，露珠儿喜盈盈地告诉从它身边路过的乡民：嘿，白露节气到了，我来了！

　　黄澄澄的谷穗儿谦虚地低垂了头，任风婆子怎样撩拨它也不肯抬起；红彤彤的高粱穗儿仰面朝天，晃动着挺拔的身躯展示自己的成熟；金灿灿的南瓜、绿挂白霜的冬瓜，一个个跳出叶子的遮掩，扬起头向村路上张望，期待主人快快接它们回家。这一切，都被滋生的萝卜、白菜、芫荽、芹菜看在眼里，它们得意洋洋：呵呵，你们老了，我们正贪吃贪喝快乐成长呢。

　　白露种葱，寒露种蒜。在秋菜们对谷子高粱们议论风生的时候，小葱种子已经躺在土地的温床上，舒坦地发育着自己生命的嫩芽。

　　秋虫们无心倾听庄稼相互之间的窃窃私语，它们趁着仲秋时节天蓝如洗、白云如絮、清风送爽的美好时光，在辽阔原野的"露天舞台"上举行各族虫类大联欢，尽情地舞蹈歌唱。这其中，当属蛐蛐的歌声悦耳了："拆拆洗洗，放进柜里""织机织机，织布做衣"。蛐蛐用歌唱告诉乡村里的女当家们：秋天来了，天气凉了，赶快将夏天穿过的衣裳洗净晒干，拆旧做新，把不再穿的衣裳放进衣柜里保存；赶紧纺织布匹，缝制秋冬季节换穿的衣裳、被褥。大概这也是乡民管蛐蛐叫促织的一个因由吧？

蛐蛐的学名叫蟋蟀，还有将军虫、夜鸣虫等别名。我家乡乡民还管它叫"土螚"，这个名字是怎么叫起来的，我至今没弄清楚。蛐蛐活跃在田间地埂、村舍院落，是秋天乡村的一道风景。

蛐蛐在昆虫世界里是一个大家族，全世界的蛐蛐有2 500多种，已经定名的有2 400多种。我国的蛐蛐有150多种，已经定名的有30多种。蛐蛐是一个古老的虫族，至今它在地球上已经繁衍生息1.4亿多年了。2 500年前的《诗经》中就记有"十月蟋蟀，入我床下"的诗句。蛐蛐的越冬卵每年十月产在土中，来年四五月间孵化，若虫经过6次（有的品种12次）蜕皮长成成虫，生存期五六个月。

蛐蛐特别喜欢在夜里鸣叫，其鸣叫声有招引雌蛐蛐的寻偶声、诱导雌蛐蛐交配的求偶声，还有用以驱赶其他雄蛐蛐的战斗声。在乡村宁静的夜晚，远远近近、高高低低、此起彼伏、连绵不断的蛐蛐鸣叫声格外悦耳动听。

雌雄蛐蛐结为"百年之好"不是通过"自由恋爱"，而是通过雄蛐蛐勇猛的战斗，打败了其他同性后获得的对雌蛐蛐的占有权。所以，在蛐蛐家族中，雄蛐蛐"一夫多妻"很普遍。雄蛐蛐善鸣、好斗，它们之间常常互相残杀。当两只雄蛐蛐相遇时，先是各自竖翅鸣叫一番，以壮声威，然后头对头，各自张开钳子似的大口互相对咬，也用脚踢。进退厮打几个回合后，斗败的蛐蛐逃之夭夭，战胜者则高竖双翅，傲然地大声长鸣，显得十分得意。

蛐蛐善鸣好斗的特性被世人发现和利用，于是，民间有了斗蛐蛐活动，逐渐形成一种蟋蟀文化。

起初斗蛐蛐，是农民秋天在田野里劳动休息时的一种娱乐活动。他们随意在地上挖个土坑，捉两只雄蛐蛐放入坑里，用根细草挑逗双方打斗起来，从中取乐。从此，有许多人捕捉到蛐蛐，拿回家中饲养，闲暇之余用来斗蛐蛐。白露以后，乡村里开始玩斗蛐蛐的游戏，乡民称之为"秋兴"。

从唐代起，斗蛐蛐自民间传入宫廷，成为王公贵族的一项玩赏活动，再从宫廷回流到民间。有关斗蛐蛐的最早文字记载，见于唐朝的《金笼蟋蟀》。唐朝《开元天宝遗事》记载："宫中秋兴，妃妾辈皆以小金笼贮蟋蟀，置于枕畔，夜听其声，庶民之家亦效之"。顾逢《负曝杂录·禽虫善斗》条云：父老传：斗蛩亦始于天宝间。长安富人镂象牙为笼而畜之。以万金之资，付之一啄。其来远矣。"好家伙，够奢侈的！

到宋代，斗蛐蛐盛行，此时斗蛐蛐已不限于京师，也不限于贵族，而且市民乃至僧尼也爱好这个游戏。南宋时出了个蛐蛐宰相贾似道，此人在历史上是一代奸相，治国无方，斗蛐蛐却是专家。他曾在西湖葛岭建造"半闲堂"别墅，专供斗蛐蛐之用，《类书纂要》说："贾似道于半闲堂斗蟋蟀。"这位玩家整日和群妾蹲跪在地上斗蛐蛐，由此可见其痴迷。更荒唐的是，他带着蛐蛐上朝议政，曾经发生蛐蛐从贾似道水袖内跳出，最后竟跳黏到皇帝胡须上的闹剧。不知道皇帝对此是喜是怒。贾似道玩乐之余编写了一本《促织经》，讲述自己养蛐蛐和斗蛐蛐的经验。他在"促织三拗"中云："赢叫输不叫，一也；雌上雄背，二也；过蜑有力，三也。"昆虫学史专家邹树文称："这个对于蟋蟀交配习性的发现不论其是宋或明，其记述之早均可称述。"贾似道在《促织经》里谆谆教导斗蛐蛐爱好者，喂养蛐蛐需用"鳅鱼、菱肉、芦根虫、断节虫、扁担虫、煮熟栗子、黄米饭。"歪打正着，贾似道的《促织经》是世界上研究蟋蟀的第一部专著。

明朝宣宗朱瞻基时期，家家户户捕养蛐蛐，斗蛐蛐场比比皆是。斗蛐蛐有两种：一为雅好闲乐，一为对赌输金。雅好闲乐者，或为童年乐事、农闲欢愉，或为文人雅士自娱之法，胜者不骄，败者无恙。而对赌输金，则多有所费，后者成为一种赌博方式。沈德符《万历野获编》载："吴越浪子，有酷此戏，每赌胜负，辄数百金，至有破家者"。熊召政的《张居正》第29回曾以大量篇幅描写当时斗蛐蛐的盛况，并说到蛐蛐调养之法："用篱落上断节虫，再配上扁担虫，一起烘干研和喂之，再用姜汁浓茶配以铜壶中浸过三日的童便作为饮品，如此调养七日，黑寡妇仍骁勇如初。"蒲松龄所写《促织》为宣德皇帝寻蟋蟀。王应奎《柳南续笔》卷一《蟋蟀相公》条称："马士英在弘光朝，为人极似贾积壑，其声色货利无一不同。羽书仓皇，犹以斗蟋蟀为戏，一时目为'蟋蟀相公'。"

清朝的王公贵族，是在入关后才始嗜斗蛐之戏的。每年秋季，京师就架设起宽大的棚场，开局赌博。《清嘉录》里说，当斗蛐蛐开始，"台下观者，即以台上之胜负为输赢，谓之'贴标门'。分筹马，谓之'花'，花，假名也，以制钱一百二十文为一花，一花至百花、千花不等。"即便在日本鬼子侵占北京时期，北京庙会上都有出售蛐蛐的市场，摊贩少则几十，多则数百，人来人往，熙熙攘攘。任何糟糕情势下都有事不关己高高挂起的好心情之人啊！

蛐蛐也调动起历代文人墨客的雅兴，他们写了许多有关蛐蛐的诗词。唐代杜甫《促织》诗曰："促织甚微细，哀音何动人。草根吟不稳，床下夜相亲。"宋宁宗庆元二年（1196年）张镃在张达可家与姜夔会饮时，听到屋壁间蛐蛐声，两人相约赋词。张镃作《满庭芳·促织儿》曰："月洗高梧，露溥幽草，宝钗楼外秋深。土花沿翠，萤火坠墙阴。静听寒声断续，微韵转、凄咽悲沉。争求侣，殷勤劝织，促破晓机心。儿时，曾记得，呼灯灌穴，敛步随音。满身花影，犹自追寻。携向华堂戏斗，亭台小、笼巧妆金。今休说，从渠床下，凉夜伴孤吟。"姜夔作《齐天乐》曰："庚郎先自吟愁赋，凄凄更闻私语。露湿铜铺，苔侵石井，都是曾听伊处。哀音似诉，正思妇无眠，起寻机杼。曲曲屏山，夜凉独自甚情绪？西窗又吹暗雨，为谁频断续，相和砧杵？候馆迎秋，离宫吊月，别有伤心无数。豳诗漫与，笑篱落呼灯，世间儿女。写入琴丝，一声声更苦。"两人词各有特色。晚清官员、词人郑文焯校《白石道人歌曲》提到："功父（张镃字功父）《满庭芳》词咏蟋蟀儿，清隽幽美，实擅词家能事，有观止之叹。白石（姜夔号白石道人）别构一格，下阕寄托遥深，亦足千古矣。"

英国诗人约翰·济慈亦有《蝈蝈与蟋蟀》诗："大地富诗意，绵绵无尽期：日炎鸟倦鸣，林荫且栖息。竹篱绕绿茵，芳草新刈齐；其中忽有声，绕篱悠悠起——原是蝈蝈歌，欢乐渠为首；仲夏多繁茂，泛若不系舟，享之不能尽，歌来不知愁；偶然有倦意，野草丛中休。大地富诗意，绵绵永不息：冬夜泅凄清，霜天多岑寂，此时有灶炉，火焰暖人心。蟋蟀乘雅兴，引吭吐妙音；主人嗒然坐，似眠又似醒，莫非蝈蝈歌，来自远山青。"

我小时候看到，村里有些爷爷辈年龄的乡民，闲玩时常常身边带着一笼一罐两个"宝贝"，小笼子里养着蝈蝈，小罐子里养着蛐蛐。老人们凑到一块，比试谁的蝈蝈叫得响亮好听，谁的蛐蛐能征惯战。他们将两只蛐蛐放进一只罐子里，拿根细苕帚苗触摸其中一只蛐蛐的头须，那只蛐蛐以为对方向它挑衅，便迅即发起攻击，两只蛐蛐打斗撕咬起来。经过激烈的战斗，战败者或被咬破头颈，或被咬掉半条、一条小腿，有许多时候是两败俱伤。老人们边看边评论它们的战术，唏嘘之声不绝于耳，有时还因此发生争辩，恍若评判人与人打架呢。

不过，输归输，赢归赢，并不动金钱输赢。怜惜归怜惜，心疼归心疼，都知道终归是玩玩的事儿，对喂养"战死者"付出的辛劳感慨一番，对"战死者"遗憾一番，对战胜者夸赞一番，也就完了。地里蛐蛐虫儿多了去了，这只死了再寻一只便是。在这事上，乡民绝对不像城市里那些蛐蛐玩家一样，拿蛐蛐当赌博工具，要么赢个万贯家财，要么输个倾家荡产，甚至为此急眼拼命。

近年，有些地方又把蛐蛐当成一种经济产业，大大小小的蛐蛐变身大大小小的铜钱儿。这下子麻烦大了，越是"精英""霸王"蛐蛐，越是成为高档赌具，一只蛐蛐身价从"顶头牛"飙升为"顶辆豪华轿车"。现在看来，不论什么东西，只要一被人盯上，那它的倒霉日子就来到了。

北方地区农村，虽然蛐蛐通常在 10 月入冬以后就死去了。但是，也有例外情况发生。我在老家的时候，有那么两年，进入寒冬腊月，我家锅台后头的缝隙间仍有蛐蛐活动，晚上不时发出叫声。在冬天里听到蛐蛐叫，那感觉真是惊喜异常，觉得蛐蛐的叫声是"鲜活、鲜活"的。并且，它们还能在这个季节里繁殖，我亲眼看见有数只灰白颜色的幼龄蛐蛐在锅台后头爬行蹦跳。我想，可能是烧火做饭使锅台保持了一定温度，给蛐蛐提供了生存繁殖条件。感慨之余，我即兴写了一篇小文：《我家锅台后头的蛐蛐》。

蝙蝠也是我写的《白露》一文中的一个角色。

我打算将蝙蝠写进《乡村里的季节》。好像是有约似的，今年（2011年）从进入夏天以来，一只蝙蝠来到我家洗手间窗户纱网上居住，有几次把它赶跑了，过两天它又回来了。于是引起我联想：它是不是怕我写《白露》时把它忘下，时不时地来提醒我呀？

全世界蝙蝠有960多种，我国有81种。蝙蝠还叫天鼠、挂鼠、天蝠等名。我老家人叫它"檐蝙蝠子"。听老人们说，檐蝙蝠子原本是老鼠，老鼠吃了盐以后，走兽变"飞禽"而成了"檐蝙蝠子"（蝙蝠类是唯一真正能够飞翔的兽类）。受此说法影响，很长时间我以为"檐蝙蝠子"的名字是"盐蝙蝠子"几个字。后来细想，乡民所叫它的名字应该是"檐蝙蝠子"这几个字，因为在平原地区，蝙蝠常常住在农舍的屋檐下和墙壁缝隙中。从某种角度讲，蝙蝠跟它的"房东"同在一个屋檐下，算得上是"一家人"呢。

蝙蝠的生活习性是昼伏夜出。蝙蝠脚有五趾，趾端有钩爪，从夏天到入冬前，它们白天在屋檐下、墙壁缝隙中倒挂着睡觉。晚霞将要褪尽的时候，蝙蝠纷纷飞出来捕食昆虫直到黎明前，它是典型的"夜行侠"。蝙蝠在夜空中常常是转着圆圈飞行，它的飞行姿态矫捷优美，而且能够在空中做急刹车、快速变换方位飞行，并不时发出自由自在的"吱吱"叫声。它视力微弱，但听觉、触觉灵敏，有着独特的"回声定位"能力，能在1秒钟内捕捉和分辨250组回音（音波往返一次算一组）。蝙蝠主要靠听觉来发现目标，在寻食、定向和飞行时，喉内能够发射出类似语言音素的生物波信号，当生物波遇到昆虫或障碍物而反射回来时，它能够用耳朵接受，能判断探测目标是昆虫还是障碍物，以及距离它有多远。它在分析出这种回声的振幅、频率、信号间隔等的声音特征后，决定下一步采取什么行动。蚊子、蝇子、夜蛾、金龟子等昆虫都是蝙蝠的美餐，一只20克重的食虫性蝙蝠，一夜能捕食3 000只左右昆虫，一年能吃掉1.8～3.6千克昆虫。因此，蝙蝠是人类的朋友。

小时候，我和伙伴们每每看到蝙蝠在空中飞，便脱下鞋子往蝙蝠飞行的空中附近扔，蝙蝠听到鞋子升空的声音，可能以为是有飞虫行空，只见它"呼"地飞到鞋子旁，又"呼"地飞离。我们再扔，蝙蝠再次飞来离去。那时候不知道蝙蝠有独特的"回声定位"能力和判断探测目标的"分析"能力，所以，总希望它能被鞋底扣下来，但总不能如愿，于是高喊："'檐蝙蝠子'扣鞋底，越扣越来的。"

蝙蝠每年只繁殖一次，交配活动发生于数周之内，妊娠期从六七周到五六个月。有意思的是，蝙蝠有"延迟受精"的能力，即冬眠前交配时并不发生受精，精子在雌蝙蝠生殖器官里过冬，到第二年春天醒眠之后，经交配的雌蝙蝠才开始排卵和受精，然后怀孕，在较早的温暖季节产下幼仔。许多种类的雌蝙蝠妊娠后迁到一个特别的哺育栖息地点去生育，通常一窝产1～4只。幼蝙蝠初生时无毛或少毛，常在一段时间内"耳聋眼花"，由妈妈照顾5周至5个月。

蝙蝠对人类来说不但是"益鸟"，而且还有很高的药用价值。蝙蝠作中药，用于医治久咳、疟疾、淋病、目翳等。它的粪便被称之为"夜明砂"，用于医治眼疾。《抱朴子》说："千岁蝙蝠，色如白雪，集则倒悬，脑重故也。此物得而阴干末服之，令人寿万岁。"《吴氏本草》也说蝙蝠"立夏后阴干，治目冥，令人夜视有光"。《水经》更说蝙蝠"得而服之使人神仙"。看看这些记载，蝙蝠能使人又是"万岁"，又是"夜视有光"，又是"神仙"，它的作用够厉害吧！

在华夏文化里，蝙蝠绝对是"福"的象征。乡民修建房屋，门窗上、椽檐上、青砖上等处雕刻蝙蝠，用以昭示祥瑞多福。逢年过节，乡民张贴的年画、剪纸里，绘画五只蝙蝠，意为《五福临门》。乡村举行婚嫁、寿诞等喜庆活动，男女身穿的丝绸锦缎上绘有蝙蝠图案，妇女头戴的绒花有"五蝠捧寿"等头饰。

白露前后，是蝙蝠忙碌的时节。它要多多捕食昆虫，用以在自己的下腹部积聚脂肪，为冬眠准备"食粮"。到冬眠前，它的体重比夏天的时候增加一倍半以上。

"处暑十八盆，白露勿露身。"这句俗语的意思是说，处暑天气仍然热，每天须用一盆水洗澡，过了18天，到了白露，就不要赤膊裸体了，以免着凉。"过了白露节，夜寒日里热"，"白露秋分夜，一夜冷一夜"，凉风至，白露降，寒蝉鸣，白露凉爽好个天！

利用这好天气，田野里的百草、百虫、百兽们都在为自己的生计张罗着，乡民也把"三秋"生产从幕后搬到了前台。

## 时　间

每年的 9 月 7 日或 8 日，太阳到达黄经 165 度时为白露。

## 含　义

白露——气温开始下降，天气转凉，早晨草木上有了露水，这时，太阳直射地面的位置南移，北半球日照时间变短，日照强度减弱，白天的温度虽然仍达三十几度，但夜晚之后就下降到二十几度。炎热的夏天已过，而凉爽的秋天已经到来了。此时，我国北方地区降水明显减少，秋高气爽，比较干燥。长江中下游地区常因冷空气与台风相会，或冷暖空气势均力敌，双方较量进退维艰时，形成暴雨或低温连阴雨。西南地区东部、华南和华西地区也往往出现连阴雨天气。东南沿海，特别是华南沿海还可能会有热带天气系统（台风）造成的大暴雨。北方部分地区秋季降水本来偏少，容易出现严重秋旱，影响秋季作物收成和延误秋播作物的播种。"八月雁门开，雁儿脚下带霜来"，这时节，对气候最为敏感的候鸟，如黄雀、椋鸟、柳莺、绣眼、沙锥、麦鸡，特别是大雁，便发出集体迁徙的信息，准备向南飞迁。

## 物　候

**白露三候：**"一候鸿雁来；二候元鸟归；三候群鸟养羞。"

说此节气正是鸿雁与燕子等候鸟南飞避寒，百鸟开始贮存干果粮食以备过冬。白露实际上是天气转凉的象征。

## 农　事

东北平原开始收获谷子、大豆和高粱。大江南北的棉花进入全面分批摘拾。华北地区秋收作物成熟，进入收获和秋种备播，抓紧送肥、耕翻土地。西北、东北地区的冬小麦开始播种。黄淮、江淮及以南地区的单季晚稻扬花灌浆，双季双晚稻即将抽穗，抓紧浅水勤灌后排水落干，随时防治稻瘟病、菌核病等病害。采制秋茶，防治叶蝉危害茶树。

**北方地区农事**：白露满地红黄白，棉花地里人如海。杈子耳子随时去，上午修棉下午摘。早秋作物陆续收，割运打轧莫懈怠。底肥铺足快耕耙，秸秆还田土里埋。高山河套瘠薄地，此刻即可种小麦。白菜萝卜追和浇，冬瓜南瓜摘家来。苹果梨子大批卸，出售车拉又船载。红枣成熟适时收，深细加工再外卖。秸秆青贮营养高，马牛猪羊"上等菜"。畜禽防疫普打针，牲畜配种好怀胎。饵足水优养好鱼，土壮藕蒲长得乖。

## 养　生

精神上宜"宁神定志"，避免生气，老人注意避免过度悲伤，要心胸开阔，保持心情愉快，情绪稳定。"白露不露身"，注意早晚添加衣被，不能袒胸露背。早晨出门最好带件小外套，以防着凉。适当增加运动量，可选择慢跑、打太极拳、体操、打篮球、羽毛球、骑自行车等。还可以结合鸣天鼓、健鼻功等保健手法进行养生。饮食以"养心肝脾胃"为原则，多吃酸味食物以养肝，但不宜进食过饱，以免肠胃积滞，变生胃肠疾病。因体质过敏而引发鼻腔疾病、哮喘病和支气管病的人，少吃或不吃海鲜、生冷炙烩腌菜、辛辣酸咸甘肥的食物，常见的有带鱼、螃蟹、虾类，韭菜花、黄花、胡椒等。出现口干、唇干、鼻干、咽干及大便干结、皮肤干裂等症状的人，适当地多吃一些富含维生素的食品，也可选用一些宣肺化痰、滋阴益气的中药，如人参、沙参、西洋参、百合、杏仁、川贝等。老人与小孩饮食注意少量多餐，而且以温、软食物为主，不可过食生冷、硬的食物。另一方面，预防秋燥可多吃梨、百合、甘蔗、沙葛、萝卜、银耳、蜜枣等。

## 白露一吃

茯苓粥："茯苓粥"是由宋代文学家苏轼的弟弟苏辙用其治愈自己"夏则脾不胜食，秋则肺不胜寒"疾病而得。此后，他又研究《神农本草经》等医学著作，制作了"茯苓粥"，传告全家服用，流传至今。茯苓性甘、淡、平，归心、脾、肾经，可利水渗湿，健脾安神，具有较强的利尿作用，能增加尿中的钾、钠、氯等电解质的排出。适用于慢性肝炎、脾胃虚弱、腹泻、烦躁失眠等症。另外兼有美容作用。食材：茯苓粉、红枣、粳米。

## 诗 词

### 秦风·蒹葭

《先秦》诗经

蒹葭苍苍，白露为霜。所谓伊人，在水一方。
溯洄从之，道阻且长。溯游从之，宛在水中央。
蒹葭凄凄，白露未晞。所谓伊人，在水之湄。
溯洄从之，道阻且跻。溯游从之，宛在水中坻。
蒹葭采采，白露未已。所谓伊人，在水之涘。
溯洄从之，道阻且右。溯游从之，宛在水中沚。

### 情 诗

魏晋·曹植（公元192—232年）

微阴翳阳景，清风飘我衣。游鱼潜渌水，翔鸟薄天飞。眇眇客行士，遥役不得归。

始出严霜结，今来白露晞。游者叹黍离，处者歌式微。慷慨对嘉宾，凄怆内伤悲。

### 杂 诗

魏晋·左思（公元约250—305年）

秋风何冽冽，白露为朝霜。柔条旦夕劲，绿叶日夜黄。明月出云崖，皦皦流素光。

披轩临前庭，嗷嗷晨雁翔。高志局四海，块然守空堂。壮齿不恒居，岁暮常慨慷。

## 玉 阶 怨

唐·李白（公元 701—762 年）

玉阶生白露，夜久侵罗袜。却下水晶帘，玲珑望秋月。

## 明月皎夜光

佚名

明月皎夜光，促织鸣东壁。玉衡指孟冬，众星何历历。
白露沾野草，时节忽复易。秋蝉鸣树间，玄鸟逝安适？
昔我同门友，高举振六翮。不念携手好，弃我如遗迹。
南箕北有斗，牵牛不负轭。良无盘石固，虚名复何益！

# 秋分

## ——沃野千里遍地金

秋分是个日夜平分、秋季平分的节气。这个时候的景象是凉风习习、碧空万里、风和日丽、秋高气爽、丹桂飘香、蟹肥菊黄、五谷丰登。一年中最丰富饱满的季节当属秋分,沃野千里,遍地生金。

秋分是肥嘟嘟的。

看吧,地里长的大豆、玉米、花生、芝麻、黄烟……相继成熟。各种杂草、野菜结出的种籽脱离母体落入地下或飘飞它处。

树上挂的鸭梨、苹果、石榴、枣子、核桃……该黄的黄了,该红的红了,该坚实的坚实了。

地上跑的狐狸、野兔、田鼠、黄鼬……一只只胖得皮毛油光铮亮,奔跑起来显得笨拙了许多。

水中游的鱼、鳖、虾、蟹、蚌、螺……深潜浅出,摇尾鼓腮,张合吐纳,给水面制造出叠叠水花、串串气泡儿。

天上飞的苍鹰、喜鹊、戴胜、麻雀……觅食时也挑挑拣拣起来。

乡民的饭桌上增添了嫩玉米、鲜地瓜、鲜花生、新谷子碾成米熬的小米饭……人人吃得蜜口香甜,顿顿饭饱而撑。

秋分是给人欲望的季节。

记得我在家乡上小学、中学的时候,每到秋分前后,星期天去姥娘家的次数就多起来。因为,姥娘家的院子里种着好几种枣树,树上挂满了金丝小枣、圆铃、婆枣（串干），我馋枣，到姥娘家摘枣吃。其实，我家也种了几棵枣树，那是爷爷年轻时种下的。但是，它们都生长在大田里，每年不等枣儿红透，就被嘴馋的大人、孩子给摘光了。枣儿"七月十五腚红，八月十五肉红"（枣子一般先从枣蒂部位红起，到八月十五前后从外到里都熟透了），鲜枣脆甜，前后能吃一个多月时间。姥爷和姥娘在20世纪三年自然灾害期间去世了。舅、妗子、表哥、表嫂特疼我，每次去了屁股刚落炕，妗子就催我说："枣红了，快拿杆子打去。"即便是冬天里去，妗子也会立马从坛子里捧出干枣给我吃。也许是因为从小爱吃枣的缘故，我对枣情有独钟。

关于枣的由来，有一个动人的传说。

相传，有一年中秋时节，黄帝带领大臣、侍卫到野外狩猎，走到一条山谷的时候，又渴又饿又疲劳。侍卫去寻找食物，他们看到半山腰有几棵大树上结满红红的果子，爬到树上摘下一尝，红果子甜中带酸很好吃。侍卫拿给黄帝吃了，解渴充饥消除了疲劳。此树结出这么好吃的果子，大家都不知道它叫什么树，结出的是什么果。既然没有名字，就请黄帝给树赐个名字吧。黄帝说："此果解了我们的饥劳之困，在荒山野岭找到它不容易呀，就叫它'找'吧。"后来，仓颉造字时，根据这种树枝干长刺的特点，用刺的偏旁叠起来，创造了"枣"字。

几千年前，黄帝吃的是什么样的枣儿咱不知晓。据记载，枣树在我国已有4 000多年栽培历史，现在的枣树，源于野生相关品种经过人工选择培育而成，生长主要分布在黄河流域以北地区。《诗经》对枣记载最早，《诗·豳风·七月》说："八月剥枣，十月获稻。"《魏风》说："园有棘，其实之食。"《小雅》说："营营青蝇，止于棘。"《秦风》说："交交黄鸟，止于棘。"棘，指的就是枣树。再以后，《战国策·燕策一》记载，苏秦游说六国时，对燕文侯说："南有碣石、雁门之饶，北有枣栗之利，民虽不由田作，枣栗之实，足实于民，此所谓天府也。"这说明枣是当时燕国北方的经济支柱，是帝王考虑治国安邦国策的依据之一。对于枣树的栽植培育，《广物博志》有记载："周文王时，有弱枝枣甚美，禁止不令人取，置树苑中。"《齐民要术》的记载更为详实："选（枣）好味者，留栽之，候枣叶始生而移之。""枣性坚强，不以苗掠。"

《尔雅·释木》是我国第一部记录解释枣品种的书，其记录的周代枣品种已有壶枣、要枣、白枣、酸枣、齐枣、羊枣、大枣、填枣、苦枣、无实枣等 11 种。到元代，《打枣谱》中记录定型的枣品种有 72 种。到清代乾隆时期，《植物名实图考》所记录枣品种达到了 87 种。今天，在我国有 500 多个红枣品种：金丝小枣、长枣、水枣、梨枣、牙枣、贡枣、灰枣、冬枣、棉枣、圆铃枣、牛奶枣、羊奶枣等等。枣子家族中，金丝小枣属于上品，无核金丝小枣属于珍品。

在我国，枣树大概是最早的出口物种，枣儿大概是最早的出口产品。大约在公元 1 世纪，我国的枣树经叙利亚传入地中海沿岸和西欧。19 世纪由欧洲传入北美，现在美国西南部栽培的枣优良品种，是 1906 年从中国引进的。

从历代文人的诗词歌赋中，也能看出枣树种植与人民生活的关系源远流长了。西晋的傅玄写过《枣赋》："有蓬莱之嘉树，值神州之膏壤。擢刚茎以排虚，诞幽根以滋长。北阴塞门，南临三江。或布燕赵，或广河东。既乃繁枝四合，丰茂蓊郁。斐斐素华，离离朱实。脆若离雪，甘如含蜜。脆者宜新，当夏之珍。坚者宜干，荐羞天人。有枣若瓜，出自海滨，全生益气，服之如神。"

唐朝诗人李颀描述枣花盛开时的状况："四月南风大麦黄，枣花未落桐荫长。"同代诗人刘长卿记录红枣丰收的情景："行过大山过小山，房上地下红一片。"

宋代诗人苏轼任徐州太守时欣然作词《浣溪沙》："簌簌衣巾落枣花，

村南村北响缲车，牛衣古柳卖黄瓜。"同代政治家、文学家王安石作《枣赋》曰："种桃昔所传，种枣予所欲。在实为美果，论材又良木。余甘入邻家，尚得馋妇逐。况余秋盘中，快啖取餍足。风包堕朱缯，日颗皱红玉。赞享古已然，齿诗自宜录。沔怀青齐间，万树荫平陆。谁云食之昏，匪知乃成俗。广庭筋圣寿，以此参肴蔌。愿比赤心投，皇明傥予烛。"明代诗人吴宽《记园中草木二十首》之一《枣》曰："荒园乏佳果，枣树八九株。篡篡争结实，大率如琲珠。此种味甘脆，南方之所无。日炙色渐赤，儿童已窥觎。剥击盈数斗，邻舍或求须。早知实可食，何须种柽榆。此木颇耐旱，地宜土不濡。所以齐鲁间，斩伐充薪刍。近复得异种，挛拳类人疴。曲木未可恶，惟天付形躯。良材却矫揉，不见笏与弧。"

清代崔旭（庆云人，曾任山西省蒲县知县）描写庆云、乐陵一带金秋时节枣乡风光："河上秋林八月天，红珠颗颗压枝园；长腰健妇提筐去，打枣竿长二十拳。"

抗日战争年代，八路军肖华司令员在其创作的《鲁冀边进行曲》中慨然唱道："不怕二百个据点的敌人疯狂扫荡，任它纵横的公路网，离敌人三五里宿营；不怕吃的是树叶和枣糠，永远站在我们的岗位上，环境越困难越是我们的光荣；同志们，我们要干到底，我们一定要胜利！"表达了我军子弟兵抗战到底的坚强意志和无产阶级革命乐观主义精神。

我家乡乐陵市（原为县）种植金丝小枣树很多，明万历 17 年间的乐陵知县王登庸有功劳。他"劝民种枣，有过者课种枣"。这期间枣树种植面积有很大扩展。清朝皇帝乾隆给乐陵金丝小枣挂过"枣王"牌，推动了乐陵金丝小枣声誉远扬。如今，乐陵枣树成方连片，绿影婆娑，乡民经常念叨王登庸和乾隆。

枣是乡民的一种食粮。乡民说，地里种了枣树，"斗地打石（担）粮"，"一年顶三秋"。在灾荒年，枣子救过无数乡民的性命。20 世纪 60 年代初，我国连续三年遭受自然灾害，连年涝灾招致我家乡粮食大减产甚至绝产，国家发放救济粮，供应每个乡民每天四两原粮，大部分是地瓜干。地里的野菜不够乡民挖，榆树叶子被捋（采）光了，榆树皮被剥光了（榆树皮可以吃，发黏），饿得一些乡民吃观音土、生蚂蚱。那时我六七岁。那年秋天，父亲步行五十多里路，到小枣产区朱集公社乡村里用旧衣服换来小枣，把小枣掺进谷糠里做成枣糠吃，使难以下咽的谷糠因加了小枣得以咽下肚里。在只差那一顿、半顿饭就饿死人和救人一条命之间，枣子起了"观音菩萨"也起不到的作用。

家乡人钟情小枣，不仅仅看重它的食用功能，而且赋予了小枣丰富内涵——枣文化。人们常从"礼"的角度、从人的行为准则和道德规范来看待它。

枣被用在了一些重大节日里。如：民间二月二日"龙抬头"，传统吃枣豆子（与红豆、豇豆等合在一起焖煮）饭；端午节吃枣粽子（以糯米、红枣为主料，用苇叶包成三角形拳头大小焖煮）；腊八节家家户户熬的腊八粥里必放枣；过年期间蒸的年糕里必放枣，等等。

枣被用在了重大喜庆活动中。如：乡村男婚女嫁，嫁女时蒸花饽饽，上面点缀红枣；新婚夫妇的被褥四角内放红枣；洞房炕角撒红枣。"枣"与"早"谐音，企求早生贵子，预示新人未来的日子红红火火。孩子过满月、生日时吃枣糕，期望孩子早点长高早成材。亲人远行、游子归来、走亲访友，家人捧出红彤彤的枣儿迎送。母亲给外出的子女捎衣裳时也要夹带一把红枣，盼望孩子早日归来。革命战争年代，老百姓欢迎子弟兵凯旋，篮子里携的、手里捧的是红枣："大红枣儿甜又香，送给咱亲人尝一尝，一颗枣儿一颗心，心心向着共产党。"

乡村里凡是充满喜庆的日子，凡是祝贺纪念活动，生活中凡是喜气洋洋的图案，在体现吉祥的物品中，都有红枣在其中。在这里，枣体现的是礼仪礼节礼貌，融汇了文化元素，成了文化的载体和乡民的一种文化心理。

"一方水土养一方人"。在枣乡，枣文化已经渗透到人们生活的方方面面。

秋分打枣。八月十五经常是跟着打枣杆子的"噼啪"声来到乡民的日子里。

中秋节每年都是赶在白露或者秋分节气里，给白露或者秋分平添了靓丽色彩。

中秋节起始于周朝、定型于初唐。它的由来最早有两种说法：一是古代帝王祭"月夕"——月亮。早在周朝，就有帝王春分祭日、夏至祭地、秋分祭月、冬至祭天的活动，祭祀场所称为日坛、地坛、月坛、天坛，分别设在东、南、西、北四个方向。起初祭"月夕"定在秋分这天，但是，这一天不一定是满月日，人们祭月、赏月就不尽兴。后来，改在了八月十五月圆之日。二是与农业生产有关。"秋"字的解释是"庄稼成熟曰秋"。农历八月，各种庄稼相继成熟，到处一派丰收景象，农民举行活动庆贺丰收，表达喜悦心情，日子选在八月十五日，这天在"仲秋"之中，所以叫"中秋节"。

中秋之夜，明月当空，清辉洒满大地，令人心旷神怡。人们望月生情，借月抒情，以月寄情。唐代诗人张祜《中秋月》云："碧落挂含姿，清秋是素期。一年逢好夜，万里见明时。绝域行应久，高城下更迟。人间系情事，何处不相思。"宋代诗人苏东坡作词《水调歌头·明月几时有》，称得上是千古绝唱："明月几时有？把酒问青天。不知天上宫阙，今夕是何年。我欲乘风归去，又恐琼楼玉宇，高处不胜寒。起舞弄清影，何似在人间！转朱阁，低绮户，照无眠。不应有恨，何事长向别时圆？人有悲欢离合，月有阴晴圆缺，此事古难全。但愿人长久，千里共婵娟。"中秋节之所以历久不衰，是因为它给世人带来和谐、吉祥和对美好生活的向往。还有宋代女词人李清照的《一剪梅》："红藕香残玉簟秋。轻解罗裳，独上兰舟。云中谁寄锦书来？雁字回时，月满西楼。花自飘零水自流。一种相思，两处闲愁。此情无计可消除，才下眉头，却上心头。"

乡村里过中秋节很郑重，在乡民心目中，它只稍逊于春节。中秋节吃月饼，月饼又叫胡饼、宫饼、月团、丰收饼、团圆饼等。月饼上贴着月光纸，纸上绘有太阴星君或关帝夜读春秋像，有的月饼上印有"仲秋月圆""五谷丰登"等吉祥词语。月饼是圆的，它象征团圆。"八月十五月儿圆，中秋月饼香又甜"，中秋赏月与品尝月饼，是家人团圆的一大象征。20世纪六七十年代，乡村里比较贫穷，但是，不论日子多苦，过八月十五，家家户户或多或少都买月饼。同时，还买些梨、苹果、葡萄、西瓜等时鲜水果。十五中午蒸包子或者晚上包饺子，晚饭后一家人围坐在桌前，由父母拿出月饼和水果分给孩子们吃，那时很少人家喝酒，因为喝不起。

孩子们吃着月饼、水果唱歌谣："月亮光光，骑马燃香。东也拜，西也拜，月婆婆，月奶奶，保佑我爹做买卖，不赚多，不赚少，一天赚仨大元宝。（童谣）""月娥姐，月明明；月中有株婆娑树，婆娑树上挂紫微；紫微星出保子星保夫星，保男保女接宗支，枝枝叶叶兴旺生好子，月娥出来免灾星，家中添财又添丁。（拜月娥）""中秋夜，亮光光，家家户户赏月忙。摆果饼，烧线香，大家一起拜月亮。分红柿，切蛋黄，赏罢月亮入梦乡。腾云彩，月宫逛，看看仙女和夫丈。（中秋夜）""月姐姐，多变化，初一二，黑麻麻；初三四，银钩样；初八九，似龙牙；十一二，多半瓜；十五银盘高高挂。中秋月，净无暇，圆如镜子照我家。打麦场边屋檐下，照着地上小娃娃。娃娃牵手同玩耍，转个圈儿眼昏花，一不留神摔地下，连声喊痛叫妈妈。云里月姐说他傻，引得大家笑哈哈。（月姐姐）"还有

"月饼圆又圆，咬一口，香又甜，教我如何不想念。盼中秋，等月圆，月饼端上我心欢。不等爷奶慢，不管弟妹玩，我先掰上一块解解馋。啊，月饼好好吃个遍，管它肚子愿不愿。"

年岁大一点的孩子们对歌谣不那么感兴趣了，他们最爱听长辈讲那些有关八月十五的故事。

乡民常说的有八月十五月饼传书杀鞑子的故事。说的是元末民众反抗元朝统治，朱元璋联合各路反元武装力量准备起义，朝廷官兵搜查严密，无法传递消息。军师刘伯温想出一个计策，叫属下把藏有"中秋夜，杀鞑子，迎义军"的纸条藏进月饼里，派人在民间和义军中传递，相约八月十五晚上共同起事。到了八月十五这天晚上，各地民众和各路义军一齐响应，起义军如星火燎原。很快，朱元璋手下大将徐达攻下元大都（北京），起义成功了。后来，朱元璋用当年起兵时以秘密传递信息的"月饼"作为节令糕点赏赐群臣。

嫦娥奔月的故事。乡村里没有多少人知道"嫦娥奔月"故事的具体内容。老人们说起来往往说，听说月亮里住着一位仙女，美丽善良，住在月亮上的仙女吃了长生不老药，永世年轻，长生不老。仙女还有一个好男人，两口子一起过日子。仙女、好男人成了嫦娥和吴刚的代名词。更多的乡民根据平时肉眼所看到的月亮形状，说是月亮里有一棵大树，大树下坐着一个老奶奶，老奶奶在手摇纺车纺线线，她脚下趴着一只红眼白毛玉兔子。也难怪乡民这么说，嫦娥在月亮上居住了千年万年，真能够不老吗？变成纺线的老奶奶，是平民用凡人的思维对仙人的认识。

每逢佳节倍思亲，每年的八月十五，乡民举家团圆，走亲访友，尽享亲情欢乐。许多乡民还有一个重要的过节内容，就是邀请没过门的儿媳妇前来过节。这大概是从20世纪60年代末兴开的。在八月十四或者十五这天，这些人家由儿子把未婚妻叫到家里来，好吃好喝自不待言，未来婆婆还要送给未来儿媳妇过节礼物，有的给买衣裳，有的给钱。这些人家的长辈们，过节期间对儿媳妇是紧"供着"，生怕哪句话说得不恰当了，哪件事儿做得不妥帖了，惹得儿媳妇不愿意了，撅嘴闭唇，可就遭了。儿媳妇也在努力显示着殷勤和懂礼，希望给未来的公婆留个好印象。

月到中秋分外明。八月十五晚上如果是晴天，我父亲就到院子里量月影。父亲说，正月十五量月影，能预测当年下半年的收成，八月十五量月影，能预测来年上半年的收成。他找一根高粱秸，截下一尺长的一段，等到"月亮晌午"的时候，把高粱秸竖立在月光下，然后量量它的阴影有几寸。父亲说，一寸贱（粮食不值钱），二寸旱（天气干旱），三寸四寸吃饱饭（庄稼收成好），五寸六寸水来淹（发生涝灾）。父亲还说，年三十晚上，到十字路口抓一把细土，然后拿回家用面罗筛，如果筛出哪种粮食，来年那种粮食收成好。我问父亲量月影准不准？他说，大概是1962年正月十五那晚上，他量着月影尺寸短。那年家里种了半亩地的棒子，开始长得格外好，到了棒槌窜红缨子的时候，生了虫子，缨子上、棒穗上都是虫子了，治不过来了。那年，棒子减产了。

　　我理解，量月影是古人通过观天象预测天气变化，判断天气对农业生产产生影响的一种实践活动。不是还有"八月十五云遮月，正月十五雪打灯"这句话吗。至于年三十晚上抓土测收成的事儿有点不靠谱，充满"碰运气"色彩。因为，十字路口的那些细土里，即便混有秋收时掉落的粮食粒，经过一个冬天的鸟啄鸡刨，也难以再有遗留了。

　　"八月雁门开，雁儿脚下带霜来"。秋分前后，对气候最为敏感的候鸟，如黄雀、椋鸟、柳莺、绣眼、沙锥、麦鸡，特别是大雁，便发出集体迁徙的信息，准备向南方飞迁了。它们的起程佳期多是选在月明风清之夜，好像在给人传书送信——天气将要冷了。


## 时　间

　　每年的9月23日或24日，太阳在这一天到达黄经180°时为秋分。


## 含　义

　　秋分"的意思有二：一是太阳在这一天到达黄经180°，直射地球赤道，因此这一天一天24小时昼夜均分，各12小时；全球无极昼极夜现象。秋分之后，北极附近极夜范围渐大，南极附近极昼范围渐大。二是按我国古代以立春、立夏、立秋、立冬为四季开始的季节划分法，秋分日居秋季90天之中，平分了秋季。从秋分这一天起，气候主要呈现三大特点：阳光直射的位置继续由赤道向南半球推移，北半球昼短夜长的现象将越来越明显（直至冬至日达到黑夜最长，白天最短）；昼夜温差逐渐加大，幅度将高于 10℃以上；气温逐日下降，逐渐步入深秋季节。南半球的情况则正好相反。秋分时节，我国长江流域及其以北的广大地区，均先后进入了秋季，日平均气温都降到了 22℃以下，东北地区降温早的年份，秋分见霜。在西北高原北部，日最低气温降到 0℃以下，已经可见到漫天絮飞舞、大地裹银装的壮丽雪景。

## 物　候

秋分三候："一候雷始收声；二候蛰虫坯户；三候水始涸。"

古人认为雷是因为阳气盛而发声，秋分后阴气开始旺盛，所以不再打雷了。冬眠的虫子也开始做准备了。雨水会越来越少。

## 农　事

秋收、秋耕、秋种的"三秋"格外紧张。"三秋"大忙，贵在"早"字。棉花吐絮，烟叶变黄，抓紧及时收获，防止连阴雨造成损害。华北地区开始播种冬小麦，长江流域及南部广大地区忙着收割晚稻，抢晴耕翻土地，准备油菜播种。"秋分不露头，割了喂老牛"，南方的双季晚稻正抽穗扬花，低温阴雨形成的"秋分寒"天气，是双晚开花结实的主要威胁，需要认真做好预报和防御工作。

北方地区农事：白露早，寒露迟，秋分种麦正当时。适时种麦年年收，过早过迟有闪失。深耕细耙保墒情，施足底肥莫轻视。先种淤地后种沙，肥沃土质可稍迟。深浅适度下种匀，七天出苗正是时。晚秋作物继续管，随熟随收不能迟。棉花进入中喷花，四至六天一次拾。中喷棉花质量好，单存留种正适时。菠菜小葱要种上，白菜浇水把肥施。青贮秸秆继续搞，牲畜配种机莫失。养鱼饵料不能减，莲藕采收推上市。

## 养　生

精神方面保持神志安宁。运动锻炼可登山、慢跑、散步、打球、游泳、洗冷水浴；或练五禽戏，打太极拳、做八段锦、练健身操等。可配合"动功"练"静功"，如六字诀默念呼气练功法、内气功、意守功等，动静结合，动则强身，静则养身，可达到心身康泰之功效。四大养生佳品最适合秋分时节食用。百合：含有丰富的蛋白质、脂肪、脱甲秋水仙碱和钙、磷、铁及维生素等，是老幼皆宜的营养佳品。大枣：据中医讲，大枣不光是甜美食品，还是治病良药。大枣性味甘平，入脾胃二经有补气益血之功效，是健脾益气的佳品。红薯：含有丰富的淀粉、维生素、纤维素等人体必需的营养成分，还含有丰富的镁、磷、钙等矿物元素和亚油酸等。这些物质能保持血管弹性，对防治老年习惯性便秘十分有效。枸杞：具有解热、治疗糖尿病、止咳化痰等疗效，而将枸杞根煎煮后饮用，能够降血压。饮食可适当多吃辛味、酸味、甘润或具有降肺气功效的食物，蔬菜如白萝卜、胡萝卜、藕、西红柿、芹菜、莴苣、菜花、荸荠、百合、银耳等。水果如梨、石榴、山楂、苹果、葡萄、柿子、甘蔗、柑橘、香蕉等。

## 秋分一吃

月饼：农历八月十五中秋节吃月饼习俗。宋代大诗人苏东坡赞美月饼"小饼如嚼月，中有酥与饴"。月饼内馅多采用植物性原料种子，如核桃仁、杏仁、芝麻仁、瓜子、山楂、莲蓉、玫瑰、冰糖、红小豆、枣泥等。口味有甜味、咸味、咸甜味、麻辣味。饼皮有浆皮、混糖皮、酥皮、奶油皮等。造型上有光面与花边之分。

诗　　词

### 和侃法师三绝诗二

南北朝·庾信（公元 513—581 年）

客游经岁月。羁旅故情多。近学衡阳雁。秋分俱渡河。

## 送僧归金山寺

### 唐·马戴（公元 799—869 年）

金陵山色里，蝉急向秋分。迥寺横洲岛，归僧渡水云。
夕阳依岸尽，清磬隔潮闻。遥想禅林下，炉香带月焚。

## 点绛唇

### 宋·谢逸（公元 1068—1113 年，一说 1010—1113 年）

金气秋分，风清露冷秋期半。凉蟾光满。桂子飘香远。素练宽衣，仙
仗明飞观。霓裳乱。银桥人散。吹彻昭华管。

## 客中秋夜

### 明·孙作（公元 1340 年前后—1424 年）

故园应露白，凉夜又秋分。月皎空山静，天清一雁闻。
感时愁独在，排闷酒初醺。豆子南山熟，何年得自耘。

## 道中秋分

### 清·黄景仁（公元 1749—1783 年）

万态深秋吉不穷，客程常背伯劳东。
残星水冷鱼龙夜，独雁天高圊阊风。
瘦马羸童行得得，高原古木听空空。
欲知道路看人意，五度清霜压断蓬。

# 寒露

## ——黄花紫菊傍篱落

如同每出戏中都有一个、几个"高潮"一样，"三夏""三秋"是一年农业生产中的两个"高潮"。寒露时节又是"三秋"生产高潮中的最"高潮"。

在这个最"高潮"里，有一个"插曲"是应该先说说的，它就是农历九月九日重阳节。

说起重阳节，大家也许由近至远想起许多文人为之所作的诗词，比如：现代伟人毛泽东的《采桑子·重阳》词："人生易老天难老，岁岁重阳，今又重阳，战地黄花分外香。一年一度秋风劲，不似春光，胜似春光，寥廓江天万里霜。"南宋词人李清照的《醉花阴》词："薄雾浓云愁永昼，瑞脑销金兽。佳节又重阳，玉枕纱厨，半夜凉初透。东篱把酒黄昏后，有暗香盈袖。莫道不销魂，帘卷西风，人比黄花瘦。"唐朝王维的《九月九日忆山东兄弟》诗："独在异乡为异客，每逢佳节倍思亲。遥知兄弟登高处，遍插茱萸少一人。"杨衡的《九日》诗："黄花紫菊傍篱落，摘菊泛酒爱芳新。不堪今日望乡意，强插茱萸随众人。"还有杜甫的《登高》诗："风急天高猿啸哀，渚清沙白鸟飞回。无边落木萧萧下，不尽长江滚滚来。万里悲秋常作客，百年多病独登台。艰难苦恨繁霜鬓，潦倒新停浊酒杯。"

文人如此看重重阳节，借节日感怀抒情，是因为重阳节这个节日历史很悠久了。

重阳节又叫登高节、女儿节、重九节、重九、九月九、茱萸节、菊花节等。早在战国时期，就有了重阳的叫法。屈原《远游》诗中有"集重阳入帝宫兮"句子。西汉时，重阳有了佩茱萸、饮菊花酒的习俗。《初学记》卷四引《西京杂记》说："汉武帝宫人贾佩兰，九月九日佩茱萸，食饵，饮菊花酒。云：令人长寿。盖相传自古，莫知其由。"晋代周处《风土记》中说："以重阳相会，登山饮菊花酒，谓之登高会。"此间，因登高人插茱萸，佩戴茱萸囊，所以登高会又叫"茱萸会""茱萸节"。重阳时节菊花怒放，菊花酒有延年益寿之功效，登高赏菊、饮菊花酒成了节日的一项重要内容。唐代正式将重阳定为民间节日，在这一天，人们登高、赏菊、插茱萸、饮菊花酒、吃花糕庆贺，还将茱萸作为重阳的节日礼物赠送亲友。又经宋元明清传承至今。

重阳节里，人们为什么要插茱萸、佩戴茱萸囊？其普遍解释是辟恶气，御初寒。唐代郭震《秋歌》卷二说："辟恶茱萸囊，延年菊花酒。"南宋吴自牧著《梦梁录》中说：重阳日"以菊花、茱萸，浮于酒饮之。"还给菊花、茱萸起了两个雅致的别号，称菊花为"延寿客"，称茱萸为"避邪翁"，"故假此两物服之，以消阳九之厄"。

那么，重阳避邪之意从何而来？它出自南朝梁人吴均《续齐谐记》记载，说是东汉时汝南子桓景拜仙人费长房为师，费长房曾对桓景说，某年九月九日有大灾，家人缝囊盛茱萸系于臂上，登山饮菊花酒，此祸可消。桓景到这一天照着去做了，举家登山，果然平安无事。晚上回到家中，却看到鸡犬牛羊全都死了。从此，人们每到九月九日就登高、佩戴茱萸、饮菊花酒，以求避祸免灾，平安吉祥。

其实，历朝历代过重阳节的大都是"上等人"、达官贵族人和城市里的有闲人。农村乡民不重视，他们没有那功夫。因为，他们都处在"三秋"生产大戏的"高潮"中。

我家乡乡民习惯管"三夏"叫麦秋，管"三秋"叫大秋。大秋期间主要有三大项农活：收打、耕翻、播种。

大秋庄稼种植样数虽多，但大宗作物是玉米、地瓜、棉花、花生，至于高粱、谷子、大豆、芝麻等，与四大作物比较起来，都是小面积了。而且，这些小面积的作物像兔子拉屎似的，拉开了溜地成熟，收获拉开了时间，也不占多大工夫。具体到一个村庄来说，玉米种植面积约占大秋作物的1/3强，地瓜、棉花、花生种植面积约占1/3强，其他杂粮和秋菜占将近1/3。

20世纪六七十年代，大多数乡村没有庄稼收割机械，收获玉米人工用小镐连根刨，然后槌、秸分开，乡民叫它"撬棒秸""撬棒子"。"撬棒秸"本来是简单劳动，但在那时却变得复杂了。当时，生产队里大牲畜虽然少，饲草却常常成为问题——不够吃。有些生产队在春夏交替季节，要到集市上买饲草喂牲口。于是，为了解决饲草困难，生产队在棒粒断浆后，先是组织乡民打棒顶——将玉米槌以上部分秸秆用镰刀削下来，晒干做饲草。等到玉米成熟收获前，再打棒叶——将玉米槌以下部分秸秆上的叶子打下来做饲草。高粱收割前，也是先打中下部的叶子。其它的如地瓜蔓子、花生蔓子、大豆秸叶等，能做饲草的都采收起来。这样，就多出了多项农活，增加了许多劳动量。因此，大秋农活就忙里加忙。

农谚说：小麦播种"白露早，寒露迟，秋分麦子正当时"。我家乡一带，小麦播种集中在寒露后、霜降前这段时间最适宜。

玉米、谷子、高粱等秋作物腾出茬口种小麦。地瓜、棉花收获晚，作为明年的春播地。种麦子期间如果赶上秋雨，老天爷帮忙，就省了大劲儿了，不用浇地可以直接耕翻播种了。但是，如果遇到干旱天气，就得浇地造墒播种。抗旱工具是水车、辘轳、水桶、盆罐，男女老少齐上阵，肩挑人抬，一分地一分地、一亩地一亩地的浇（20 世纪 70 年代前，生产队很少有抽水机械）。抗旱浇地拖延了农时，为了加快造墒进度，便采取"头疼治头、脚疼治脚"的办法，改浇地为泼地，开沟将水引进地里，再用水桶、盆子舀水往地面上泼，泼湿到表层土与深层湿土壤接上茬口，先顾眼前小麦播种、出苗。

耕地使用铁制双铧犁和木制单铧犁，一个生产队仅有三五张犁。双铧犁有两片犁头，一次同时耕翻出两犁地，一般套两头牲口拉犁，一张双铧犁一天能耕六七亩地。单铧木犁是老式犁，一片犁头，一次耕翻一犁地，单铧犁在牲口短缺时可以是一头体壮牲口拉犁，一张单铧犁一天能耕翻三四亩地。论效率，双铧犁比单铧犁高出近一倍。小麦喜欢深耕地。麦子收在犁上，谷子收在锄上；耕地深一寸，顶上一茬粪。因此，耕翻土地深度要在四寸以上。有时候为了赶进度，扶犁手集体观念差，缺乏责任心，在耕地时偷工减料，地头耕得深，地中间耕得浅，这在当时看不出来，等到来年小麦拔节秀穗时立见分明，耕得浅的地方的麦苗杆矮苗黄孕穗小。

大秋里，运送收割的庄稼和秋种肥料，耕地、耙地、耖地、構地、砘地等，都需要牲口，生产队的牲口不够用，土地耕翻不过来，生产队就组织壮劳力用铁锹翻地、镐头刨地。夏争时，秋争日，县、公社、村三级都建立"三秋"生产指挥部，那时的口号是："吃在地，睡在注，种不完小麦不回家。"乡民起早恋晚，午饭由家人送到地头吃，紧张的时候晚上挑灯夜战。尽管这样，一个劳动力一天翻半亩地左右。劳动强度之大，今人难以想象。

乡民说，种麦全靠一盘耙。麦耙紧，豆耙松，秫秫（高粱）耙得不透风。意思是说耕翻过的土地要及时耙深细，耙平整，保住墒。光耕不耙，枉费犁铧。因为，秋天阳光充分，温度较高，秋风较多，耕翻的土地土壤水分蒸发快，容易跑（失）墒，一旦"风干"了满地坷垃。乡民说，麦子不怕草，就怕坷垃咬。地里坷垃多了，構地时坷垃绊住耧腿（耧脚），麦种下得不均匀，麦苗出的像"瞎子作揖——七高八低"；被坷垃压住的地方，麦苗钻不出来；再就是坷垃致使土层透风漏气，麦苗难扎根，冬天容易冻伤根系。因此，都是前头耕翻，后头耙地，宁可晚回家，也要把耕翻的土地当时全部耙完。乡民说，深耕再耙透，麦子收得厚；耕得深，耙得烂，一碗汗水一碗面；耕得深，耙得匀，地里长出金和银。

耕地、耙地、構地（播种），都是较强的技术活儿。耕地，扶犁手扶犁用劲要匀，脚步迈正。不然，耕翻出来的地深浅不均。扶犁向前看，耕地一条线。不然，耕翻出来的地弯曲不直，泥花不匀，有的耕到了，有的没耕到，出现地岭子，耕翻出来的土地深浅不均，高低不平。

耙地，一人站立在耙盘上面，一手牵着牲口缰绳，一手拿着鞭子，由牲口拉着往前走。站立在耙盘上的人两脚叉开，身子要小幅度左右晃动，带动耙盘也左右晃动。这样，才能把坷垃耙碎，把土地耙细、耙匀、耙深、耙实。这也需要耙地人会使用匀称劲儿。初学耙地的人，开始都有从耙盘上摔倒、掉下来的经历，有的因此被耙刺扎伤。

構地，扶耧手双手扶耧，用劲要匀称，耧在前行中还要双手抓着耧把小幅度左右晃动，这样，种子在土垄里散布均匀，不拥挤在一溜上，出苗麦垄宽漫，利于生长。七宿麦子八宿谷，高粱十天才出土。如果种子播进地里深浅不一，不但出苗时间不一，而且要么缺苗断垄，要么麦苗一撮一撮的，直接影响产量。

麦喜胎里富，底肥要施足；十层八层，不如底粪一层；种麦底肥足，根多苗子粗。有道是麦种深，谷种浅，荞麦芝麻盖半脸，播种深度二指浅，四指深，三指正当心。早播的种子用量小，晚播的用量大，麦苗密度早麦要稀，晚麦要密。播种顺序先种地势高亢地、土质瘠薄地，再种地势平川地、土质中溜地，后种土质肥沃地、地势涝洼地。麦子播种后，砘严压实麦垄，防止透风跑墒。"麦子不出芽，猛使砘子压"，说的就是这个意思。

小麦播种与收获地瓜、花生、棉花等农活穿插进行。寒露以前刨花生，晚了落果叶落空。棉花是个"经常"活儿，只要不遇阴雨天，每隔三五天摘拾一遍，这活儿大都由妇女们干了。拾棉花讲求摘干拾净，不留半截棉絮"羊尾巴"。乡民说，不怕不丰收，就怕手下丢。

寒露过后，地瓜收刨就要抓紧了，如果拖延到霜降以后，气温下降遇到霜冻，地瓜容易冻伤。乡民们白天刨地瓜，利用晚上时间把地瓜切成片，"切片机"都是自制的。地瓜切片后，运到房顶上或者箔子上晾晒。不过，夜里运上房顶或箔子上的地瓜片，到第二天早晨出太阳后再摊开。因为寒露以后夜露重，鲜地瓜片着了露水，延长了晒干时间，因着了露水，晒干后颜色不那么白了，有一种浅淡不一的黄溜溜的色泽，如果到市场出卖，会影响价钱。在晴朗的天气里，地瓜片三五天晒干。这期间最怕头两天遇雨，在阴雨天气里，半干的地瓜片堆起来容易闷得"红眼"了，摊开着，一着雨水就长"青秋"（发霉）了，没法吃了。

收刨地瓜的时候，生产队里的粉坊跟着忙碌起来。地瓜的"粉团"（淀粉）是生产粉条、粉皮的好原料，用鲜地瓜"遴团"出"粉团"多。在这段日子里，粉坊突击加工鲜地瓜"遴团"，他们将地瓜切成小块后放到水磨上磨碎，再放进罗里过罗。罗下面安放一口大瓮，瓮口上面放一个蒸笼底一样的木条板，把罗放在木条板上，将磨碎的地瓜放进罗里，用木杵轻轻杵动，地瓜汁由罗眼流入瓮内。瓮中的地瓜汁经过沉淀，最上层是沺水，往下一层是混粉，混粉下面一层是少许没有完全磨碎的地瓜渣，最底层便是白亮亮润滑滑厚墩墩的"粉团"了。然后，把鲜"粉团"放进一个个布包里，吊在场院里晾晒，晒干后存放起来，冬春季节"漏粉"（制作）时就不用临时"遴团"了。

"遴团"剩下的地瓜渣喂猪，一年可以育肥两三茬肉猪，这些猪是生产队里的钱疙瘩。养猪多积肥多，地里肥料多土地壮（肥沃），土地壮粮棉出产多。那时乡民不知道"循环经济"这个名词儿，但是，世代乡民都懂得这个朴实的道理。

许多乡民也用鲜地瓜自制"粉团"。他们用擦床子把鲜地瓜擦成细丝，用布包包了加上水后，放在高腿板凳上面挤压，板凳下面放一只大盆，让地瓜汁流进盆里。挤压一次，加一次水，如此反复几次，直到看着挤出的地瓜汁水清淡了为止。然后经过沉淀，将盆中水倒掉，沉淀的便是"粉团"了。乡民用"粉团"到粉坊或者集市上兑换粉条、粉皮，用"粉团"自己制作凉粉，放入佐料一拌，是一道美味。

储藏地瓜种也是在此期间进行，乡民管地瓜种叫"地瓜母子"。在收刨地瓜的时候，选择长势好的地块选种。"地瓜母子"选取长条形状、个头不大不小的那种地瓜，不选"伤镐"（被镐刨破了）的。"地瓜母子"个头大了浪费，小了育苗出秧少，长条形状的地瓜比圆形地瓜出秧苗多。"地瓜母子"要轻拿轻放，避免磕碰破皮。运到场院存放数日，待天气变冷前入窖，窖口敞开，确保空气流通。不然，入窖早了，窖口关闭早了，窖内温度过高，造成地瓜"伤热"腐烂。天冷后封窖，窖顶上部留有气孔，气孔用高粱秸竖着封堵，窖里窖外即通气，又不使冷气过多地进入窖里，保证地瓜正常"呼吸"。在地瓜干子是主粮的年月里，这一窖、两窖地瓜种子，决定着来年乡民半年口粮的收入呢。

寒露霜降麦归土。麦种入土七天后的早晨，乡民披着朝阳走进田野，看到湿乎乎的麦田里齐刷刷的"一根针"似的麦苗儿，头顶着露珠儿出来了。

## 时 间

每年10月8日或9日，太阳到达黄经195°时为寒露。

## 含 义

《月令七十二候集解》说："九月节，露气寒冷，将凝结也。"寒露的意思是气温比白露时更低，地面的露水更冷，快要凝结成霜了。这时，我国南方大部分地区各地气温继续下降。华南日平均气温多不到 20℃，即使在长江沿岸地区也很难升到 30℃ 以上，而最低气温却可降至 10℃ 以下。西北高原除了少数河谷低地以外，候（5 天）平均气温普遍低于10℃，用气候学划分四季的标准衡量，已是冬季了。华北 10 月份降水量一般只有 9 月降水量的一半或更少，西北地区则只有几毫米到 20 多毫米。除全年飞雪的青藏高原外，东北和新疆北部地区一般已开始降雪。

## 物 候

**寒露三候**："一候鸿雁来宾；二候雀入大水为蛤；三候菊有黄华。"

此节气中鸿雁排成一字或人字形的队列大举南迁。深秋天寒，雀鸟都不见了，古人看到海边突然出现很多蛤蜊，并且贝壳的条纹及颜色与雀鸟很相似，所以便以为是雀鸟变成的。"菊有黄华"是说在此时菊花已普遍开放。

## 农 事

一是玉米、地瓜、花生等秋熟作物的收刨、脱粒、晒干、收藏。二是棉花处于收获集中期，各地精收细摘。三是淮北地区自北向南陆续进入三麦、油菜（直播）、蚕豆等的适宜播种期。各地适播期内抓紧播种冬小麦。淮河以南地区清挖排灌沟渠，做好麦田沟系配套，以防连阴雨影响。油菜苗床稀播育苗、移栽。四是秋菜收获上市，晚秋、越冬蔬菜田间管理。

**北方地区农事**：寒露时节天渐寒，农民天天不停闲。小麦播种尚红火，晚稻收割抢时间。留种地瓜怕冻害，大豆收割寒露天。黄烟花生也该收，晴朗天气忙摘棉。贪青晚熟棉花地，药剂催熟莫急慢。秋季蔬菜随时摘，芹菜白菜长得欢。紫红山楂摘下来，鲜红石榴酸又甜。果品卸完就管树，施肥喷药把地翻。采集树种好时机，乡土种源是重点。畜禽喂养讲技术，怀孕母畜细心管。越冬鱼种须育肥，起捕成鱼采藕茭。

## 养　生

谚语说："白露身不露，寒露脚不露。"这句谚语提醒大家：白露节气一过，穿衣服不能再赤膊露体，应注重脚部保暖。秋冬季交替时节，合理安排衣食住行，尽量与气候变化相适应，对于身体健康十分重要。衣：早晚凉意很浓要多穿些衣服，以防凉气侵入体内。另外，秋季是腹泻多发季节，应特别注意腹部保暖。食：秋季神经兴奋，食欲骤增，要防止过量饮食。养阴防燥、润肺益胃，少吃辣味和生冷食物，多吃酸性和热软食物。如玉米、地瓜、粳米、糯米，小米粥、八宝粥、芝麻粥、胡萝卜粥、菊花粥等。增加鸡、鸭、牛肉、猪肝、鱼、虾、大枣、山药等以增强体质。多吃水果，雪梨、石榴、苹果、柿子、核桃、香蕉等，预防口渴咽干唇燥皮肤干涩等"秋燥病"。住：早睡早起，保证睡眠充足。注意劳逸结合，防止房劳伤肾。经常打开门窗，保持室内空气新鲜。行：秋高气爽，遍地金黄，景象动人。到公园湖滨郊野进行适当的体育锻炼，骑车、步行秋游，调节精神，强身健体。

## 寒露一吃

螃蟹：寒露时节"九九"重阳节，菊花黄，蟹子肥，是蟹肉最肥美、也最滋补的时候，是吃螃蟹的黄金时节。螃蟹肉味鲜美、营养丰富，含有大量蛋白质和脂肪，较多的钙、磷、铁、维生素等物质。能清热解毒、补骨添髓、养筋接骨、活血祛痰、利湿退黄、利肢节、滋肝阴、充胃液，寒露多吃螃蟹，有助于体内运化，调节阴阳平衡。唐朝唐玄谦吃螃蟹："充满煮熟堆琳琅，橙膏酱溁调堪尝。一斗擘开红玉满，双螯哕出琼酥香。"吃螃蟹讲究的人备有具有垫、敲、劈、叉、剪、夹、剔、盛等多种功能"蟹八件"：小方桌、腰圆锤、长柄斧、长柄叉、圆头剪、镊子、钎子、小匙。你吃螃蟹准备"蟹八件"了吗？

## 诗　词

### 山鹧鸪词二首

唐·苏颋（公元 670—727 年）

玉关征戍久，空闺人独愁。寒露湿青苔，别来蓬鬓秋。
人坐青楼晚，莺语百花时。愁多人易老，断肠君不知。

### 斋　心

唐·王昌龄（公元 698—756 年）

女萝覆石壁，溪水幽朦胧。紫葛蔓黄花，娟娟寒露中。
朝饮花上露，夜卧松下风。云英化为水，光采与我同。
日月荡精魄，寥寥天宇空。

### 月夜梧桐叶上见寒露

唐·戴察（生平不详。大概于韦应物同代）

萧疏桐叶上，月白露初团。滴沥清光满，荧煌素彩寒。
风摇愁玉坠，枝动惜珠干。气冷疑秋晚，声激觉夜阑。
凝空流欲遍，润物净宜看。莫厌窥临倦，将晞聚更难。

### 玉蝴蝶 （望处雨收云断）

宋·柳永（公元约 987—约 1053 年）

望处雨收云断，凭阑悄悄，目送秋光。晚景萧疏，堪动宋玉悲凉。水风轻、苹花渐老，月露冷、梧叶飘黄。遣情伤。故人何在，烟水茫茫。难忘。文期酒会，几孤风月，屡变星霜。海阔山遥，未知何处是潇湘！念双燕、难凭远信，指暮天、空识归航。黯相望。断鸿声里，立尽斜阳。

## 沁园春·长沙

### 毛泽东（公元 1893—1976 年）

独立寒秋，湘江北去，橘子洲头。看万山红遍，层林尽染；漫江碧透，百舸争流。鹰击长空，鱼翔浅底，万类霜天竞自由。怅寥廓，问苍茫大地，谁主沉浮？

携来百侣曾游，忆往昔峥嵘岁月稠。恰同学少年，风华正茂；书生意气，挥斥方遒。指点江山，激扬文字，粪土当年万户侯。曾记否，到中流击水，浪遏飞舟？

# 霜降
## ——枫叶红于二月花

在"千树扫作一番黄，只有芙蓉独自芳"的景色中，霜降节气来了。

霜降杀百草。田野里的野菜野草，经历春夏秋季的生长繁衍，在严霜冷冻下停止生长或枯朽。借着这个季节，说道说道它们的"身世"吧。

青青菜。学名小蓟，别名，青刺蓟、刺儿菜、刺刺芽、刺儿茶、枪刀菜等。

青青菜扎根深长，每年清明前后发芽出土，长条形绿叶，叶片边缘上长刺，形似锯齿，初长时刺儿柔软，长大后随着叶子变老刺儿变硬，用手摸它的时候有些扎手。它的花儿紫红颜色，种子上有绒毛，种子成熟后可以随风飘飞，降落异地他乡安家落户。

在平平常常的年月里，青青菜不太招人喜欢，它与庄稼争地力，影响庄稼生长。在饥荒年月，它是乡民的救命菜，它用自己的牺牲养活了无数乡民，是大功臣。20世纪60年代初三年自然灾害期间，清明节刚过，青青菜刚刚长出三四片嫩小叶子，我家乡的乡民提篮背筐，拿着镰刀到地里剜青青菜。田野里到处游动着剜野菜的人影。乡民剜了青青菜掺上地瓜面蒸菜窝头、菜团子，拌上一点棒子面做菜蛋子，实在没有面子掺的清水煮着熬菜汤。青青菜有点淡淡的土腥味，其他什么邪味儿都没有，吃起来可口。真是天意呀，那时候田野里的野菜很多，青青菜生长得最多。可是，面对夺命的饥饿，任它怎么长也长不上乡民吃呀！刚刚长出一茬，被剜掉一茬，刚刚再长出一茬，又被剜掉一茬，饥饿胁迫乡民疯狂地期盼青青菜一天冒出一茬才好。苦菜、小蓟苗、秃噜酸、草鞋底、蒲公英、银茎菜、碱蓬菜、阳沟菜等等，凡是能吃的野菜也都被乡民随长随剜给剜光了。乡村大人孩子吃野菜度日，大多数乡民饿的皮包骨头，透过薄薄的肚皮能隐约看到青絮絮的肠子，走路扶着墙根。许多乡民因连吃青菜也填不饱肚子，饿倒了再也没有爬起来。

青青菜以自己的深根保护了自己的生命，以自己的顽强一次次生长出来，以自己一次次放弃正常生长把饥饿的乡民从死亡线上拉回来。

青青菜靠什么为乡民提供营养？它含有丰富的蛋白质、碳水化合物、脂肪、粗纤维、胡萝卜素、维生素 $B_1$、维生素 $B_2$、维生素 C、钙、磷、铁、钾、钠、镁等。

蒲公英。别名，蒲公草、尿床草、地丁、鬼灯笼、婆婆丁、黄花郎等。我家乡人习惯叫它"婆婆丁"。

婆婆丁同青青菜一样扎根深长，每年清明前后发芽生长。它的叶子排成莲花座形状，叶子长条形，绿色，有的淡红色或紫红色，开黄花，种子上有白色冠毛结成的绒球，随风飘飞把种子带到新的地方生长繁衍。正是："一个小球毛蓬松，好像棉絮好像绒，对它轻轻吹口气，飞出许多小伞兵。风啊风，请把伞兵送一送，把它送到乡村中，待到第二年三四月，田野长满蒲公英。"

小时候到地里剜婆婆丁，一边剜一边念叨："婆婆丁，开黄花，你婆婆，在黄庄。"大概就是说婆婆丁的种子会跑能飞，可以从此处远"嫁"彼处吧？

关于婆婆丁，曾经有个美丽的传说。相传在很久以前，有个 16 岁的姑娘患了乳痈，俗称奶疮，乳房又红又肿，疼痛难忍。但她羞于开口，强忍着不说。这事被她娘知道了，因为乳痈经常是产妇、特别是初产妇所患疾病，娘从未听说过闺女家会患乳痈，以为女儿做了什么见不得人的事。姑娘见娘怀疑自己的贞节，又羞又气，觉得无脸见人，便横下一条心，在夜晚偷偷走出家门投河自尽。事有凑巧，当时河边有一条渔船，船上有一个姓蒲的老汉和女儿小英正在月光下撒网捕鱼。他们救起了姑娘，问清了缘由。第二天，小英按照爹爹的指点，从山上挖来了一种草，翠绿的叶面上有白色丝状细毛，叶子边缘呈锯齿状，花茎顶端长着一个松散的白绒球。小英将小草洗净后捣烂成泥，敷在姑娘的乳痈上，几天后乳痈痊愈。姑娘将这种草带回家园栽种，因感念渔家父女的救命之恩，便叫此草为蒲公英。

婆婆丁可以生着蘸酱吃，可以凉拌了吃，可以焯拌了吃，可以炒着吃，可以包饺子、蒸包子、烙饸子吃。它略有苦味，春天采来吃着味道鲜美，清香爽口。

马齿苋。别名，长命草、五行草、瓜子菜、地马菜等。我家乡人习惯叫它"马子菜"。

马齿苋是从印度引入中国的。它每年初夏开始生长，其茎圆柱形，平伏在地生长，分枝很多，叶片扁平肥厚，似马齿形状，叶子表面暗绿色，背面淡绿色或暗红色，花开药黄色，种子细小黑褐色。

马齿苋耐寒、耐旱、耐涝、耐阴亦耐瘠薄，生存能力很强，它在较阴湿肥沃的土地上生长更加肥嫩粗大。它的茎可以贮存水分，特别耐干旱。大旱年月里，在强烈的阳光照射下，其他野菜野草被晒得塌头蔫脑，它却依然旺盛生长。它再生能力强，乡民锄地时将它和其他杂草的根部除掉，其他杂草很快死掉，它却死不了，切口或伤口周围能很快生出新根继续生长。

马齿苋好吃，且吃法很多。它可以与大蒜、芝麻酱拌着吃，可以加了糖醋拌着吃，可以与鸡蛋炒着吃。许多乡民还将马齿苋晒干，到冬天做馅包饺子、蒸包子吃。但是，有三种人不宜吃马齿苋：腹部受寒引起腹泻的人；孕妇禁止吃，马齿苋是滑利的，有滑胎的作用；如果你在吃中药，药方里有鳖甲，那要注意了，马齿苋与鳖甲相克，不要同服。民间谚语说："马齿苋，沸水炸，人们吃了笑哈哈，为了啥？丑陋的白发消失啦"。由此看，马齿苋似有乌发功效。

对于马齿苋的特殊生性，民间传说：上古之时，十日并出，田禾皆枯。二郎神肩挑两山追赶太阳，其中九个太阳被他接连压在山下。第十个太阳无处躲藏，情急之中，见马齿苋长得油绿滴翠，郁郁葱葱，便藏在它的叶下，躲过了二郎神的追杀。以后，太阳为了报答马齿苋的救命之恩，便始终不晒马齿苋，天旱无雨，其他植物蔫乎乎的，唯独马齿苋油绿如初，开花吐蕊，结籽繁殖。传说就是传说，多大的马齿苋才能把那么大的一轮太阳遮盖在身下呀？故事就是说说热闹开心，是不能深究的。

唐代诗人杜甫作有《园官送菜》曰："清晨蒙菜把，常荷地主恩。守者愿实数，略有其名存。苦苣刺如针，马齿叶亦繁。青青嘉蔬色，埋没在中园。园吏未足怪，世事固堪论。呜呼战伐久，荆棘暗长原。乃知苦苣辈，倾夺蕙草根。小人塞道路，为态何喧喧。又如马齿盛，气拥葵荏昏。点染不易虞，丝麻杂罗纨。一经器物内，永挂粗刺痕。志士采紫芝，放歌避戎轩。畦丁负笼至，感动百虑端。"

与上述野菜为伍的，还有苦菜、荠菜、麦蒿、车前子（我家乡人叫它"老牛舌"）、苣荬菜、贴血头、地梢瓜、藜（灰菜）、反枝苋、花卧单、老鸹嘴、银茎菜、碱蓬菜、老鼠喝酒等。

多数野草比野菜晚出生一到两个季节。不过，茅草和芦草除外。清明节前后，当苦菜、青青菜、蒲公英们争先恐后钻出地面时，茅草也脚跟脚地赶来了。

茅草又叫白茅，俗称茅茅根。茅草扎根很深，生命力极强，可以靠根和种子同时繁衍，生长在地里是难以根除的杂草。茅草不像其他野菜、杂草那样先钻出叶子，而是先长出一个红绿颜色相间的圆锥，里面包裹着密生着白毛的小穗儿，那是它的花序。花序长出地面一寸多高、还没开苞的时候，孩子们喜欢把它拔出来，剥去外皮，吃里面的小穗儿，嚼着很嫩，有甜丝丝的味儿，好吃。家乡人管它叫"菇蒂"，孩子们一边拔"菇蒂"一边嘟囔："菇蒂菇蒂，我是你姨。"至于为什么叫它"菇蒂"，我至今也闹不清楚。在拔"菰蒂"的时候，一是弯着腰或蹲着，当地乡民平时管半蹲着也叫"谷低（音）"着——像谷穗弯腰一样；二是在拔出的当口儿，"菰蒂"在与母体断开时发出"嘀"的一声细响。我瞎想，叫它"菰蒂"也许与这些因素有关吧？

茅草穗儿将要开花时，叶子也随之生长出来了。茅草叶子细长如剑，叶鞘无毛或鞘口有纤毛，叶子含水分低干涩而坚硬。茅草花穗结实成熟后自柄上脱落，种子有白色长毛，能随风飞扬异地孕育。茅草根茎黄白颜色，根茎圆柱形状像竹节，在地下横生行走，蔓延很广，相互纠缠成网成片，甜而可食。平时，乡民刨了茅根，常常嚼它的甜汁儿吃。上世纪六十年代初三年自然灾害期间，我院中的一位奶奶把茅根晒干后磨碎蒸茅根窝头充饥，奶奶曾经送给我两个窝窝头，吃着挺香甜。

蒺藜。蒺藜茎（蔓子）匍匐在地，基部生出多条分枝，羽状复叶，小叶长椭圆形，开黄色小花，果实表皮有尖刺，其果实称蒺藜。蒺藜在初夏开始生长，它耐干旱，常常生长在沟崖路边，一棵蒺藜能覆盖一二平方米面积。因此，生长在庄稼地里的蒺藜，对庄稼生长影响很大。它的果实初成前，果刺嫩而柔软，并不扎人。待到成熟后，果刺坚硬，人们光着脚丫一不注意踩上，或者拔草时手抓上，能扎进皮肉很深的部位。过去，一到夏天，乡民光脚丫的很多，走在路上常被蒺藜扎了，疼得不由倒吸一口冷气，随口骂两句荤话解气。其实，是你踩了蒺藜，不是蒺藜主动去扎你。蒺藜挨了骂，没嘴不会说，心里也冤屈着呢。有个谜语说："南来的，北往的，俺是土生土长的，你踩俺一脚，俺不言语，你那嘴里还嘟囔嘟囔的。"说的就是蒺藜。

很早以前，古人受到蒺藜刺扎人的启发，创造性地用于军队作战，发明了用硬木或金属制成的带刺的障碍物，布在地面，以阻碍敌军前进。诸如："铁蒺藜""蒺藜骨朵"等。《六韬·军用》记载："木蒺藜去地二尺五寸，百二十具，败步骑，要穷寇，遮走北……狭路微径。张铁蒺藜，芒高四寸，广八尺，长六尺以上，千二百具，败走骑。突暝来前促战，白刃接，张地罗铺两镞蒺藜，参连织女，芒间相去二尺，万二千具。"《明史·陶鲁传》："乃筑堡砦，缮甲兵，练技勇……建郭掘濠，布铁蒺藜刺竹于外，城守大固。"

狗尾巴草。别名，谷莠子、光明草、毛毛狗等。

狗尾巴草在田野里随处生长，它的形态与谷子的形态相似，混杂在谷子苗中，分不出哪是谷子，哪是狗尾巴草，只有到了抽穗杨花时，才立见分晓。平时人们常说的一个词语"良莠不齐"，原意就是说的谷子里混入狗尾巴草，分不清楚。

传说狗尾巴草原是天上的一种野草。说是上古时代人间粮食多得吃不完，人们随意浪费。上天见此，命风伯雨师刮大风下大雨连涝九年，人们食不果腹。有一只灵犬同情人间苦难，乘着滔天大水游到南天门，潜入天宫偷取五谷种子，它把种子粘在尾巴上，然后随着消退的洪水游回人间。灵犬走遍九州，把尾巴上的五谷种子播撒四方，从此，谷穗状如沾满种子的狗尾巴。

灵犬偷取五谷种子的时候，不小心粘上了一种野草的种子，就是狗尾巴草。这种草如果不及时刈除，就会影响粮食收成。人们看到狗尾巴草，就想起过去懒惰的罪过，从而辛苦耕耘，自食其力。

杂草种类繁多，还有爬蔓草、墩子草、稗子草、节节草、扁杆蔗草、香草、芦草、水草等。

大自然是神奇的、高尚的。它赋予人类的这些自繁自育、自生自灭、殊有生存能力的野菜野草，在富裕的日子里，它们是禽畜的食粮；在贫困的日子里，它们是人类的食粮；千百年来，它们更是为人类提供健康长寿的天然补品、药品，真可谓百草百药。

青青菜因含有丰富的维生素和矿物质，食之有助于增强机体免疫能力；因含有大量粗纤维，促使胆固醇代谢物，使人保持血管弹性；因含有大量胡萝卜素（比豆类多1倍，比西红柿、瓜类多4倍）和维生素C，使人皮肤润泽，延缓衰老，且具有防癌抗癌作用。它用于中药清热除烦，行气祛瘀，消肿散结，凉血止血，通利胃肠。主治肺热咳嗽，咯血、吐血，衄血，尿血，血淋，便血，血痢，崩中漏下，外伤出血，痈肿疮毒。

婆婆丁含特有的蒲公英醇、蒲公英素以及胆碱、有机酸、菊糖、葡萄糖、维生素、胡萝卜素等多种健康营养的活性成分，同时含有丰富的微量元素。药用具有清热解毒，消肿散结作用，在一定程度上可代替抗生素使用。主治上呼吸道感染，眼结膜炎，流行性腮腺炎，高血糖，乳痈肿痛，急性阑尾炎，泌尿系感染，盆腔炎，痈疖疔疮，淋巴腺炎，咽炎，胃炎，肝炎，痢疾，等等。

马齿苋含有丰富的蛋白质、脂肪、碳水化合物、维生素及钙、镁、锌等多种微量元素，常吃利水消肿，消除尘毒，杀菌消炎，防治心脏病。入药具有解毒、抑菌消炎、利尿止痢、润肠消滞、去虫、明目和抑制子宫出血等功效。能够治急性、亚急性皮炎和肠炎、细菌性痢疾、疗疮肿毒、虫蛀咬伤、毒蛇咬伤、湿疹、阑尾炎、钩虫病、带状疱疹及功能性子宫出血等症。

茅草的根茎在中药里叫白茅根，根茎含甘露醇、葡萄糖、果糖、蔗糖、柠檬酸、苹果酸、薏苡素及芦竹素、印白茅素等，又含21％的淀粉。具有凉血止血，清热利尿作用。主治血热吐血，衄血，尿血，热病烦渴，黄疸，水肿，热淋涩痛；急性肾炎水肿等疾病。

"蒺藜，善行善破，专入肺、肝，宣肺之滞，疏肝之瘀，故能治风痹目疾，乳痈积聚等症。温苦辛散之品，以祛逐为用，无补药之功也。"蒺藜入药有平肝解郁，活血祛风，明目，止痒功能，用于头痛眩晕，胸胁胀痛，乳闭乳痈，目赤翳障，风疹瘙痒。治疗腰脊痛、通身浮肿、大便风秘、月经不通、难产、蛔虫病、多年失明、牙齿动摇、鼻塞、白癜风等疾病。

狗尾巴草入药有祛风明目，清热利尿功能，主治风热感冒，沙眼，目赤疼痛，黄疸肝炎，小便不利；外用治颈淋巴结结核。

还有，车前子，清热利尿，渗湿止泻，明目，祛痰。主治小便不利，淋浊带下，水肿胀满，暑湿泻痢，目赤障翳，痰热咳喘。

苦菜，清热解毒、凉血、活血排脓。主治阑尾炎，肠炎、痢疾，疮疖痛肿等症。

节节草，利尿、清风热。主治鼻衄、咯血、淋病、月经过多、肠出血、尿道炎、痔疮出血、跌打损伤、刀伤、骨折。

我患牛皮癣、关节炎等病，曾经长期服用蒲公英、苦菜、车前子、白茅根、白蒺藜等中草药，它们的功效，令我受益匪浅。

"离离原上草，一岁一枯荣。"风刀霜剑严相逼，霜冻无情，将田野里的百草"杀"死了。不过，不必悲伤，待到来年伊始时，百草们又会"春风吹又生"了。

## 时 间

每年 10 月 23 日前后，太阳到达黄经 210°时为霜降。

## 含 义

霜降表示天气更冷了，露水凝结成霜。"浓霜猛太阳"，霜，只能在晴天形成。温度骤然下降到 0℃以下，贴地层中空气中的水汽含量达到一定程度凝结成霜。气象学上，一般把秋霜出现的第一次霜叫做"早霜"或"初霜"，而把春季出现的最后一次霜称为"晚霜"或"终霜"。从终霜到初霜的间隔时期，就是无霜期。也有把早霜叫"菊花霜"的，因为此时菊花盛开，北宋大文学家苏轼有诗曰："千树扫作一番黄，只有芙蓉独自芳"。"霜降杀百草"，严霜打过的植物，没有了生机。

## 物 候

**霜降三候**："一候豺乃祭兽；二候草木黄落；三候蜇虫咸俯。"
此节气中豺狼将捕获的猎物先陈列后再食用。大地上的树叶枯黄掉落。蜇虫也全在洞中不动不食，垂下头来进入冬眠状态中。

## 农 事

北方大部分地区已在秋收扫尾，即使耐寒的葱，也不能再长了，霜降刨葱。"霜降不起葱，越长越要空"。南方却是"三秋"大忙季节，单季杂交稻、晚稻才开始收割，种早茬麦，栽早茬油菜。摘棉花，拔棉秸，耕翻整地。"满地秸秆拔个尽，来年少生虫和病"。及时收拾秸秆、根茬，利于消灭越冬虫卵和病菌。华北地区大白菜即将收获，进行后期管理。林区高度重视护林防火工作。母羊一般是秋冬发情，南方的羊白露节气配种上佳，黄淮流域的羊霜降节气配种最好，农谚有"霜降配种清明乳，赶生下时草上来。"羊羔落生时已至来年春天，青草鲜嫩，母羊营养好，乳水足，羔羊壮。

**北方地区农事**：霜降前后始降霜，有的地方播麦忙。早播小麦快查补，保证苗全齐又壮。糯稻此节正收割，地瓜切晒和鲜藏。棉花摘收要仔细，棵上地下都拾光。复收晚秋遍地搞，柴草归垛粮归仓。晚熟瓜菜看管好，追肥浇水把虫防。大葱萝卜陆续收，白菜抓紧来拢帮。敞棚漏圈快修补，免得牲畜体着凉。拴牢牲畜圈好猪，麦苗被啃受影响。捕捞成鱼上市卖，藕苇蒲芡采收忙。村村一起灭害鼠，既防疫病又保粮。

## 养 生

霜降后要减少秋冻，注意保暖，尤其注意下肢的保暖。有哮喘发作史的人要注意增添衣服，外出时可戴口罩，避免寒冷对呼吸道的刺激。增加运动，通过做广播操、太极拳、散步、慢跑、登山等锻炼，提高抗病能力。木形人宜多吃具有滋阴生津、调补肝肾、健脾养胃功效的食物，如太子参、玉竹、鸡肉、鸡肝、猪肝、鲤鱼、桑葚等。火形人可多吃保养阴津、补肝脾肾的食物，如梨、苹果、柚子、太子参、沙参、鸡肉、猪肉等。土形人适合具有健脾益气生津功效的食物，如太子参、莲藕、沙参、玉竹、猪肉、鸡肉、莲子等。金形人可选择益气养血、补益肝肾功效的食物，如太子参、党参、猪肉、首乌、玉竹等。水形人可选择养阴润燥、调补肝肾的食物，如太子参、白术、茯苓、山药、猪肉、鸡肉、百合等。

## 霜降一吃

野兔：俗话说，"飞禽莫如鸪，走兽莫如兔"。野兔肉肉质细嫩香醇、味美，有"荤中之素"、"美容肉"、"保健肉"的说法，瘦肉占95％以上。富含优质蛋白质、矿物质、钙和卵磷脂。野兔肉还是一种对人体十分有益的药用补品。野兔肉含有多种人体所需的营养物质，具有补中益气、凉血解毒功效，是心血管患者及肥胖者理想的动物蛋白食品。

## 诗　　词

### 枫桥夜泊

唐·张继（生卒年不详）

月落乌啼霜满天，江枫渔火对愁眠。
姑苏城外寒山寺，夜半钟声到客船。

### 山　　行

唐·杜牧（公元803—852年）

远上寒山石泾斜，白云生处有人家。
停车坐爱枫林晚，霜叶红于二月花。

### 水调歌头·霜降碧天静

宋·叶梦得（公元1077—1148年）

九月望日，与客习射西园，余偶病不能射。

霜降碧天静，秋事促西风。寒声隐地初听，中夜入梧桐。起瞰高城回望，寥落关河千里，一醉与君同。叠鼓闹清晓，飞骑引雕弓。

岁将晚，客争笑，问衰翁。平生豪气安在？沉领为谁雄？何似当筵虎士，挥手弦声响处，双雁落遥空。老矣真堪愧，回首望云中。

## 劲 草 行

元·王冕（公元 1287 — 1359 年）

中原地古多劲草，节如箭竹花如稻。
白露洒叶珠离离，十月霜风吹不倒。
萋萋不到王孙门，青青不盖谗佞坟。
游根直下土百尺，枯荣暗抱忠臣魂。
我问忠臣为何死？元是汉家不降士。
白骨沉埋战血深，翠光潋滟腥风起。
山南雨暗蝴蝶飞，山北雨冷麒麟悲。
寸心摇摇为谁道？道傍可许愁人知。
昨夜东风鸣羯鼓，髑髅起作摇头舞。
寸田尺宅且勿论，金马铜驼泪如雨。

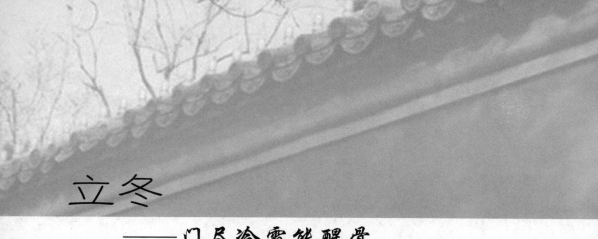

# 立冬

## ——门尽冷霜能醒骨

北方乡村有个风俗，乡民家中来了贵客，多是包饺子招待；每逢祝贺重大节日，宴席上的主食是饺子，以示热诚。立冬节气这天，很多乡民也包饺子吃。

立冬吃饺子，乡村里自古至今流传着几个说法。

我国过去是个农耕社会，立冬以后，北方地区万物进入越冬休眠期，乡民强体力劳动告一段落，劳动了一年的乡民在立冬这天要休息一下，做好吃的犒赏一家人付出的辛苦。俗话说："立冬补冬，补嘴空"，大概说的就是这个意思。北方人有"好吃不过饺子"一说，饺子被视为上好饭食，因此，立冬犒赏家人吃饺子。

饺子来源于"交子之时"的说法。大年三十是旧年和新年之交，立冬与立春、立夏、立秋合称四立，是个重要的农事节气，立冬是秋冬季节的交替，所以，"交"子之时吃饺子。

立冬预示着季节即将进入寒冷的冬天，冬天里，人们的耳朵容易被冻伤。饺子形似人的耳朵，北方人说，立冬这天吃了饺子，在冬天里就不冻耳朵了。

立冬，古人说："冬，终也，万物收藏也。"这时，秋季农作物几乎收晒完毕，收藏入库。田野里百草枯朽，落叶树木、灌木被秋风"横扫千军如卷席"，大地冷霜覆盖，寒气袭人，一派肃杀之气。"冬者，天地闭藏，水冰地坼。"自然界阴盛阳衰，各物都潜藏阳气，以待来春。

在"收藏"的万物中，包括许多动物、昆虫类，它们也躲藏起来进入冬眠，归避寒冷，由地上转为"地下工作者"。

我家乡乡民管动物冬眠叫"冬蜇""闭宿"。立冬以后，活跃在乡村田野里的蝙蝠、刺猬、黄鼠、仓鼠、青蛙（蟾蜍）、蛇、蜂、蚂蚁、蜗牛、蚯蚓，大森林里的熊、松鼠，水里的乌龟、鲤鱼等，还有绝大多数越冬昆虫一个个都销声匿迹了，它们或躲进洞穴，或藏入柴草，或沉入水底去"闭宿"了。

乡野里因突然间少了这许多动物、昆虫而变得愈加寂静，乡民们因此常常表现出短暂的不适应，言谈话语里不时地念叨着它们，话头上由近及远地数落起它们过往的事儿。

我们就从刺猬说起吧。

刺猬也叫刺团、猬鼠、偷瓜獾，在我国有2属4种。刺猬除了肚皮以外，全身长有硬刺，嘴短鼻子长，嗅觉格外灵敏，习性昼伏夜出，寻食昆虫、蠕虫，吃老鼠、蛇、幼鸟、鸟蛋、青蛙等各种小动物，也吃植物，饿极了的时候还"做贼"偷吃瓜果。刺猬最爱吃蚂蚁和白蚁，当它嗅到地下的蚂蚁时，即用爪子挖开洞口，然后将它的长而黏的舌头伸进洞内一转，便获得丰盛的一餐。刺猬性格温顺，形态可爱，常住在乡民的柴草棚里和灌木丛内，会游泳，喜安静，怕光、怕热、怕惊，睡觉时爱打呼噜，呼噜声和人打呼噜相似。有时候它吃了盐，齁（咸）得直咳嗽，发出的咳嗽声像老头咳嗽。当它遇到危险时，就将头和四足缩曲在腹部，全身棘刺竖立，卷成一个刺球，使袭击者对它无从下手。所以，人们比喻做一件事情无处着手时常说："狗咬刺猬无从下口。"如果你用物体压住它的爪子，它会疼得发出小孩子哭一般的叫声。

刺猬是异温动物，它不能稳定地调节体温，使其保持在同一水平，所以，会通过"闭宿"保护自己。一到秋末，刺猬就"闭宿"了。乡民的陈年柴草棚、草垛和枯枝落叶堆，是刺猬理想的"闭宿"场所，它用小树枝和杂草营造"闭宿"巢穴，还常用身上的针刺扎满柴草树叶给自己保暖。当气温降到7℃时，刺猬的体温也随之下降，进入"闭宿"状态，此时它的心跳由平时的每分钟50次左右，减少到七八次，有时只呼吸一次，甚至一连几分钟都不呼吸。原来，它的喉头有一块软骨，能将口腔和咽喉隔开，并掩紧气管的入口。它在巢穴里要足足睡上5个多月，期间偶尔醒来，但不吃不喝，很快再度入睡，直到第二年春天三四月，气温上升到10℃左右时苏醒出眠。

刺猬"闭宿"醒来后，它们急切地做两件事：一件是口渴找水喝；另一件是寻找配偶。自然后者急迫于前者。母刺猬在接受求偶前，公刺猬要在它周围耗费几个小时的时间接受"考察"赢得芳心。完成交配后，母刺猬开始寻找安全、安静的地方做自己和未来子女的巢穴。刺猬一年生育一窝，交配30天后生崽，一胎生3～6只。初生幼崽背上的毛稀疏柔软，几天后逐渐硬化变为棘刺。小刺猬出生后头半月没有视力，由母刺猬喂养，教给它们如何觅食。两个月后，小刺猬就可以独立生活了。

你别小看了刺猬，它可是位列"仙班"的"五大地仙"之一（一说"八大地仙"）。"五大地仙"是：狐狸为"狐仙"，黄鼠狼为"黄仙"，蛇为"长仙"，刺猬为"白仙"，老鼠为"灰五仙"。"八大地仙"中增加了狼、獾、猞猁和黄鼠（鼠类的一种，代替了老鼠）。平时，特别是在封建迷信盛行的旧社会，民间很少有人敢大肆捕杀刺猬。

刺猬的皮、肉、胆、脂、心、肝、脑等都具有药用价值，刺猬皮入中药，被称为"仙人衣"。

说起位列"仙班"的黄鼠，很多人对它已生疏了。就连今天乡村里的许多孩子，也不太熟悉它，甚至从小到大没有见过它。不是因为黄鼠难得一见，而是因为乡民们为了孩子将来能够出人头地，供养他们专心读书，舍不得让他们下地干活，缺少了接触黄鼠的机会。

黄鼠在我国分布的有 6 种。黄鼠体形比家鼠大，头大耳小，耳壳黄色，眼大而圆，眼眶四周有白圈。背部毛色深黄，杂有黑褐色毛，腹部、体侧及前肢外侧为土黄色，尾巴末端间有黑白色环。它前爪锐利，中指尤其发达，是挖洞穴的有利工具。黄鼠因偷吃农作物，故俗称"豆鼠子""大眼贼""禾鼠"等。我家乡乡民管黄鼠叫"地猴子"。

在我家乡，"地猴子"常栖息在坟地、河堤、沟崖、草坡等高岗处。它喜欢温暖气候但又惧怕炎热，白天出来活动。"地猴子"有个习惯，就是每次出洞后，先是后腿直立起来，两条前腿并排向下或相抱向上如作揖状，四处瞭望。它视觉、嗅觉、听觉灵敏，记忆力强，警惕性很高，在确定没有危险时才开始寻找食物，活动区域在其洞穴周围 500 米以内。"地猴子"主要吃草本植物的绿色部分，农作物的幼苗，有时也吃草根和某些昆虫的幼虫。在洞外活动期间，它不断地站立观望，站立形态有趣可爱。

"地猴子"一年中半年活动，半年"闭宿"，它在 9 月下旬至来年 3 月下旬"闭宿"。一年繁殖一次，春季发情交配，孕期 28 天，哺乳期 24 天，每窝生六七只，最多时超过 10 只。幼鼠 20 天睁眼，三十四五天后自行打洞分居独立生活，一只"地猴子"能活二三年，多的不超过 5 年。

"地猴子"平时不喝水。它还怕水。小时候，在春末夏初，我们经常去"灌地猴子"。就是发现了"地猴子"的洞穴以后，弄上一两桶水，往"地猴子"的洞里倒，水倒进洞里，发出"咕嘟、咕嘟"的声响，冒出串串水泡儿，这说明洞里住有"地猴子"。常常是不等一桶水倒完，"地猴子"们就被"灌"得纷纷爬出洞来，一只只湿得"落汤鸡"一般。它们在地面上跑不多远，就被我们追上去抓住了。我们捉了"地猴子"烧了吃，肉很细嫩很香。当地乡民说一个人任性不听话时，常用的一句话是："'地猴子'不钻窝——灌（惯）得！"

"地猴子"位列"八大地仙"仙班。乡民说，"地猴子"经常进行修炼，它站立起来的动作就是向天朝拜，期盼有一天能修炼"成精"变做人。并说，一只修炼 500 年的"地猴子"，就能够"成精"了。我村里老人说，他们看到过"地猴子"拜月亮。说是在一个月光明亮的夜晚，在田野里一群"地猴子"并排直立着面向月亮，两只前腿高举起来冲着月亮作揖。还说，一次，一位乡民外出走亲戚晚上回家，走在田野路上，月光下突然一只"地猴子"跑到他跟前，站立着给他作揖，嘴中言道："大哥，大哥，你看我像个人呢还是只'地猴子'呢?"那乡民说："我看你是只'地猴子'。"那只"地猴子"听罢，撂下前爪，一溜烟地跑了。老人们说，这是"地猴子"在借人语呢。你如果说它像个人，"地猴子"借了人语，就真的"成精"变人了。你说它是只"地猴子"，它知道自己还没有修炼到家，便去继续修炼。

看来，世间还是人世好啊! 不然，怎么连动物都想变人呢? 是动物真的这样"想"呢，还是人将自恋推及及物呢?

"闭宿"动物族群中，水陆两栖的"闭宿"动物首数青蛙（包括蟾蜍）了。

青蛙早在三叠纪早期开始进化。全世界蛙类有 4 800 多种，我国有130 多种。依据肤色、体形辨别，我家乡常见的青蛙有头部背部绿色、黑褐色斑纹的大花郎; 头部背部浅黄色、间杂三道白印的货郎鼓; 头部背部都是墨绿色的绿醴; 浑身疙疙瘩瘩的疥蛤蟆（蟾蜍）等，它们都是白色腹部。家乡人习惯管青蛙叫蛤蟆，管蟾蜍叫癞蛤蟆、疥蛤蟆。

青蛙是从水中走上陆地的，可以离开水生活，但繁殖仍然离不开水。青蛙繁殖的时间大约在每年四月中下旬，它是雌雄异体、水中受精。人们常常看到两只青蛙在水中相抱着浮出水面，以为是在交配，其实不然，它们是在产卵。青蛙在产卵过程中，雌雄相抱着，可以促使雌青蛙排卵。卵在水中孵化成蝌蚪，蝌蚪用腮呼吸，其形态像文字符号中的"逗号"。蝌蚪一天天长大，先长出两条后腿，再长出两条前腿，尾巴渐渐地缩短退化，最后变成青蛙，才转为主要用肺呼吸。但是，青蛙的多数皮肤也有部分呼吸功能，可以通过湿润的皮肤从空气中吸取氧气。青蛙的四条腿，前两条腿短，后两条腿长，前脚四趾，后脚五趾，脚趾间有蹼，头上两侧有两个略微鼓起的小包包，那是它的耳膜。因青蛙是两栖动物，所以能在地上跳，也能在水里游。

青蛙以昆虫和其他无脊椎动物为主食，平时栖息在农田、池塘、水沟或河流沿岸的草丛中，有时潜伏在水里，一般是夜晚捕食。它的绿肤色使它隐藏在草丛中几乎和青草的颜色一样，可以保护自己不被敌人发现。我小时候到地里拔草，拔着拔着，经常冷不丁有一只、几只青蛙跳出来，被吓一跳。你抓住它的时候，它会撒出一泡尿，大概是急的。青蛙捕食蛾子、黏虫、蚂蚱、蟋蟀、蚊子、玉米螟、棉铃虫等昆虫。它用舌捕食，舌根在它嘴的前端，舌尖向里，舌上有黏液，以便于捕捉昆虫。青蛙趴在一个小土坑里或草丛里，后腿蜷着跪在地上，前腿支撑，张着嘴巴仰着脸，肚子一鼓一鼓地等待着。一只飞虫飞过来，在青蛙面前一晃，青蛙身子猛地向上一蹿，舌头一翻，又落在地上，飞虫被吃进肚里。它又原样坐好，等待着下一个昆虫的到来。

青蛙蹲坐着，眼睛缓慢地一睁一闭，其沉稳老练像个将军。毛泽东主席当年在湘乡东山高等小学堂读书时写的一首《七古·咏蛙》言志诗，即借青蛙表达了他的志向，又活灵活现地刻画出了青蛙的形象："独坐池塘如虎踞，绿荫树下养精神。春来我不先开口，哪个虫儿敢作声？"

青蛙是歌唱家，它嘴边有个鼓鼓囊囊的东西，能发出声音。有些雄蛙口角的两边还有能鼓起来振动的外声囊，声囊产生共鸣，使蛙的歌声雄伟、洪亮。有时候，躲在草丛里的一只青蛙叫几声，旁边的青蛙也随着应和几声，好像在对歌。夏夜里，大雨后，是青蛙最爱叫的时候。每当这时，聚集在水湾里、河沟旁的青蛙们，一只开口叫，其他的紧相随，"呱呱呱"的叫声此起彼伏，"稻花香里说丰年，听取蛙声一片"，汇成一曲曲气势磅礴的大合唱。科学工作者研究青蛙，说它们的合唱不是各自乱唱，而是有一定规律，有领唱、合唱、齐唱、伴唱等多种形式，互相紧密配合，是名副其实的合唱团。据推测，合唱比独唱优越得多，因为它包含的信息多。合唱声音洪亮，传播的距离远，能吸引较多的雌蛙前来。所以，蛙类经常采用合唱形式找"女朋友"。

青蛙的另一族是疥蛤蟆，疥蛤蟆花黄皮肤，满身疙瘩，内有毒腺，能分泌出一种有毒的液体，凡是吃它的动物，一口咬上，马上产生火辣辣的伤痛感觉，不得不将它吐出来。疥蛤蟆行动笨拙蹒跚，不善游泳，在陆地上爬行多于蹦跳。有一种疥蛤蟆，你如果一碰它，它立即四腿直立，肚子在片刻鼓起老大，我家乡乡民管它叫"气蛤蟆"。你别看它其貌不扬，但是在消灭农作物害虫方面胜过漂亮的青蛙，它一夜吃掉的害虫比青蛙多好几倍。它是珍贵的中药材，从它身上提取的蟾酥和蟾衣，在我国是紧缺药材。蟾酥是六神丸、梅花点舌丹、一粒珠等31种中成药的主要原料。

疥蛤蟆在文化上的地位比青蛙高。蟾蜍，不论是在神话中，还是在现实生活中，都是幸福的象征。民间传说月亮中有蟾蜍，有桂树，蟾宫折桂，科举及第，故把月宫唤作蟾宫。金代诗人李俊民在《中秋》诗中写道："鲛室影寒珠有泪，蟾宫风散桂飘香"。古代纹饰中常见蟾蜍，殷商青铜器上有蟾蜍纹，战国至魏晋，蟾蜍一直被认为是神物，有辟邪功能。蟾蜍亦被认为是五毒之一。许多文人以蟾蜍为造型做砚滴，并不是意在辟邪，而是寻求另一番意味。民间有"刘海戏金蟾"的传说，该故事常被作为年画题材。蟾蜍那张硕大的嘴，那双暴突的大眼，那满身的疙瘩，给人以喜气洋洋的神气，亦寓意财源兴盛，生活幸福美满。

每当冬季到来，疥蛤蟆和青蛙一样，它潜入烂泥内，用发达的后肢掘土打洞，藏身洞穴内"闭宿"了。

各种昆虫，是在各自不同的发育阶段"闭宿"的。蚕蛾在卵期；三化螟在幼虫期；菜粉蝶在蛹期；家蚊在成虫期。钻心虫是以幼虫过冬的，幼虫躲在作物的茎秆里，挖凿出长长的隧道，用它自己吐出的丝结成网膜堵住隧道口，以保护"闭宿"的安全。蜘蛛"闭宿"时，有的蜘蛛用吐出的丝织成一个袋子，粘附在墙壁缝隙中、土坷垃底下，自己躲在袋子里，蛰伏着不动，以此来御寒。绝大多数昆虫，在冬季不是"成虫"或"幼虫"，而是以"蛹"或"卵"的形式进行"闭宿"，为了传宗接代，它们把虫卵藏在蛹壳里面，使其后代免遭严寒的伤害。

光说我家乡的"闭宿"动物可能有点太"地方主义"了。那就也说说几个他乡动物"闭宿"的故事吧。

爱尔兰国的冰蛇，入冬后就把身子全部冻在冰里，直躺时，像一根硬梆梆的棍子；盘卧时，像一朵白色的花。当地人就把它当手杖或串编成门帘来挡风。天气转暖了，这些多余的"手杖"和"门帘"，在人们还未抛弃它之前，便知趣地爬走了。

我国东北地区山林里的狗熊"闭宿"时听觉非常灵敏，"闭宿"处周围一旦有风吹草动就会立即醒来，能随时和对手搏斗。怀孕的母熊还会在"闭宿"期间生息，哺育宝宝，等开春母熊"闭宿"醒来，刚生下时巴掌大的熊宝宝已经长成三四千克重的"大孩子"了。

松鼠"闭宿"时睡得很死，有人曾把一只"闭宿"的松鼠从树洞中挖出，它的头好像折断一样，任人怎么摇动都不睁眼睛，用针刺它也不醒。把它放在火炉旁烘热，等了很长时间，它才慢悠悠地醒来。

许多"闭宿"动物一个冬季不吃不喝，会不会饿死？我们不必杞人忧天，它们是不会饿死的。因为它们早在夏季就开始在体内储存营养物质，使其足够整个"闭宿"期间身体需要的消耗。加上它们随着季节对自身进行调节，所以，体内储藏的营养物质满可以保证供应。自然界里的万物够神奇的吧？

立冬了，不适宜在冬季里活动的动物们知趣地退避了。这正是：万物知时节，生存具有踪；随之四时变，循环往复中。

## 时 间

每年的 11 月 7 日或 8 日，太阳到达黄经 225°时为"立冬"。

## 含 义

立冬是表示冬季开始，万物收藏，归避寒冷的意思。其实，我国幅员广大，除全年无冬的华南沿海和长冬无夏的青藏高原地区外，各地的冬季并不都是于立冬日同时开始的。按气候学划分四季标准，以下半年候平均气温降到 10℃以下为冬季，则"立冬为冬日始"的说法与黄淮地区的气候规律基本吻合。我国最北部的漠河及大兴安岭以北地区，9 月上旬就早已进入冬季，首都北京于 10 月下旬也已一派冬天的景象，而长江流域的冬季要到"小雪"节气前后才真正开始。立冬时节，晴朗无风之时，常有温暖舒适的"小阳春"天气，十分宜人，对越冬作物的生长也十分有利。

## 物 候

**立冬三候**："一候水始冰；二候地始冻；三候雉人大水为蜃。"

此节气水已经能结成冰。土地也开始冻结。"雉人大水为蜃"中的雉即指野鸡一类的大鸟，蜃为大蛤，立冬后，野鸡一类的大鸟便不多见了，而海边却可以看到外壳与野鸡的线条及颜色相似的大蛤。所以古人认为雉到立冬后便变成大蛤了。

## 农 事

东北地区大地封冻，农林作物进入越冬期；江淮地区"三秋"已接近尾声；江南正忙着抢种晚茬冬麦，抓紧移栽油菜；而华南却是"立冬种麦正当时"的最佳时期。华北及黄淮地区一定要在日平均气温下降到 4℃左右，田间土壤夜冻昼消之时，抓紧时机浇麦田、蔬菜及果园，以补充土壤水分，防止"旱助寒威"，减轻和避免冻害的发生。江南及华南地区，及时开挖田间"丰产沟"，搞好清沟排水，防止冬季涝渍和冰冻危害。另外，立冬后林区的防火工作提上重要的议事日程了。

**北方地区农事：**立冬时节冬到来，气温五度快浇麦。早浇要待麦全苗，晚浇莫过地冻牢。冻水浇罢紧划锄，保墒增温苗舒服。立冬过后砍白菜，过了小雪易冻害。地里棉柴拔个净，来年少生虫和病。冻前抓紧耕翻地，除虫晒垡蓄雨雪。农田建设修水利，沟渠路旁植树忙。果树修剪莫错过，枝条更新树健壮。牲畜栏圈封闭严，老幼牲畜保冬暖。栏里勤撒一把土，组织劳力积肥料。鱼种池塘管理好，来年春天有鱼苗。冬天人畜均莫闲，拉脚打工能挣钱。

## 养 生

保持心境平静，情绪安宁。"早卧晚起，必待日光"，保证充足睡眠，又要注意保暖。立冬要多进行日光浴——晒太阳。晒太阳给人温暖，促进血液循环和新陈代谢，能增进人体对钙和磷的吸收，对佝偻病、类风湿性关节炎、贫血患者恢复健康有一定的益处，尤其对婴儿软骨病有预防作用。并且，能够提高育龄妇女生育能力；预防乳腺癌；补充维生素 D；预防皮肤病；增强免疫力。饮食调养应遵循"秋冬养阴"、"无扰乎阳"、"虚者补之，寒者温之"的古训，随四时气候的变化而调节饮食。有的放矢地食用一些滋阴潜阳，热量较高的膳食为宜，也要多吃新鲜蔬菜，以补充维生素，如：牛羊肉、乌鸡、鲫鱼，多饮豆浆、牛奶，多吃萝卜、青菜、豆腐、木耳等。全国地理环境各异，同属冬令，西北地区天气寒冷，进补宜大温大热之品，如牛、羊、狗肉等；而长江以南地区气温较温和，进补应以清补甘温之味，如鸡、鸭、鱼类；地处高原山区，气候偏燥的地带，则应以甘润生津之品的果蔬、冰糖为宜。要因地、因人而宜选择清补、温补、小补、大补，万不可盲目"进补"。

## 立冬一吃

饺子："好吃不过饺子"，饺子是一种历史悠久的民间吃食，吃饺子是我国人民特有的民俗传统。因为取"更岁交子"之意，所以深受老百姓的欢迎。它表达着人们对美好生活的向往与诉求。立冬吃饺子，民间说法能防止冻耳朵——因为饺子形状如耳。饺子的特点是皮薄馅嫩，味道鲜美，形状独特。饺子皮可用寻常和面，烫面、油酥面；饺子馅儿可荤可素、可甜可咸；制熟方法可煮、蒸、煎、炸等。

诗　词

## 立　冬

紫金霜（年代、生平不详）

落水荷塘满眼枯，西风渐作北风呼。
黄杨倔强尤一色，白桦优柔以半疏。
门尽冷霜能醒骨，窗临残照好读书。
拟约三九吟梅雪，还借自家小火炉。

## 冬　景

宋·刘克庄（公元 1187—1629 年）

晴窗早觉爱朝曦，竹外秋声渐作威。
命仆安排新暖阁，呼童熨帖旧寒衣。
叶浮嫩绿酒初熟，橙切香黄蟹正肥。

蓉菊满园皆可羡，赏心从此莫相违。

## 九月二十六日雪予未之见北人云大都是时亦无

宋·方回（公元 1227—1305 年）

立冬犹十日，衣亦未装绵。半夜风翻屋，侵晨雪满船。非时良可怪，吾老最堪怜。

通袖藏酸指，凭栏耸冻肩。枯肠忽萧索，残菊尚鲜妍。贫苦无衾者，应多疾病缠。

## 立冬即事二首

宋·仇远（公元 1247—1326 年）

细雨生寒未有霜，庭前木叶半青黄。

小春此去无多日，何处梅花一绽香。

## 立 冬

明·王稚登（公元 1535—1612 年）

秋风吹尽旧庭柯，黄叶丹枫客里过。

一点禅灯半轮月，今宵寒较昨宵多。

# 小雪

## ——色映大野迷远近

乡村纪事

冷空气得寸进尺地一次次伸出它那本性无情的双手，将夏天的热风、秋天的清风推走了；将夏天的大雨、暴雨、雷电、彩虹，秋天的绵绵细雨推走了；将炎热的夏天、丰硕的秋天推走了；将自己带来的半冰半融的"湿雪"、雨雪同生的"雨夹雪"、米粒大小的"米雪"推到了岁月的前台——小雪节气不管不顾地姗姗走来了。

云暗初成霰点微，雪飘大野迷远近。

此时，"荷尽已无擎天盖，菊残犹有傲霜枝"，北方的天地清冷起来。

此时，乡民依然不能放手清闲。小雪封地，大雪封河，秋耕地接近最后一犁。乡民说，立冬前犁金，立冬后犁银，立春后犁铁。秋耕地可以提高地温，杀灭病虫，积蓄雨雪，保住墒情。对春田来说，秋冬耕地如浇了水，开春无雨也出苗。对盐碱地来说，秋冬耕地是一成坷垃一成苗，十成坷垃保全苗。所以，乡民特别看重秋耕地。许多时候，小雪时节如果冰冻还没有封地，乡民会抢时间把没有耕翻的土地进行耕翻。如果冰冻开始封地，就选在中午前后冰冻化开的这段时间耕翻。开春以后耕翻的土地，无论如何也赶不上秋冬耕翻的土地质量好。

此时，小麦冬灌基本停止。农田水利建设正在展开：河沟清淤、打井修渠、整平土地。大队、生产队里的副业生产拉开序幕：粉坊、油坊、磨坊、轧坊（棉花加工）、豆腐坊、条柳编织等，渐次开张。

此时，以户为单位的冬季积肥自觉行动起来，乡民的草筐转为粪筐。乡民说，拾猪粪，靠墙多；拾羊粪，上地坡；拾狗粪，柴禾窝；拾马粪，路上寻。院里扫帚响，栏里粪堆长。门前不断土，囤里不断谷；门前积下三大堆，明年增产不是吹。

此时，冬季植树进入扫尾。在20世纪六七十年代，乡村里植树多是选在秋冬之交。乡民说，冬前种树，小树树根周围埋下的土经过冰冻密实，比春天种下的树木扎根早，发育好，成活率高。乡民说，冬前栽树树难看，开春发芽长不慢；冬前栽树来年看，来年多长一尺半。待植树农活一结束，随之而来的是着手修剪树木了。

此时，一片片碧绿的大白菜，是当年收获的农作物留给初冬的最后一道亮丽风景。不过，白菜们也已准备停当，等待主人接它们回家。乡民密切注视着天气的变化，确保赶在寒流袭来和下雪前及时将白菜收回家，尽管他们还想让白菜在地里多快活几天，但是，季节一再告诉他们："小雪不砍菜，冻了莫要怪。"

我国人民对大白菜有着十分深厚的感情。白菜由芸薹演化而来，是以绿叶为产品的草本植物，它的原名在古代叫菘，这个名字很独特，蕴涵着白菜像松柏一样凌冬不雕，四时长有。白菜至少从六七千年前就供养着我国人民，首先是北方乡民。它是北方历代乡民的冬季主打菜，种一季吃半年，从冬可以吃到春。白菜从我国北方走遍国内各地、走出国门。乡民喜爱白菜，还有一个原因，那便是，当时没有冬暖大棚蔬菜生产和商品广泛快速大流通，北方冬季能储存常吃的蔬菜主要就是白菜、萝卜、胡萝卜、藕和亦粮亦菜的地瓜、土豆了。上述蔬菜中白菜种植面积最大，出产最多，存放时间亦久。

　　大概因此吧，我家乡乡民年年种植大白菜。每年的8月初，也就是伏天的第三伏里，乡民先繁育白菜秧苗，秧苗长出三四片叶子的时候，移栽进大田。而后，每天早晨、晚上两次用水壶给白菜苗"点棵"浇水，乡民叫"点白菜"。白菜苗成活后，不断给以浇水施肥。乡民说："淹不死的白菜，旱不死的葱"；"萝卜白菜葱，多用大粪攻"。然后，一遍又一遍地耪锄，表层土被耪得又暄又细，根草不长。白菜喜欢凉爽气候，在平均气温18～20℃和阳光充足的条件下生长最快，气温高了容易发生病害，零下3℃能安全越冬。霜降时节，白菜基本长高个头，乡民将叶子散开着生长的白菜用谷草拢起来，习惯叫它"捆白菜"，谷草捆在白菜的上首部位，让白菜集中养分长内层叶子，乡民叫它"憋心"（包心）。等到小雪前收获的时候，白菜心长到顶部，内里的叶子与叶子挤成一团，憋得嫩白如玉，着实喜人。

　　白菜食用广泛，做菜花样繁多，炒、熘、烧、煎、烩、扒、涮、凉拌、腌制等，都可做成美味佳肴。宋代词俊朱敦儒有一首写白菜的《朝中措》词说得好："先生馋病老难医。赤米厌晨炊。自种畦中白菜，腌成瓮里黄齑。肥葱细点，香油慢熁，汤饼如丝。早晚一杯无害，神仙九转休痴。"乡民平时自家吃，豆腐炖白菜、猪肉粉条炖白菜、虾米炖白菜、蘑菇炖白菜，也是常吃不厌。冬春季节的节日里，包饺子、蒸包子，白菜亦是首选菜。乡民说："肉中就数猪肉美，菜里唯有白菜鲜"，"百菜不如白菜"，"鱼生火，肉生痰，白菜豆腐保平安"，"立冬白菜赛羊肉"。用白菜招待客人，走亲访友，做炒白菜、醋熘白菜、栗子烧白菜、糖醋白菜心等，都是特色风味。

　　白菜不仅味道可口，而且营养丰富，除含糖类、脂肪、蛋白质、粗纤维、钙、磷、铁、胡萝卜素、硫胺素、尼克酸外，还含丰富的维生素，其维生素C、核黄素的含量比苹果、梨分别高5倍、4倍；微量元素锌高于肉类，并含有能抑制亚硝酸胺吸收的钼。祖国医学认为，白菜微寒、味甘、性平，归肠、胃经，有解热除烦、通利肠胃、养胃生津、除烦解渴、利尿通便、清热解毒作用，可用于治疗肺热咳嗽、便秘、丹毒、漆疮等疾病。因白菜含维生素丰富，冬天天气干燥，多吃白菜，可以起到很好的滋阴润燥、护肤养颜、抗氧化、抗衰老作用。近年来的科学研究表明，多吃白菜能防乳腺癌，降低乳腺癌的发生率。

乡民不懂得那么多科学研究上的事情，但是，他们在食用过程中知道，白菜特别适宜于慢性习惯性便秘，伤风感冒、肺热咳嗽、咽喉发炎、腹胀及发热之人食用。20世纪六七十年代，乡村医院少，医生少，求医看病不方便，乡民有个头疼脑热，经常用偏方验方自己治。一些乡民患了感冒，他们用干白菜根加红糖、姜片、水煎服，或用白菜根3个，大葱根7个，煎水加红糖，趁热饮服，盖被出汗，感冒即愈。乡民患了冻疮，他们将白菜洗净切碎煎浓汤，每晚睡前洗冻疮患处，连洗数日即可见效。乡民说"白菜萝卜汤，益寿保健康"，"白菜是个宝，赛过灵芝草"。

白菜虽好，气虚胃寒的人、腹泻的人不宜多吃。腐烂的大白菜不能吃，吃了容易使人发生严重缺氧引起中毒，出现头晕、头痛、恶心、心跳加快、昏迷等症状，甚至有生命危险。

此时，树木修剪是乡民的一项必做农活。树木经过一年的生长，生出了许多多余的枝杈，初冬前后修剪正是时候。乡民修剪树木都是用刀斧砍掉多余的枝杈，绝不用锯来锯。乡民说，刀斧是冷器，一刀一斧地砍在树上，树木破损处不发热，不妨碍伤口愈合。如果用锯锯枝杈，锯齿在来回拉动的摩擦中生热，容易对树木伤口造成"烧伤"，妨碍伤口愈合。乡民说，冬天修剪树木比春天修剪好，一则寒冬没有虫子，虫子不会从树木破损处乘机钻入树干，有效防止树干生虫。二则冬天无雨，树木破损处不会被雨水侵蚀造成腐朽，导致树干"金玉其外，败絮其中"。

用材树木修剪是这样，果树修剪更是这样。果树冬季修剪得好不好，直接关系来年挂果多少。在乡民眼中，果树是他们的钱袋子，要比"十年树木"获利快。所以，乡民看重果树管理，把果树当"孩子"养。在我家乡，桃、梨、杏、苹果、山楂、石榴树等，是最常见的果木树了。

乡民对桃树的管护从春到秋一直不放松。春天桃树抽出新的枝芽后，乡民摘去无用的芽子和新梢，对坐果的枝条摘心抑制生长，剪去过长的枝条，使其节约养分供给桃子。

到了初冬，乡民对桃树根据品种特性、树龄和树势进行整体修剪。乡民说，幼年桃树树势生长旺，果枝要留长一些，一般长果枝剪留4～5节花芽，中果枝留3～4节花芽，短果枝留2～3节花芽，花束状果枝只疏不截，徒长性果枝密疏稀留。盛果期的桃树，适当短截果枝，使它既能结果又能生发新梢作为下年结果的枝条。衰老期桃树，树势衰弱，缩短果枝留长度。对树上不结果的徒长枝，修剪时留二三十厘米，使它养成主枝、侧枝，作为以后的结果骨干枝。修剪桃树枝干的时候，还要内长外短——树冠内的大枝干剪截长一些，外围的枝干剪截短一些，避免树冠内里的过弱枝干被外围枝干"欺死""罩死"。

　　桃树是落叶乔木，桃花娇艳动人，唐代诗人崔护《题城南庄》诗云："去年今日此门中，人面桃花相映红。人面不知何处去，桃花依旧笑春风。"由此，"人面桃花"成为人们比喻美丽女人的常用语。明代画家唐伯虎对桃花那是另一种情味了："桃花坞里桃花庵，桃花庵下桃花仙；桃花仙人种桃树，又摘桃花卖酒钱。酒醒只在花前坐，酒醉还来花下眠；半醒半醉日复日，花落花开年复年。但愿老死花酒间，不愿鞠躬车马前；车尘马足富者趣，酒盏花枝贫者缘。若将富贵比贫者，一在平地一在天；若将贫贱比车马，他得驱驰我得闲。别人笑我忒疯癫，我笑别人看不穿；不见五陵豪杰墓，无花无酒锄作田。"

桃子汁多味美，果肉清津味甘，营养丰富。果、叶均可入药，据《本草纲目》记载，花称白桃花，治水肿、便秘。成熟桃晒干称碧桃干，治溢汗、止血。嫩果晒干称碧桃，治吐血、心疼、妊妇下血、小儿虚汗。叶子称桃枝，窜气行血、煎水洗风湿、皮肤病、汗泡湿疹。桃树根、干切片称桃根或桃头，能清热利湿，活血止痛，截疟，杀虫，治黄疸、腹痛、胃热，还可用于风湿关节炎，腰痛，跌打损伤，丝虫病等。乡民甚至认为，桃木还有辟邪功能。

乡民说："桃养人，杏害人，李子树下抬死人。"从此话中不难看出桃树在乡民心目中的位置。

梨树的别名叫水梨、山檎、玉露、快果、果宗等。梨是人们喜食水果，我国在周朝就有梨树，野生种类称为"檎"，人工种植的称为"梨"，现有上千个品种。梨树寿命可达百年、甚至几百年，它喜温喜光耐旱，适宜在低水位沙壤土质种植，只是在果子生长期需水量大。梨树一年中有两大看点：春天赏花，秋天品果。平时，梨子与梨花比，在人们的心目中梨花好似更胜一筹。你看，写梨花的诗词比比皆是："忽如一夜春风来，千树万树梨花开"；"粉淡香清自一家，未容桃李占年华"；"桃花人面各相红，不及天然玉作容"；"寄语春风莫吹尽，夜深留与雪争光"等。说梨子怎么怎么好看好吃的诗词就少有了。

对梨树的管理，乡民总结出一套经验："有形不死，无形不乱，因树修剪，随树作形""统筹兼顾，长远规划，均衡树势，从属分明""以轻为主，轻重结合，灵活掌握"，"抑强扶弱，正确促控，合理用光，枝组健壮"。

乡民说，梨树品种不同，生长习性也不尽相同，修剪方法也不相同。有的修剪时要用短截的方法来促发新梢，以尽快形成较大的枝叶量，提高产量。有的以短枝结果为主，修剪时要多缓放，以尽快形成较多的花芽。有的要减少短截的数量，多留顶花芽结果。

树龄不同，修剪方法也不相同。幼梨树修剪轻剪长放，多实行拉枝、摘心、缓放、短截；衰老期梨树要使延长结果年限，多用回缩更新的剪法，恢复树势；树势较旺的采用环剥、环割，少短截多疏除；树势较弱的多采用短截、回缩（也称缩剪。是指剪掉生长2年以上枝条的一部分。回缩的作用因回缩的部位不同而不同。一是复壮作用，二是抑制作用。）等修剪手段，少用缓放、疏除等剪法。

地力不同，修剪方法也不相同。地力较好的地块，树势一般较旺，多用缓势修剪——拉枝、缓放、疏枝、环剥、目伤、绞缢等。地力较差的地块，一般树势较弱，多采用促势修剪——短截、回缩等。地力较好的地块定树干较高一点，地力较差的地块定树干较低一点。

还有就是要给老梨树刮皮。乡民说："要想吃梨，老树刮皮。"梨树刮皮能够促使新树皮生长，有效防止虫害躲藏在老树皮里过冬，避免来年为害梨树。老树刮皮后，再在树身上涂抹石灰水，起到杀菌保温作用。

杏树是乡村种植较多的果树之一。说起杏树，人们自然想起叶绍翁的《游园不值》诗："应怜屐齿印苍苔，小扣柴扉久不开。春色满园关不住，一枝红杏出墙来。"还有宋祁的"绿杨烟外晓寒轻，红杏枝头春意闹"，张继的"春风不肯停仙驭，却向蓬莱看杏花"，司空图的"能艳能芳自一家，胜鸾胜凤胜烟霞"，陆游的"小楼一夜听春雨，深巷明朝卖杏花"，温庭钧的"杏花未肯无情思，何是情人最断肠"等诗句，带给人们不尽快乐和向往。

乡民喜欢它"早花"："杏花落，桃花开，杨柳吐絮。"乡民喜欢它对主人的尽快回报："桃三杏四梨五年，枣树当年就卖钱。"乡民还喜欢它是"长寿树"：一棵杏树能成活上百年。一次栽植，多年受益。

初冬修剪杏树的时候，乡民很注意看树龄。乡民说，修剪刚结果的杏树时，对主、侧枝延长枝轻剪长放，一般在全枝长的2/3处进行短截。剪除密挤枝、多杈枝、重叠枝和强旺枝，控制竞争枝、直立旺枝的生长。对盛果期树根据枝条长势、树冠各部位的空间情况，适当疏密、截弱，保持稳定的结果部位和生长势头。对衰老期树利用中下部位角度小、生长健壮的背上枝换头，促使隐芽萌发更新。对结果枝组和结果枝"去弱留强"，选留壮枝、壮芽进行更新修剪。对位置适当的徒长枝，培养为骨干枝和结果枝组。

　　……

节到小雪天降雪，乡民此刻不得歇。享受丰富果实的人们，可曾想到这些？

## 时 间

每年 11 月 22～23 日，当太阳到达黄经 240°时为小雪。

## 含 义

小雪，《月令七十二候集解》："10 月中，雨下而为寒气所薄，故凝而为雪。小者未盛之辞。"小雪节气天气逐渐变冷，这时，我国广大地区东北风开始成为常客，气温逐渐降到 0℃以下，黄河中下游平均初雪期基本与小雪节令一致。但大地尚未过于寒冷，虽开始降雪，雪量却不大，并且夜冻昼化，故称小雪。如果冷空气势力较强，暖湿气流又比较活跃的话，也有可能下大雪；南方地区北部开始进入冬季。"荷尽已无擎雨盖，菊残犹有傲霜枝"，已呈初冬景象。

## 物 候

**小雪三候**："第一候为虹藏不见，二候为天腾地降，三候闭塞成冬。"

由于气温降低，北方以下雪为多，不再下雨了，雨虹也就看不见了。又因天空阳气上升，地下阴气下降，导致阴阳不交，天地不通。所以，天地闭塞而转入严寒的冬天。

## 农 事

有的继续给小麦浇冻水。开展农田基本建设，兴修农田水利，整平土地。北方地区果农开始为果树修枝，以草秸编箔包扎株杆，预防果树受冻。俗话说"小雪铲白菜，大雪铲菠菜"。收获白菜等蔬菜，或用地窖，或用土埋土法贮存冬日蔬菜。做好鱼塘越冬的准备和管理，管好越冬鱼种池。储备大牲畜越冬饲料，做好牲畜的御寒保暖工作，保证牲畜安全越冬。农民利用冬闲时间大搞条柳编、草编和农副产品加工生产。进行冬季积肥、造肥。安排时间进行农业技术培训。

北方地区农事：节到小雪天降雪，农民此刻不能歇。继续浇灌冬小麦，地未封牢能耕掘。大白菜要抓紧砍，菠菜小葱风障遮。冬季积肥要开展，地壮粮丰囤加苫。植树造林继续搞，果树抓紧来剪截。牛驴骡马喂养好，冬季不能把膘跌。农家副业要大搞，就地取材用不竭。油房粉房豆腐房，赚钱养猪庄稼邪（长）。苇蒲绵槐搞条编，技术简单容易学。鱼塘藕塘看管好，江河打鱼分季节。春打黄昏冬五更，浑水白天清水夜。冷打深潭热流水，风天风脚鱼集结。

## 养　生

小雪节气前后，天气时常阴冷晦暗，人们的心情受其影响，容易引发抑郁症。所以，应调节自己的心态，保持乐观，经常参加一些户外活动以增强体质。多晒太阳，多听音乐。清代医学家吴尚说："七情之病，看花解闷，听曲消愁，有胜于服药者也。"起居，注意御寒保暖，防止患感冒。饮食，多吃含叶酸的蔬果抗抑郁，如菠菜、猕猴桃、牡蛎、橘子、黄豆和深绿色的蔬菜。多吃保护心脑血管的食品避免血液黏稠，如丹参、山楂、西红柿、芹菜、红心萝卜等。多吃降血脂食品，如苦瓜、玉米、荞麦、胡萝卜等。多吃温补性食物和益肾食品。温补性食物有羊肉、牛肉、鸡肉、狗肉、鹿茸等；益肾食品有腰果、芡实、山药熬粥、栗子炖肉、白果炖鸡、大骨头汤、核桃等。另外，要多吃炖食和黑色食品，如黑木耳、黑芝麻、黑豆等。预防口鼻上火，多喝点热汤，如白菜豆腐汤、菠菜豆腐汤、羊肉白萝卜汤等，既暖和又能滋补津液。

## 小雪一吃

羊肉：羊肉被称为"冬令补品"。冬天常吃羊肉一举两得，一来羊肉鲜嫩，营养价值高，可以促进血液循环，增加人体热量，增加消化酶，帮助胃消化，最适宜冬季食用。二来具有补肾壮阳、补虚温中等作用，凡肾阳不足、腰膝酸软、腹中冷痛、虚劳不足者皆可用它作食疗品。对肺结核、气管炎、哮喘、贫血、产后气血两虚、体虚畏寒、营养不良、阳痿早泄以及一切虚寒病症均有很大裨益。男士适合经常食用。

## 诗 词

### 逢雪宿芙蓉山主人

唐·刘长卿（公元约 726—约 786 年）

日暮苍山远，天寒白屋贫。柴门闻犬吠，风雪夜归人。

### 小 雪

唐·无可（公元 779—843 年）

（贾岛从弟。少年时出家为僧，与张籍、马戴等人友善。）

片片互玲珑，飞扬玉漏终。乍微全满地，渐密更无风。
集物圆方别，连云远近同。作宾凝瘠土，呈瑞下深宫。
气射重衣透，花窥小隙通。飘秦增旧岭，发汉揽长空。
迥冒巢松鹤，孤鸣穴岛虫。过三知腊尽，盈尺贺年丰。
委积休闻竹，稀疏渐见鸿。盖沙资澶漫，洒海助冲融。
草木潜加润，山河更益雄。因知天地力，覆育有全功。

### 和萧郎中小雪日作

唐·徐铉（公元 916—991 年）

征西府里日西斜，独试新炉自煮茶。
篱菊尽来低覆水，塞鸿飞去远连霞。
寂寥小雪闲中过，斑驳轻霜鬓上加。
算得流年无奈处，莫将诗句祝苍华。

## 小　雪

宋·释善珍（公元 1194—1277 年）

云暗初成霰点微，旋闻萧萧洒窗扉。
最愁南北犬惊吠，兼恐北风鸿退飞。
梦锦尚堪裁好句，鬓丝那可织寒衣。
拥炉睡思难撑拄，起唤梅花为解围。

## 贺新郎　（雪）

南宋·葛长庚（公元 1131—？，另说 1194—？ 年）

是雨还堪拾。道非花、又从帘外，受风吹入。扑落梅梢穿度竹，恐是鲛人诉泣。积至暮、萤光熠熠。色映万山迷远近，满空浮、似片应如粒。忘炼得，我双睫。

吟肩耸处飞来急。故撩人、黏衣噀袖，嫩香堪浥。细听疑无伊复有，贪看一行一立。见僧舍、茶烟飘湿。天女不知维摩事，漫三千、世界缤纷集。是弱水，谁能及。

# 大雪
## ——千树万树梨花开

冬夜里，乡民倾听着窗外的寒风呼啸声入睡。一觉醒来，天亮了，风停了，窗外一片白，铺满了院子，覆盖了房顶，遮掩了柴垛，压住了鸡鸣狗叫声。

这时，许多乡民并不急于起床，他们披衣坐在被窝里，望着窗外天空中仍在飘飞的雪花，喜悦袅袅升腾积聚于心头："冬无雪，麦不结；下雪如存粮，瑞雪兆丰年哪！"

这时，抽烟的乡民伸手从盖在被子上的棉袄荷包里掏出烟袋，不紧不慢地给烟袋锅里装满了碎烟叶（或者撕一块纸条，捏一撮碎烟叶放进纸条里卷成喇叭形烟卷，伸出舌尖舔湿纸条边沿粘合）划根火柴点燃了，深吸一口，徐徐吐出一团白雾，心里舒坦的不行，嘴里念叨着："嘿嘿，今年麦盖三床被，来年枕着馒头睡。"抽烟完，一撩被子："起来喽，扫雪去呀。"

大雪节气，就是常常伴着大雪到来的。

这个季节，乡民中的"七十二行"们可高兴了，他们以此为借口，向生产队长请假，自此到年后春耕生产大忙前，可以不再到生产队出工，走村串巷施展自己的手艺，挣俩零钱花花。没有手艺的"死庄稼丁（腔）"们也松了一口气，"大雪冬至后，篮装水不漏"，土地冻得当当响，锹掘不动，镐刨不动，农活稀松二五眼，干活戳戳顶顶挡过去了，人轻省，工分不少挣。

　　在以后的日子里，乡村大街小巷从早到晚不时传来各种声调的吆喝声、铜锣声、梆子声……

　　"锢盆子锢碗锢大缸！"这是挑担子串乡的锢漏子匠的吆喝声，他拉着长调，像唱歌一样，声音从过道（巷子）这头传到过道那头，蹿房越脊飘飞到相邻的过道里，送进附近乡民的耳朵里。那些家里有碰破的瓦盆瓦罐、大小水缸、瓷壶瓷碗的乡民，把锢漏子匠叫进家里修补。其时，乡村比较贫穷，乡民日子拮据，打破的盆盆罐罐，只要能够修补再用，都舍不得扔掉。另外，乡民世代传承的勤俭节约治家之道，也时时提醒着他们物尽其用，不可糟蹋东西。因此，锢漏子匠在乡村很有用武之地。

　　锢漏子匠在乡民院子里靠墙根放下挑子，坐在马扎上，膝盖上垫一块旧布，拿过裂了璺的瓦盆（瓦罐），左审右视，用眼睛丈量着裂璺的长短、宽窄，在心里计算着需要几个锔子，什么样的锔子。回手拉开货担的小抽屉，里面放着铁丝、铜条、钉锤等物，拿出钻杆钻头，杆钻上端缠绕着牛皮绳。然后，两腿夹着瓦盆（瓦罐），选定锔子位置，右手持弓左手持钻，弓拉钻响，上下按压，带动钻头在瓦盆上旋转深入，发出吱吱的声响，钻头周围"吐出"一圈粉末。钻完一个锔子眼后，将钻头沾沾水，给发热的钻头降降温，也是给钻头润滑润滑。一个个锔子眼钻好后，锢漏子匠拿出铁丝，放在铁砧子上用钉锤砸扁，再按比例截断，做成锔子，将锔子用钉锤一个一个砸进锔眼里，敲打砸实，抹上油灰灌缝，一只破裂的瓦盆（瓦罐）就锔好了。凡是盛水的盆罐，锢漏子匠补好后，都要往盆罐里倒些水，托举起盆罐摇晃摇晃，看看修补的地方是不是渗漏。只要不渗漏，他轻松地喊一声："妥了。"

锔水缸、瓷壶、瓷碗，工序和锔盆锔碗一样，只是使用的锔子大小和材料不一样。锔补大瓦盆、水缸，为了钻眼准确，先用绳子把大盆、水缸捆绑固定，再用大钻头钻、大铁锔子锔。瓷壶、瓷碗质性坚硬，表面光滑，一般钻头钻不动它，使用金刚钻小钻头，铜锔子。锔瓷质类的器皿技术性强，由此，民间派生出一个词语："没有金刚钻，别揽瓷器活儿。"

不过，过去乡村里锔补的壶、碗一类物品，也不都是破损的。新中国成立前有些富裕人家买了上好的紫砂壶、细瓷碗，故意把它弄出裂璺锔补，就要那个样子。他们在紫砂壶里装上黄豆，倒进水。黄豆遇水膨胀撑裂壶帮，再镶上铜锔子、银锔子，甚至金锔子，茶壶就成了一件别具风格的工艺品。喝茶人一边品茗一边欣赏茶壶锔补工艺，别是一番品味。

我家乡紧邻宁津县，宁津县里锢漏子匠很多，在四外八乡挺有名。过去有首小调是唱宁津锢漏子匠的，其中两句是："家住宁津本姓张，锔盆锔碗锔大缸。"当地还从最早源于明传奇《钵中莲》第十四出《补缸》中，演绎出河北梆子戏剧《锔大缸》，传唱至今。

与锔盆子锔碗锔大缸相近的还有补锅。乡村里各种铁锅、铜盆之类的金属、搪瓷器皿破损，乡民更是不轻易扔掉。补锅匠肩挑小红炉和小风箱，小红炉上架一口小坩埚，将补锅（铜盆）用的铁、铜、锡、铅等，放进锅里熔化。补锅匠把小风箱拉得呱哒呱哒响，吹得火舌忽长忽短不停地舔锅底，铁（铜、锡、铅）在坩埚里慢慢化成"水"。补锅匠把灼热的"水"倒在铁锅（铜盆）的破损处，铁水（铜、锡、铅）冷却后再用砂纸打磨平滑，一口锅（一只铜盆）补好了。遇到铁锅（铜盆）有大破洞，补锅匠便制作一个金属补丁补在破损处，再浇灌铁（铜、锡、铅）水补严补平。

乡村补锅大概在全国很普遍，20世纪80年代有一出湖南花鼓戏叫《补锅》，故事说的是，一个有文化、有志向的农村姑娘，希望找一个有技术、职业好、贡献大的小伙子做女婿，最后找了一个青年补锅匠。

"拿铺衬套子来换针换线使唤吧！"这是乡村收破烂人的叫喊声。乡民管他们叫"换针换线"的、"换铺衬套子"的。"换铺衬套子"人推着太平车子，一边筐篓里装着各种"针头线脑"小百货，一边筐篓里装换来的废旧物品。对于这种物物交换，中老年妇女们乐此不疲。当家女人们听到"换铺衬套子"的吆喝声，把自家积攒的碎布条、几乎不能再使用的旧套子（棉絮）、旧鞋旧袜、女人梳头梳下来的头发等，一一清理出来，拿了去换所需物品，常常是用一双旧棉鞋换一裹（一包）大号针或者两裹小号针；一大团碎布条换一轴"洋线"（乡民管纺纱厂纺出来的棉线叫"洋线"）；几个头发卷换一盒蛤蜊油、雪花膏等。女人们唧唧喳喳地与"换铺衬套子"人讨价还价，争分夺厘，有扯着嗓子嚷嚷的，有低声细气嘀咕的，有凑上前来帮腔说话的，有在一边旁观不语的，还有看热闹等着坐收渔利的。女人把一裹大号针拿过来了，"换铺衬套子"人又夺回去了，顺手递过一裹小号针，嘴里说着"亏不了你，亏不了你"的补偿话。不知情的人，还以为她们在吵嘴打唧唧呢。

乡村里不能没有"换铺衬套子"行当，如果一段时间"换铺衬套子"的不来，女当家们就觉得屋内墙角旮旯里这一堆那一垛的，碍眼堵心不顺畅，做针线活不是少了针就是缺了线。

乡村货郎与"换铺衬套子"的不同，他们是卖小百货的，一般不采用物物交换。货郎也是乡村里的一道风景。一个个中老年货郎，有的挑担子，有的推车子，或手摇货郎鼓，或手敲小铜锣，在街头、过道里洒下一路脆响。乡民说，货郎摇鼓还有名堂，进村摇的鼓点是："出动，出动，出出动。"唤人们出来购货。人出来多了，货郎就高兴地摇："嘿得隆咚！嘿得隆咚！"世间各行各业，真是各有各行道的"暗语"呀！

货郎的竹筐里盛满各式各样的小物件儿。男人使的烟袋锅、烟袋嘴、烟袋杆；女人戴的发夹子、梳头梳子、篦子；姑娘喜用的擦脸、搓手油；学生用的铅笔、橡皮、削笔刀；孩子玩的印模子、泥娃娃、溜溜球（我家乡孩子叫它溜溜蛋）等，应有尽有。歌唱家郭颂唱的《新货郎》民歌，虽然反映的是东北地区民间风情，把它"移植"到我家乡一带，也大体符合：

"哎……打起鼓来敲起锣，推着小车来送货。车上的东西实在是好呀，有文化学习的笔记本，钢笔铅笔文具盒儿；姑娘喜欢的小花布儿，小伙儿扎的线围脖儿；穿这个球鞋跑得快，打球赛跑不怕磨；秋衣秋裤号头多，又可身来又暖和。小孩儿用的吃奶的嘴儿，挠痒痒的老头乐儿；老大娘见了我也能满意，我给她带来汉白玉的烟袋嘴儿，乌木的杆儿哎，还有那锃光瓦亮的烟袋锅儿。老大娘一听抿嘴乐：'新式货郎心肠热，我想买的东西你车上没有。大娘我工作在托儿所，给孩子做点儿针线活儿，这孩子一多没管住，把我的镜腿儿给掰折。我能描龙能绣凤，离开花镜就没辙，常把鞋里当鞋面儿，常把鸭子当成鹅。'老大娘不用再说我明白了：'您是上了年纪眼神弱，想买花镜不费事儿，单等到明天风雨不误送到你们那个托儿所儿，还给您捎来那眼镜盒儿。'金色晚霞照山坡，货郎我推着空货车，乡亲们亲亲热热送到村子口儿，送货不怕路途远，……铁脚板儿蹭蹭蹭蹭，就好像登上那摩托车哎嗨哟哎。"

货郎这一行当不但我国有，外国也有。俄罗斯有一首由诗歌《货郎》谱曲的民歌，这首《货郎》民歌在俄罗斯很著名，流传很广。由此看来，俄罗斯也有货郎了。

刨笤帚的手艺人是风雪无阻的，因为他们的工具简单，不用肩挑车推，只是背一个筐篓，几件工具往筐篓里一放就走四乡。刨笤帚不占地方，可以在院子一隅，可以在门洞里，也可以在屋子里。

刨笤帚常用的材料有脱粒后的黍子苗（黍子秸穗）、高粱穗和扫帚菜秸秆等。黍子苗细软柔韧，刨出的笤帚耐用，扫炕扫得干净。高粱穗码和扫帚菜秸秆短粗硬脆易折，刨出的笤帚挺托，适合扫屋地，也可以用作扫院子。脱粒后的高粱穗捆成把做炊帚，是刷锅刷碗的首选工具。

每年秋收的时候，妇女们把收割的黍子苗都晒干打捆存放。收割高粱时，挑选穗大码长、莛杆匀实的高粱穗单独存放，晒干后用搓板搓去穗上的粒儿，将空穗打捆存放。等到冬闲了，刨笤帚的来了，把它们刨成笤帚、炊帚，除了自家使用，多余的还可以拿到集市出售。

刨笤帚用的主要工具是脚蹬子、宽皮带、牵绳、麻绳和月牙镰刀。脚蹬子丁字形，是用枣木或榆木做的，宽皮带系在腰间做腰围，牵绳是牛皮筋做的，是脚蹬子和腰围的连接绳。刨笤帚人抓一束黍子苗（高粱穗、扫帚菜秸秆），捋齐整了，将黍子苗穗部（高粱穗部、扫帚菜秸秆上稍部）放进打了扣的牵绳上，双脚踩着脚蹬子，腰一挺，脚下用力手使劲儿，就把黍子苗（高粱穗、扫帚菜秸秆）捆紧了。刨笤帚人顺势把叼在嘴里的麻绳牵绳打扣处一塞，跟着由下往上一转缠着的笤帚把儿，麻绳随着捆在了笤帚把儿上，缠绕两三圈，打个结，拴个扣儿，一道麻绳捆好了。这样一束一束地续着捆，用月牙镰刀分次削减笤帚把上多余的黍子（高粱穗、扫帚菜）秸秆部分，使笤帚把细匀适中。经过削齐整形，一把笤帚刨成了。这期间，刨笤帚人不时往黍子苗（高粱穗、扫帚菜秸秆）上撒点水滋润滋润其秸秆，为的是不折断，捆得结实。

乡村里刨笤帚很廉价，那时一毛钱能刨三四把笤帚。还有个别时候不给钱也给刨，因为刨笤帚削减下来的秸秆归刨笤帚人，他权当到地里拾筐柴禾。

在"七十二行"中，有一种劁猪技艺。劁猪匠肩背褡裢子，褡裢子上插一根细棍或铁丝，顶头上系一红布条，或者骑一辆破旧自行车，车子把上竖根细棍或铁丝，上面拴着红布条，他们走村串户，边走边吆喝："劁猪了！有劁猪的吧?"

劁猪，劁者，阉也。劁猪就是阉割猪的睾丸或卵巢，一种去势手术，其道理和古时阉人当太监是一样的。这是我国古代流传下来的兽医外科手术，在东汉时期就有了。这种神奇的古传妙法，据说是当年华佗高超外科手术的真传。劁猪技术很霸道，公母通吃，公猪摘卵子，母猪摘卵巢。有意思的是，这一外科手术不打针，不吃药，甚至不缝合，被"劁"的猪伤口却不感染。

乡民多数人家养猪，他们把喂养的泡猪（我家乡管公猪叫泡猪）、母猪"劁"了，为的是育肥。不"劁"的猪，吃了食物养分没有转化到长肉上，而是为繁殖积攒精力和活力。所谓饱暖思淫欲，猪虽牲畜，亦有所需，凡是泡猪都长的瘦长，凡是母猪都身材婀娜，它们为吸引异性而躁动不安，不能如其所愿又郁郁寡欢，越吃越瘦，自然肥不起来。猪长到成年一旦发情，便不睡不吃，性情暴躁，拱砖撬石，甚至越栏逃跑。所以，必须在它小时候将其睾丸或卵巢摘掉。猪被斩除情根，性情温顺，便于看管，春天心不动，夏天胸不躁，秋天意悠扬，冬天晒太阳。心静了，气就顺了，吃嘛嘛香，身体倍棒，自然就肥了。并且，"劁"了的猪，它的肉没有腥膻异味，好吃。

劁猪匠拿着一把劁猪刀子、钩子、缝针和线，走遍乡村千家万户。劁猪匠劁猪时，主家帮他抓了猪，摁倒在地。劁猪匠左脚用力，腿半跪压在猪身上，使猪不能乱动，右脚用力支撑地面，保持身体平衡。他拿出劁猪刀用嘴叼着，先是双手抓住泡猪裆下的一对卵子，捏住，再腾出右手，拿过刀。劁猪刀长三寸左右，一头是半个鸭蛋大小、呈三角形的锋利刀刃，用来划开猪的皮肤；一头是个弯钩，用它钩泡猪的卵子。劁猪匠麻利地将刀对准捏起的卵子，用刀尖轻轻划两下，刀子在手中一掉头，弯钩朝前了，伴随泡猪凄惨的哀嚎，两个蛋蛋落在了劁猪匠事先准备好的麻布上。然后，劁猪匠让主家从灶膛里掏来一把柴草灰，敷在泡猪的伤口处止血。他将那双血糊糊的手在猪毛上蹭蹭，手一松，那泡猪迅速爬起来，噌地窜出老远，哼叫着逃跑了。劁猪的整个过程也就五六分钟，称得上手到擒来。

"劁"下来的卵子，有的主家留下，蒸熟了给男人吃，说是吃啥补啥。有的主家不要了，劁猪匠便拿着，一天积攒一碗半碗，晚上当了犒赏自己辛苦一天的下酒菜。还有些是，劁猪匠和主家都不要卵子，他们将两颗卵子扔到猪圈棚顶上。这大概是受了阉人的启发。在封建社会，太监被阉割时，阉割下来的"物件"从不随意扔掉，而是放进一个木制锦盒子里，安放在高架子上，行话叫"高升"。一来让现管太监验明正身，二来待到这个太监死时能够全尸下葬。把猪卵子扔到棚顶上，也算是让它图个"高升"吧。

剃头匠挑一副沉重的担子，一头装着火炉、水壶——剃头挑子一头热，一头装着竹椅、理发刀具、镜子等，有的还装着自己吃饭的锅碗瓢盆和米面。剃头匠在过道里喊一嗓子："剃头哟！"老主顾们听见喊声走出门来，见面相互寒暄。说话间，剃头匠往脸盆里倒上烫手的热水，给剃头人洗头，把头发烫软了好剃。再将头发擦半干，只见剃头匠拿起剃刀"嚓——嚓——"，刀子从后头顶经过后脑勺划到脖颈上部，剃下一二指宽长长的一溜头发，刀割韭菜一般。转眼将头剃了一遍，舀来热水洗头，再细刮一遍，头皮便光亮光亮的了。接着修面、掏耳朵、按摩。

剃头匠的一个竹筒里装着各式竹掏耳、大小鹅绒毛扫、铜丝弹条、绞耳毛小刀、小铜起子、夹子等。掏耳的时候，先用绞耳毛小刀绞去顾客耳内的汗毛，再用掏耳细掏耳屎，用小夹子夹出，用起子起松薄皮夹出，用铜丝弹条在耳内一弹，弹得耳里"嗡嗡"作响，最后，用鹅绒毛扫扫净。有的顾客在掏耳中进入睡眠状态，那真叫舒服。

按摩睡落枕的脖子，剃头匠让顾客坐在凳子上，提肩、揉大椎穴、推松臂筋。然后，剃头匠左手托着顾客的下巴，右手托着顾客的后脑，将顾客的头左右轻摇几下，猛然用劲把头往上一提，"咔"的一声响后，顾客顿感脑袋转动自如了。还有寒食瘀积的腰背，剃头匠让顾客坐在凳子上，他站在顾客身后，双手挟着顾客的两腋左右摇摆，随后左膝顶着顾客的臀部，猛劲向上一提，同时大喝一声"嗨"，顾客猛地一惊，腰部"咔"的一声，顿时周身出汗，四体舒服。就这样，剃头匠三招五式，把颈椎、腰椎捏拿得咔咔响，手到病除，舒服得剃头人鼻歪眼斜。

在冬季乡村舞台上，从旭日东升到夕阳西下，耍手艺的各位"匠"们像走马灯一样穿梭村中。磨刀匠扛着一条长床子，床子两头各镶有一块青石或砂石，床子腿旁吊着小水罐、戗刀、刷子和布条子。他们一条过道一条过道地串着喊："磨剪子唻戗菜刀！"剪子、菜刀家家有，天天用，用不多久刀刃钝了就得磨，因此，磨刀匠不愁没活干。

石磨匠外出打磨肩背褡裢，褡裢里装着锤子、錾子。慢悠悠地走着吆喝着："有打磨的吧！"乡民家里的石磨使用一段时间后，磨齿就不快了，磨面时面粉出的少了、粗了，磨的遍数增多了。这时，需要对磨膛、磨齿进行打磨，叫"錾磨"。打磨是细致活儿，一盘磨要打磨半天、一天。

张罗匠也叫箍桶匠，是木匠的一个分支，鲁班的传人。乡民家里的面罗坏了，舍不得买新的，罗帮坏了换罗帮，罗底坏了换罗底，张罗匠大显身手。他们使用的工具有小锯、斧头、锤子、仰脸刨、滚刨、扳钳子（捉上档）、催箍子、弯刀（鳗鱼刀）、桶莎子、麻扳、刮板（平铲）、篾刀、圆规、鲁班尺等工具。工具箱是椭圆形，俗称"腰子桶"，箱子上盖的一小半能打开，平时盛工具，做活时当座位。张罗匠挑着挑子高声吆喝："张破罗哟！"东家婶子的罗帮劈了，西家大娘的罗底破了，经张罗匠三锤两斧修理完好了。

筲箩匠手中拿着一串铁皮叶子，边走边晃，发出"哗啦哗啦"的声响。乡民听到这"哗啦哗啦"的铁叶子响声，知道是补笸箩绑簸箕的来了，便拿了坏帮掉底的笸箩、簸箕让他们修理。笸箩、簸箕是用脱皮后的绵柳条编织的，好笸箩不漏米不漏面不渗水，漂在河里能当船行。一只笸箩能使用几年、十几年，即便部分坏了，乡民也舍不得扔，等笸箩匠来穿乡时修理，笸箩帮坏了补块皮子，边沿的系子掉了用牛皮绳捆结实，底子破漏了补齐整。

"拨浪鼓儿风车转，琉璃咯嘣吹糖人"。据说，吹糖人儿的祖师爷是刘伯温。朱元璋坐定天下后，借着造"功臣阁"谋杀功臣，刘伯温为躲避杀身逃跑了，途中被一个吹糖人老人救了，两人调换服装，他扮作了吹糖人的。从此刘伯温隐姓埋名，天天挑着糖人担子制作各种糖人儿，有鸡鸭鹅兔什么的，煞是可爱，小孩子争先购买。这门手艺传至今日。

糖人匠也是挑着一副挑子，挑子一头是一个带架的长方柜，柜子下面有一个半圆形开口木圆笼，里面有一个小炭炉，炉上有一个大勺，大勺里放满了糖稀。木架分两层，每层都有很多小插孔，为的是插放糖人。糖人匠用小铲取一点热糖稀，放在沾满滑石粉的手上揉搓，然后用嘴叼着一段吹，吹起泡后，迅速放在涂有滑石粉的木模内，用力一吹，稍过一会儿，打开木模，糖人吹好了。再用麦秸秆或芦苇秆一头沾点糖稀贴在糖人上，就成了。吹糖人的心灵手巧，吹出来的有金瓜、石榴、蟠桃、葫芦、十二生肖、老寿星、唐僧师徒、渔翁钓鱼等。

活跃在乡村的还有缝鞋匠、洋铁匠（制作铁皮水壶）、挂掌匠（给骡马驴蹄子"修脚"）、木匠、瓦匠等。

那些做买卖的提篮背篓，推车挑担，在村子里也是一路走一路吆喝：

"卖烧饼馃子了！香油大馃子！新出锅的芝麻烧饼！"

"卖姜糖、芝麻糖、玉谷糖喽！"

"卖五香花生米葵花籽了！"

"卖切糕了，金丝小枣的！"

"卖糖抹的（的：土语在此念"笛"）了（我家乡乡民管糖葫芦叫"糖抹的"）！"

"酱油醋的买哟！""卖虾米酱了！"

"卖干粉粉条了！"

卖豆腐的敲梆子："梆，梆，梆梆。"

卖香油豆油棉籽油的也敲梆子："梆梆梆梆……"。

收皮子的皮货商用竹竿或木棍挑着一张兽皮子招摇乡里，高喊着："有皮子的卖哟！獾皮狸子黄鼬皮！"

我和 85 岁的父亲（2011 年）说起 20 世纪六七十年代的乡村往事，父亲说："一到大雪前后农活少了，生意人、手艺人都忙开了，来村里卖这卖那的、修这补那的不断溜，那时村里很热闹。"

## 时　间

每年的 12 月 7 日或 8 日，当太阳到达黄经 255°时为"大雪"。

## 含　义

大雪的意思是天气更冷，降雪的可能性比小雪时更大了，降雪量并不一定很大。大雪时节，除华南和云南南部无冬区外，我国辽阔的大地已披上冬日盛装，东北、西北地区平均气温已达－10℃以下，黄河流域和华北地区气温也稳定在 0℃以下，已渐有积雪，而在更北的地方，则已大雪纷飞了。常见天气有降温、大雪（暴雪）、冻雨（雨凇）、雾凇、雾霾、凌汛等。南方地区冬季气候温和而少雨雪，平均气温较长江中下游地区约高 2℃至 4℃，雨量仅占全年的 5％左右。华南气候多雾。

## 物　候

**大雪三候**："一候鹖鴠不鸣；二候虎始交；三候荔挺出。"

是说因天气寒冷，寒号鸟也不再鸣叫了。由于此时是阴气最盛时期，正所谓盛极而衰，阳气已有所萌动，所以老虎开始有求偶行为。"荔挺"为兰草的一种，也感到阳气的萌动而抽出新芽。

## 农　事

大雪时节，北方田间管理已经很少。人们修葺禽舍、牲畜圈墙，助禽畜安全过冬。俗话说"大雪纷纷是旱年，造塘修仓莫等闲"。此时还要加紧冬日兴修水利、积肥造肥、修仓、粮食入仓等事务。妇女们则三五成群，扎堆做针线活。手艺之家将主要精力用在手艺上，如印年画、磨豆腐、编筐、编篓等赚钱补贴家用。江淮及以南地区小麦、油菜仍在缓慢生长，要注意施好肥。华南、西南小麦进入分蘖期，应结合中耕施好分蘖肥，注意冬作物的清沟排水。这时天气虽冷，但贮藏的蔬菜和薯类要勤于检查，适时通风，不可将窖封闭太死，以免升温过高，湿度过大导致烂窖。

**北方地区农事：**大雪到来大雪飘，兆示来年年景好。麦子盖上三层被，枕着馍馍来睡觉。趁着土地未封固，抓紧冬耕至重要。晚插犁来早停犁，中午前后地融消。划锄镇压冬小麦，有的年份麦能浇。麦田盖上土杂肥，提倡麦田来浇尿。植树扫尾护果林，地未封牢把坑刨。施肥浇水窝砸实，穴不透风成活高。打井修渠莫怠慢，排灌路林要配套。冬季积肥不要忘，修畜禽舍把温保。农家副业红火火，村村户户掀高潮。如若坑塘冰未封，挖紧时间深挖刨。有条件的蓄满水，来年养鱼基础牢。

## 养 生

大雪节气天气寒冷，会使血管收缩，人会出现头痛头晕的症状，出门最好戴帽子。俗话说"寒从脚下起"，因此，经常保持脚的清洁干燥，袜子勤洗勤换，每天用温热水洗脚，按摩和刺激双脚穴位。起居注意早卧迟起，不要熬夜，不要过早起床晨练，做到"必待日光"。注意常开门窗通风换气，清洁空气，健脑提神。消除烦闷，保养精神的良药是活动，如慢跑、跳舞、滑冰、打球等。冬令进补，如果经常感到四肢无力、精神疲乏、讲话声音低微、动则出虚汗，这大多属于气虚。可选服人参、党参、太子参、五味子、黄芪、白术或者党参膏、参花膏等益气药物；食品有黄豆、山药、大枣、栗子、胡萝卜、牛肉、兔肉等。面色枯黄、口唇苍白、头晕眼花、心跳乏力、失眠、耳鸣心悸的人，大都属于血虚。可选服阿胶、桂圆肉、当归、熟地、白芍、十全大补丸和滋补膏等养血药，食品有酸枣、龙眼、荔枝、葡萄、黑芝麻、牛肝、羊肝等。

## 大雪一吃

牛肉："冬天进补，开春打虎。"牛肉含有丰富的蛋白质，氨基酸，能提高机体抗病能力，寒冬吃牛肉有暖胃作用，是冬补佳品。中医认为：牛肉有补中益气、滋养脾胃、强健筋骨、化痰息风、止渴止涎的功能。适用于中气下陷、气短体虚、筋骨酸软、贫血久病及面黄目眩之人食用，对生长发育及手术后、病后调养的人在补充失血和修复组织等方面特别适宜。

## 诗　词

### 白雪歌送武判官归京

唐·岑参（公元约715—770年）

北风卷地白草折，胡天八月即飞雪。
忽如一夜春风来，千树万树梨花开。
散入珠帘湿罗幕，狐裘不暖锦衾薄。
将军角弓不得控，都护铁衣冷难着。
瀚海阑干百丈冰，愁云惨淡万里凝。
中军置酒饮归客，胡琴琵琶与羌笛。
纷纷暮雪下辕门，风掣红旗冻不翻。
轮台东门送君去，去时雪满天山路。
山回路转不见君，雪上空留马行处。

### 放旅雁　元和十年冬作

唐·白居易（公元772—846年）

九江十年冬大雪，江水生冰树枝折。

百鸟无食东西飞，中有旅雁声最饥。

雪中啄草冰上宿，翅冷腾空飞动迟。

江童持网捕将去，手携入市生卖之。

我本北人今谴谪，人鸟虽殊同是客。

见此客鸟伤客人，赎汝放汝飞入云。

雁雁汝飞向何处？第一莫飞西北去。

淮西有贼讨未平，百万甲兵久屯聚。

官军贼军相守老，食尽兵穷将及汝。

健儿饥饿射汝吃，拔汝翅翎为箭羽。


## 江　雪

唐·柳宗元（公元 773—819 年）


千山鸟飞绝，万径人踪灭。孤舟蓑笠翁，独钓寒江雪。


## 沁园春·雪

毛泽东（公元 1893—1976 年）


北国风光，千里冰封，万里雪飘。望长城内外，惟余莽莽；大河上下，顿失滔滔。山舞银蛇，原驰蜡象，欲与天公试比高。须晴日，看红装素裹，分外妖娆。

江山如此多娇，引无数英雄竞折腰。惜秦皇汉武，略输文采；唐宗宋祖，稍逊风骚。一代天骄，成吉思汗，只识弯弓射大雕。俱往矣，数风流人物，还看今朝。

# 冬至

## ——阳生白昼日渐长

乡民对太阳最直接的感觉就是：一年 365 天，不管刮风下雨，不管天灾人祸，也不管人间悲欢离合，它定然天天东升西落。

在太阳的起起落落中，乡民对太阳的另一个感觉是：太阳有温暖的时候，有炎热的时候，有清凉的时候，有寒冷的时候。它在世间白天待的时间有长的时候，有短的时候。比如：夏至，是它起得最早走得最晚的一天；冬至，是它起得最晚走得最早的一天。

乡民不是天文家、地理学家，自古至今就是凭着直觉这么认为的。其实，乡民大大冤枉太阳了。冷冷热热，起落早晚，那不是太阳自以为是要脾气、使性子的结果，那是乡民的"站脚地"——地球在宇宙中旋转运动，不断变换方位造成的。

冬至，阳光几乎直射南回归线，是地球北半球白天最短的一天。相应地，南半球在冬至日是白昼全年最长的一天。乡民从他们祖先那里沿袭下来的管冬至也叫"日短""日短至"。冬至还被乡民称为"活节"。因为，"吃了冬至饭，一天长一线"，从这一天起，白天"活"了，一天比一天长了。因此，自古有"冬至一阳生"的说法，从冬至开始，阳气又慢慢回升。

自冬至这天开始"交九"，意思是寒冷的开始。中国农历有"九九"的说法，用来计算时令。计算的方法是从冬至日算起，每九天为一"九"，第一个九天叫"一九"，第二个九天叫"二九"，依此类推，一直到"九九", 即到第九个九天, 数满九九八十一天为止。之后苦寒消尽, 阳春转来。我国劳动人民总结创造了《九九歌》: "一九二九不出手; 三九四九冰上走; 五九六九沿河看柳; 七九河开八九雁来; 九九加一九, 耕牛遍地走。"

明代《五杂俎》记载了当时的《九九歌》, 与上述的说法不同, 却十分有趣: "一九二九, 相逢不出手; 三九二十七, 篱头吹觱篥 (指大风吹篱笆发出很大的响声。这里的觱篥, 古代管乐器, 用竹做管, 用芦苇做嘴, 汉代由西域传入。); 四九三十六, 夜眠如露宿 (指天冷, 在屋内睡觉却像在露天睡觉一样冷); 五九四十五, 太阳开门户; 六九五十四, 贫儿争意气; 七九六十三, 布纳担头担 (指天热了, 脱掉衣服担着); 八九七十二, 猫犬寻阴地; 九九八十一, 犁耙一齐出。"

清代王之瀚作《九九消寒》诗曰: "一九冬至一阳生, 万物姿始渐匀萌, 莫道隆冬无好景, 山川草木玉装成。二九七日是小寒, 田间休息掩柴关, 室家共享盈宁福, 预计来年春不闲。三九严寒春结冰, 罢钓归来蓑笠翁, 虽无双鲤换新酒, 且喜床头樽无空。四九雪铺满地平, 朔风凛冽起新晴, 朱堤公子休嫌冷, 山有樵夫赤脚行。五九元旦一岁周, 茗香椒酒答神麻, 太平天子朝元日, 万国衣冠拜冕旒。六九上苑佳景多, 满城灯火映星河, 寻常巷陌皆车马, 到处笙歌表太和。七九之数六十三, 堤边杨柳俗舍烟, 红梅几点传春讯, 不待东风二月天。八九风和日迟迟, 名花先发向阳枝, 即今河畔冰开日, 又是渔翁垂钓时。九九鸟啼上苑东, 青青草色含烟蒙, 老农教子耕宜早, 二月中天起卧龙。"

民间常以冬至这天天气好坏与到来时间的先后，来预测今后的天气。俗话说："冬至在月头，要冷在年底；冬至在月尾，要冷在正月；冬至在月中，无雪也无霜。"还说："冬至黑，过年疏；冬至疏，过年黑。"意思是说，冬至这天如果阴天，那么过年一定晴天，反之，如果冬至晴天，过年就会阴天下雪。

先民很看重冬至节气，说"冬至大如年"。并且，从汉代有了过"冬节"，唐宋盛行，传承至今。《汉书》中说："冬至阳气起，君道长，故贺。"人们认为：过了冬至，白昼一天比一天长，阳气回升，是一个节气循环的开始，也是一个吉日，应该庆贺。汉代的官府"冬至前后，君子安身静体，百官绝事，不听政，择吉辰而后省事"。朝朝上下例行放假休息，军队待命，边塞闭关，商旅停业，亲朋各以美食相赠，相互拜访，欢乐地过一个"安身静体"的节日。

"冬至进补，春天打虎"。冬至以后，是乡民休养生息、养生保健的时期。养生历来讲究"四季五补"（春要升补、夏要清补、长夏要淡补、秋要平补、冬要补温）。冬季补温，乡民的"进补"不像城里有钱人那样吃些山珍海味、猴头燕窝。20世纪六七十年代，总体来说大多数乡村贫穷，乡民的日子比较清苦。然而，乡民的日子又是多滋多味的。他们拥有的，就是自家喂养的五禽六畜了。乡民们凑在一起嘀咕说："天冷了，熬了一年身子骨伤耗（消耗）太大了，弄顿好吃的补补吧。"于是，院子里的伢狗（公狗）、山羊、鸡鸭鹅兔们的"霉运"在它们不知不觉中到来了。

乡民杀狗不用刀不用棍。狗主人把狗叫到跟前，拿一根细绳拴在狗脖子上，牵到一棵有权的树下，把绳子穿过树杈，冷不防把狗吊到树上，被吊起来的狗嗷嗷嗥叫，四腿乱蹬。狗主人用舀子舀来半舀子水，往狗嘴里倒，一口水就把狗给呛死了。之后扒皮破腹，收拾干净，或烧或焖或炖或煮，食者饱享口福。

冬至吃狗肉的习俗据说是从汉代开始的。相传，汉高祖刘邦在冬至这一天吃了樊哙煮的狗肉，觉得味道特别鲜美，赞不绝口。从此，在民间形成了冬至吃狗肉的习俗。也由此，后人知道刘邦爱吃狗肉。

乡民之所以冬天吃狗肉、羊肉、鹅鸭肉，按现在的说法，是因为狗肉蛋白质含量高且质量极佳，尤其是含球蛋白比例大。狗肉能增强人的体魄，提高消化能力，促进血液循环，改善性功能。患有虚弱症、尿溺不尽、四肢厥冷、精神不振等疾病的老年人，常吃狗肉大有裨益。

羊肉对一般风寒咳嗽、慢性气管炎、虚寒哮喘、肾亏阳痿、腹部冷痛、体虚怕冷、腰膝酸软、面黄肌瘦、气血两亏、病后或产后身体虚亏等一切虚状均有治疗和补益效果。鹅肉有补阴益气、暖胃生津、祛风湿、防衰老之效。它们都是冬季食用的食疗上佳补品，身体虚弱，气血不足，营养不良的乡民，利用"冬闲"时期多吃一些上述肉类，"补补"身体，养养精神，积蓄"春天打虎"之力。

在冬至以后的整个冬季里，乡民主食粗粮有地瓜、小米、玉米、高粱、大豆等。蔬菜主要有萝卜、胡萝卜、白菜、南瓜、冬瓜、辣椒、莲藕、山药、香菜等。肉食有猪肉、羊肉、兔肉、鸡肉和各种鱼类。

我在这里把地瓜放在了主食粗粮第一位，不是因为地瓜是冬季食物养生的最佳食品，而是因为在20世纪六七十年代，地瓜干是乡民的主粮，少量的小麦面粉只有逢年过节和招待客人的时候才舍得吃。地瓜能滑肠通便，健胃益气，含有较多的纤维素，能在肠中吸收水分增大粪便的体积，引起通便的作用。20世纪从50年代末到80年代初，地瓜养育了北方地区的乡民。小米滋阴、清热解渴、健胃除湿、和胃安眠，乡民常常用小米添加小枣、红豆、红薯、莲子等熬粥，喝小米粥能使人睡眠好，防治消化不良、脾胃虚弱。

胡萝卜含有丰富的维生素，是"平民人参"，能健脾和胃、补肝明目、清热解毒、壮阳补肾、降气止咳等，是那些患有肠胃不适、便秘、夜盲症（维生素A的作用）、性功能低下乡民的首选蔬菜。

乡民在冬季不是胡吃乱吃的。"进补"的理论乡民说不上来，但他们懂得"冬要温补"的健身之道，在食物搭配上力所能及地符合季节养生需求。

冬季里，人的身体状态也处于"收藏"之势，乡民"进补"的另一个方式是"偎被窝"，早睡晚起，必待阳光。他们跟着太阳走，天睡我睡，天醒我醒。因为太阳是生命的起源。万物生长靠太阳，得阳则生，失阳则死。顺应则健康长寿，相悖则自毁身心。人气随太阳之气升降，白天太阳高悬天空，人的阳气随之上行而精力充沛；夜晚太阳在地球的对面，人的阳气随之潜藏使细胞得以休养生息。就像机器一样，白天做工是用电，晚上睡觉是充电。充电足了能量才大，力气才足。

其实，乡民在春、夏、秋三个季节里，也各有各的"进补"方式。

"春要升补"。春天是阳气生发的季节，万物处于复苏过程，人顺应天时的变化，适宜升补。主食多吃热量高的食物，保证人体所需的蛋白质和维生素。乡民在春季的惯常生活方式是一天三顿粥，"春天喝粥，胜似补药"。地瓜粥、胡萝卜粥、红小豆粥、南瓜粥、山药粥、红枣粥、莲子粥等，占据了餐桌。山药健脾补肺、益胃补肾、固肾益精、聪耳明目、助五脏、强筋骨、长志安神、延年益寿。红小豆利尿、解毒，对治疗心脏病、肾病和水肿均有益，因红小豆富含叶酸，产妇、乳母多吃红小豆催乳多奶。莲子补五脏不足，通利十二经脉气血，使气血畅而不腐，防癌抗癌，降血压，强心安神，滋养补虚、止遗涩精，营养、食疗俱佳。这些瓜菜、杂粮掺杂做粥，乡民拿得出，做得起。

春季，乡民常吃萝卜、豆芽、菠菜、韭菜、香椿、茼蒿、葱等蔬菜，还有荠菜、青青菜、苦菜、蒲公英等野菜，这些也是"升补"菜。

其中，"树上蔬菜"香椿是乡民喜食的重要春菜，根据香椿初出芽苞和子叶的颜色不同，分为紫香椿和绿香椿两大类。属于紫香椿的有黑油椿、红油椿、焦作红香椿、西牟紫椿等品种；属于绿香椿的有青油椿、黄罗伞等品种。紫香椿芽苞紫褐色，初出幼芽紫红色，有光泽，香味浓，纤维少，含油脂较多；绿香椿香味稍淡，含油脂较少。宋代诗人苏轼盛赞："椿木实而叶香可啖。"雨前香椿嫩如丝——每年谷雨前后，香椿生出嫩芽。椿芽香味独特，营养丰富，富含钾、钙、镁元素，维生素B族的含量在蔬菜中名列前茅。食用可做成各种菜肴：香椿炒鸡蛋、香椿拌豆腐、香椿饼、椿苗拌三丝、椒盐香椿鱼、香椿鸡脯、香椿豆腐肉饼、香椿皮蛋豆腐、香椿拌花生米、凉拌香椿、腌香椿、冷拌香椿头等。药用有补虚壮阳固精、补肾养发生发、消炎止血止痛、行气理血健胃等作用。凡肾阳虚衰、腰膝冷痛、遗精阳痿、脱发者宜食用。

茼蒿养脾。在古代，茼蒿是宫廷菜肴中的珍品，所以又叫"皇帝菜"。中医上说，茼蒿性味辛、甘，食之能温脾开胃、养心安神、降压补脑，适用于脾胃虚弱、咳嗽痰多、小便不利、脘腹胀痛等症。雨水节气调养脾胃时，多吃茼蒿能起到很好的保健作用。所以，乡民对茼蒿喜爱有加。

荠菜在浙江一带叫香善荠，广东叫鸡翼菜，广西叫榄豉菜，贵州叫地米菜、江西叫"香芹娘"、江苏人叫香田荠、天津叫血压草、上海叫枕头草、东北叫"粽子菜"，在河南叫"荠荠菜"，内蒙古叫"阿布嘎"（蒙语译音），朝鲜族叫"乃翁义"……古时，上巳节（俗称三月三，该节日在汉代以前定为三月上旬的巳日，后来固定在农历三月初三。）就有郊游挑菜习俗，故又称作上巳菜。荠菜还有其它别名如："芊菜""鸡心菜""鸡脚草""荠只菜""蒲蝇花""假水菜""地地菜""烟盒草""榄豉菜""清明草""地菜""雀雀菜""菱角菜"等。

荠菜是药食两用的"护生草"，说是此菜能治百病。荠菜在我国被食用的历史已有几千年，西周时人们就已经食用荠菜了。《毛诗》中说："谁谓荼苦，其苦如荠（荼，苦菜。——《尔雅·释草》）。"北魏贾思勰在《齐民要术》中将"荠"列为"蔬菜作物"。唐代诗人杜甫有"墙阴老春荠"之语。北宋范仲淹早年贫寒，常以荠菜为食，他在《荠赋》中写道："陶家瓮内，腌成碧绿青黄，措入口中，嚼生宫商角徵。"苏东坡用荠菜、萝卜和米制成著名的"东坡羹"，称荠菜是"天然之珍，虽小于五味，却有味外之美"。南宋陆游晚年对荠菜嗜之若命，有诗为证："惟荠天所赐，青青被陵冈，珍美屏盐酪，耿介凌雪霜。"元朝词人谢应芳在他的《沁园春壬》里甚至说："新年好，有茅柴村酒，荠菜春盘。帝人莫笑儒酸。已烂熟思之不要官。"有荠菜春饼加上点酒，官都不要做了！清代郑板桥也题诗画称赞："三春荠菜饶有味，九熟樱桃最有名。清兴不辜诸酒伴，令人忘却异乡情。"在他的笔下，荠菜不仅是受青睐的一味野蔬，更是令游子忘却了奔波之苦、异乡之情的大快朵颐之物。

三月春分，荠菜吐出嫩叶，乡民采摘当菜吃。做馅，可包饺子、包子、馄饨、春卷、汤圆等；做菜，可做汤、可凉拌、可热炒；做主食，可做水饭，菜粥或菜饭等。民谚说："三月初三，荠菜当灵丹。"荠菜营养价值很高，含有丰富的维生素C和胡萝卜素，有助于增强机体免疫力，是一味良药。传统中医认为，荠菜性味甘、凉，入肝、脾、肺经，有清热止血、清肝明目、利尿消肿之功效。《名医别录》中记载："荠菜，甘温无毒，和脾利水，止血明目。"。《千金·食治》言其"杀诸毒，根，主治目涩痛"。《食经》言其"补心脾"。《陆川本草》言其"消肿解毒，治疮疖，赤眼"。荠菜入药，用来治疗胆石症、尿石症、乳糜尿、胃溃疡、痢疾、肠炎、腹泻、呕吐、目赤肿痛、结膜炎、夜盲症、青光眼等，均有较好疗效。

"夏要清补、长夏要淡补"。进入夏季，自然界是阳气渐长、阴气渐弱，人体脏腑相对来说是肝气渐弱，心气渐强。乡村中医告诉乡民，这时的饮食原则是增酸减苦，补肾助肝，调养胃气，饮食避免五味之偏。五味之偏，是说人的精神气血都由五味滋生，五味对应五脏，如：酸入肝，苦入心，甘入脾，咸入肾。如果偏食咸味，会使血脉凝滞，面色无华；多食苦味，会使皮肤干燥而毫毛脱落；多食辛味，会使筋脉拘急而爪甲枯槁；多食酸味，会使皮肉坚厚皱缩，口唇干薄而掀起；多食甘味的食物，则骨骼疼痛头发易脱落。

夏季，乡民吃的食物多是清淡、温热食品。主粮是地瓜、小米、玉米、高粱等粗粮。蔬菜是韭菜、姜、蒜、丝瓜、莴苣、黄瓜、茄子、南瓜等。水果是杏、桑椹、桃、脆瓜、甜瓜、面瓜、西瓜等。玉米开胃、健脾、除湿、利尿。高粱补气，健脾，养胃，止泻。韭菜能温肾助阳、益脾健胃、行气理血，多吃韭菜可以养肝，增强脾胃之气。"冬吃萝卜夏吃姜"，吃姜有助于驱除体内寒气。丝瓜性味甘苦，清凉微寒，瓜肉鲜嫩，通经络、行血脉、凉血解毒。莴笋清热化痰、泻火解毒、利气宽胸，儿童常吃能起到帮助长牙、换牙的作用。茄子有助于防治高血压、冠心病、动脉硬化和出血性紫癜，保护心血管，抗坏血酸，抗衰老，还能防治坏血病及促进伤口愈合。南瓜富含维生素、蛋白质和多种氨基酸，而且以碳水化合物为主，脂肪含量很低，多吃有助于降低血糖和血脂，还能排毒养颜。

桑葚是乡民喜欢的夏季果品。桑葚被称为"民间圣果"，芒种前后成熟。中医学认为，桑葚味甘酸，性微寒，入心、肝、肾经，具有补肝益肾、生津润肠、乌发明目等功效，主治阴血不足而致的头晕目眩、耳鸣心悸、烦躁失眠、腰膝酸软、须发早白、消渴口干、大便干结等症。桑葚入胃，能补充胃液的缺乏，促进胃液的消化，入肠能促进肠液分泌，增进胃肠蠕动，因而有补益强壮之功。乡民说不上桑葚上述功效的"一二三"来，但知道它是个好东西。桑葚下来的时候，几乎家家户户买桑葚吃。有现钱的用钱买，没现钱的用粮食换。卖桑葚的三番五次串村卖，乡民五次三番地买。如果单纯把这种争买现象看作是乡民太"馋"，那委实有些偏颇了。

冬补三九，夏补三伏。大暑是全年温度最高，阳气最盛的时节，乡间常有"冬病夏治"的说法，那些每逢冬季发作的慢性疾病，如慢性支气管炎、肺气肿、支气管哮喘、腹泻、风湿痹证等阳虚证，是最佳的治疗时机。有些患慢性病的乡民，常借夏季进行调养，吃些童子鸡、鸭子、鸽子等家禽肉。

童子鸡，是指还不会打鸣，生长刚成熟但还未曾有过"压蛋"（配育）经历的小公鸡；或喂养了三个月左右、体重在一斤至一斤半、未曾"压蛋"的小公鸡。童子鸡体内含有一定的生长激素，很适合发育期的孩子和激素水平下降的中老年人吃。

鸭子营养丰富，因它们常在水中生活，性偏凉，有滋五脏之阳、清虚劳之热、补血行水、滋阴养胃、利水消肿的功效。尤其是喂养了一个冬春的老鸭，骨骼更健壮，肌肉更丰满。可主治水肿胀满、阴虚失眠、疮毒、惊痫等症。《名医别录》中称鸭肉为"妙药"和滋补上品。乡民说"大暑老鸭胜补药"。炖老鸭加入莲藕、冬瓜等蔬菜煲汤，能补虚损、消暑滋阳。加芡实、薏仁炖汤，滋阳效果更好，能健脾化湿、增进食欲。

鸽子肉有补肝肾、益气血、祛风解毒的作用，可以气血双补，还能安神，特别适合动脑多、神经衰弱的人进补。

"秋要平补"。立秋一到，乡民说："一夏无病三分虚，'春夏养阳，秋冬养阴'，现时该'贴秋膘'了。"乡民起居跟着季节走，"早卧早起，与鸡俱兴"。吃饭着眼清淡食物，在夏季一度被冷落了的小米粥、玉米粥、绿豆粥、荷叶粥、红小豆粥、山药粥等食物重新成为餐桌上的"常客"，羊肉、狗肉、辣椒、葱姜、花椒等大温大热、辛辣刺激之品"退居二线"。黄瓜、西红柿、冬瓜、茄子、芹菜、茴香、土豆、山药、莲藕等，是乡民盘中累有蔬菜。"春吃花、夏吃叶、秋吃果、冬吃根。"梨、苹果、葡萄、红枣、石榴、柿子等秋季水果，是乡民桌上常有果品。

梨是"大路"水果之一，我家乡种植的梨树结出的梨子果皮金黄，果肉细嫩多汁，清香甜脆。秋季黄梨成熟，乡民从果园里、集市上买些梨放在家里，满屋香味扑鼻。下地前、收工后随手拿了吃。乡民说梨"生吃清六腑之热，熟吃滋五脏之阴"。秋季天气比较干燥，许多人容易上火，发生咽喉干涩、声音沙哑、痒痛肿胀、肺热多痰等症状。于是，乡民用吃梨来食疗。牙口好的生吃，没牙的、怕凉的煮熟了吃，或者榨汁加了冰糖、蜂蜜吃，都能起到生津、润燥、清热、化痰、止咳等作用。

山楂健脾开胃、消食化滞、活血化痰，对肉积痰饮、痞满吞酸、泻痢肠风、腰痛疝气、产后儿枕痛、恶露不尽、小儿乳食停滞等，均有疗效，也是乡民的喜食水果。《素问·脏气法时论》说："肺主秋……肺收敛，急食酸以收之，用酸补之，辛泻之。"可见酸味收敛肺气，辛味发散泻肺，秋天宜收不宜散，所以尽量少吃葱、姜等辛味之品，适当多食酸味果蔬。乡民在秋季吃山楂，很合乎养生之道。

苹果有生津止渴、润肺除烦、健脾益胃、养心益气、润肠、止泻、解暑、醒酒等功效。秋季生产大忙，农活繁重，乡民容易产生紧张、烦躁情绪。这时，从家中的竹篮里拿起一个红彤彤的苹果看一看、闻一闻，吃一个，提神醒脑，立刻化作另一种心情，下地干活心气顺，有劲儿了。

石榴在我家乡一带多是庭院种植，乡村里十户人家有八户在院子里种上一两棵酸石榴或甜石榴树。成熟的石榴皮色鲜红或粉红，因其色彩鲜艳、子多饱满，被看做喜庆水果，象征多子多福、子孙满堂。石榴成熟常会裂开，露出晶莹如宝石般的子粒，酸甜多汁，吃着回味无穷。石榴汁助消化、抗胃溃疡、软化血管、降血脂和血糖、降低胆固醇，可以预防冠心病、高血压，可以健胃提神、增强食欲、益寿延年，还对解酒有奇效。石榴全身是宝，果皮、根、花皆可入药。民间有许多用石榴果、皮、叶治病的验方，能治疗口疮、痔疮、脱肛、鼻出血、烧烫伤、中耳炎、牛皮癣、妇女带下、阴道生疮、子宫脱垂、扁桃体炎、消化不良、驱蛔虫、绦虫、老年慢性支气管炎等疾病。

"天生万物以养民"。乡民在长期的实际生活中逐渐认识了万物各自的功能，虽然他们没有足够的条件刻意养生，但是，他们谙熟养生之道，根据自己所处的生存处境，将养生之道合乎时宜地巧妙地为己所用。富也养生，穷也养生，这也是乡民在长期的艰苦生存环境里能够繁衍生息的一个重要原因。

## 时　间

每年 12 月 20 日或 23 日，太阳位于黄经 270°时为冬至。

## 含　义

冬至是按天文划分的节气，古称"日短"、"日短至"。冬至日是北半球一年中白昼最短的一天，相应的，南半球在冬至日时白昼全年最长。过了冬至，太阳直射点逐渐向北移动，北半球白天逐渐变长，夜间逐渐变短，阳气又慢慢地回升，所以古时有"冬至一阳生"的说法。亦有俗话说，"吃了冬至面，一天长一线。"另外，冬至开始"数九"，冬至日是"数九"的第一天。民间的"数九"歌谣说："一九、二九不出手，三九、四九冰上走，五九、六九沿河看柳，七九河开，八九燕来，九九加一九耕牛遍地走。"

天文学上把冬至作为冬季的开始。冬至期间，西北高原平均气温普遍在 0℃以下，西南地区也只有 6～8℃。不过，西南低海拔河谷地区，即使在当地最冷的 1 月上旬，平均气温仍然在 10℃以上，真可谓秋去春平，全年无冬。

## 物　候

**冬至三候：**"一候蚯蚓结；二候麋角解；三候水泉动。"

传说蚯蚓是阴曲阳伸的生物，此时阳气虽已生长，但阴气仍然十分强盛，土中的蚯蚓仍然蜷缩着身体。麋与鹿同科，却阴阳不同，古人认为麋的角朝后生，所以为阴，而冬至一阳生，麋感阴气渐退而解角。由于阳气初生，所以此时山中的泉水可以流动并且温热。

## 农　事

北方地区主要是兴修水利，大搞农田基本建设，积肥造肥，工副业生产。江南地区一是三麦、油菜的中耕松土、重施腊肥、浇泥浆水、清沟理墒、培土壅根。二是稻板茬棉田和棉花、玉米苗床冬翻，熟化土层。三是进行良种调剂，棉种冷冻和室内选种。四是绿肥田除草，培土壅根，防冻保苗。五是果园、桑园继续施肥、冬耕清园；果树、桑树整枝修剪、更新补缺、消灭越冬病虫。六是越冬蔬菜追施薄粪水、盖草保温防冻，加强苗床的越冬管理。七是畜禽加强冬季饲养管理、修补畜舍、保温防寒。八是继续捕捞成鱼，整修鱼池，养好暂养鱼种和亲鱼；搞好鱼种越冬管理。

**北方地区农事**：冬至时节天最短，太阳直射最偏南。白天九个多小时，六成以上是黑天。光照时数它最少，降水量小冠全年。即日开始进"数九"，日后天气渐渐寒。防止冻害最重要，瓜菜窖口要封严。修台条田深挖沟，春天整平筑埂堰。林木果树看管好，严防破坏和摧残。冬季积肥天天搞，背起粪篓把粪捡。尿浇小麦不停顿，草木灰肥单积攒。数九骡马要加料，开春上套不为难。亲鱼（种鱼）越冬深处扎，塘底深坑集中点。冬季定要加保护，否则砸锅子孙断。

## 养　生

冬季饮食应遵循"秋冬养阴""养肾防寒""元忧平阳"的原则，利用各种机会进行适当冬季锻炼，"冬天动一动，少闹一场病；冬天懒一懒，多喝药一碗"。中年人要节欲保精，根据自身实际情况节制房事，不可因房事不节，劳倦内伤，损伤肾气。老年人要保持"谦和辞让，敬人持己"、"知足不辱，知止不殆"的心态，即处世要豁达宽宏、谦让和善，生活知足无嗜欲，做到人老心不老，热爱生活，保持自信，勤于用脑。宋代医家陈直在《寿亲养老新书》中载诗一首："自身有病自身知，身病还将心自医，心境静时身亦静，心生还是病生时。"诗中告诫人们，只有进行自身心理保健，才可杜绝情志疾病。"起居有常，养其神也，不妄劳作，养其精也"，老年人尽量做到"行不疾步、耳步极听、目不极视、坐不至久、卧不极疲"。老年人的饮食应"三多三少"：即蛋白质、维生素、纤维素多；糖类、脂肪、盐少。

## 冬至一吃

馄饨："冬至馄饨夏至面"。冬至吃馄饨既是美食又是风俗。南宋时，临安（今杭州）人冬至吃馄饨是为了祭祀祖先，也称"健馄饨"。馄饨，是江浙和北方多数地区对它的称谓，广东称云吞，湖北称包面，江西称清汤，四川称抄手，新疆称曲曲等。馄饨种类繁多，制作各异，鲜香味美。

## 诗　　词

### 小　　至

唐·杜甫（公元 712—770 年）

天时人事日相催，冬至阳生春又来。
刺绣五纹添弱线，吹葭六管动飞灰。
岸容待腊将舒柳，山意冲寒欲放梅。
云物不殊乡国异，教儿且覆掌中杯。

### 邯郸冬至夜思家

唐·白居易（公元 772—846 年）

邯郸驿里逢冬至，抱膝灯前影伴身。
想得家中夜深坐，还应说着远行人。

## 冬 至 后

宋·张耒（公元 1054—1114 年）

水国过冬至，风光春已生。梅如相见喜，雁有欲归声。
老去书全懒，闲中酒愈倾。穷通付吾道，不复问君平。

## 冬至展墓偶成

宋·杜范（公元 1182—1245 年）

至日冲寒扫墓墟，凄然一拜一欷歔。
蓼莪恨与云无际，常棣愁催雪满裾。
误落世尘惊日月，谩牵吏鞅废诗书。
回头更看诸儿侄，门户支撑正要渠。

## 江城子·龙阳观冬至作

元·尹志平（公元 1169—1251 年）

六阴消尽一阳生。暗藏萌。雪花轻。九九严凝，河海结层冰。二气周流无所住，阳数足，化龙升。

归根复命性灵明。过天庭。入无形。返复天机，升降月华清。夺得乾坤真造化，功行满，赴蓬瀛。

# 小寒

## ——腊月三九冻死鸭

"热在三伏，冷在三九"。"出门冰上走"的"三九"天，正处在腊月小寒节气里。乡民说：腊七腊八，冻死旱鸭；腊七腊八，冻裂脚丫。说那些偶尔没有被冻死的苍蝇：跌一跤，爬一跤，临死吃口腊八糕。

"三九"天寒凝冰封。无雪的田野，冻裂出一道道口子；有雪的田野，雪冻冰结，化作一个银色的琉璃世界。行走在漫野小路上的乡民，哈气成冰，眉须挂霜，寒风撕扯着他们裹紧了的衣裤，顽强地从袖口、裤腿里钻进去，冷彻全身。这魔鬼天，似乎连空气也给冻住了。

即便在如此恶劣的天气里，乡村也有早起人。他们有的围着村子转悠，有的沿着田野上的沟头壕崖转悠。围着村子转的乡民低着头，弯着腰，专挑残垣断壁、破宅旧院的角角落落寻寻觅觅；沿着沟头壕崖转的乡民抻着脖子瞪着眼，专拣沟坎堤坡凸凹不平、塌陷断裂处搜寻勘查。在村子里转的乡民，是在寻找黄鼬之类的野兽夜间出没留下的足迹；在田野上转的乡民，是在寻找野兔、狐狸等野兽可能居住的洞穴。

嗜好捕捉野兽的乡民是不会错过这个季节的。这是因为，"入九"以后，特别是三九、四九天里捕捉到的野兽，它们的皮毛含绒量最高，皮子的质量最好，卖的价钱最贵。这个季节，是那些不迁徙、不冬眠的飞禽走兽生命遭受危险最多的时期。闯过这个关口大难不死的飞禽走兽们，会在以后的生存中增长许多对付人类威胁的经验。

我家乡一带的野兽种类不多，常见的有狐狸、黄鼬、野兔、獾、刺猬、老鼠等。不迁徙的飞禽有鹰、喜鹊、乌鸦、麻雀、野鸡、猫头鹰、啄木鸟等。

说起狐狸，我对它是先有概念，后有形象，是先听到关于狐狸的故事，后看到狐狸的样子。小时候听到的第一个关于狐狸的故事，是院中的立邦大娘讲的。

大娘说：从前，某村有一个小伙子到地里去"打猫"（我家乡人管打野兔子叫"打猫"，管鸟枪叫"猫枪"），在地里转了一天，一只"猫"也没打着。回家路上，走到村边苇子湾旁时，突然跑出来一只狐狸，小伙子甩手一枪给打死了，到家扒了皮，把狐狸肉煮煮吃了。那张狐狸皮毛色很好，晒干后，小伙子拿到集市上去卖，问价想买的人很多。谁一动心要买，就看到狐狸皮上写着不让买的字句，但小伙子和不想买的人却看不到这些字句。所以，这张狐狸皮一直卖不了，小伙子怏怏不乐地回了家。

小伙子从打死狐狸以后就生病了，一天天变得面黄肌瘦。并且，每到傍晚黑天的时候，他娘俩常常听到有个老女人在他家门前骂街，说是有人打死了她的孩子，要还她的孩子。后来，村里人对小伙子他娘说，你儿子打死的狐狸可能是狐狸精的孩子，狐狸精是惹不起的，你儿子会丢了命的。赶快把那张狐狸皮烧了，烧香许愿不再打狐狸了，也许你儿子的病就好了。娘照着乡亲说的做了，小伙子的病好了。大娘讲完这个故事，说："狐狸这营生能'成精'，惹不得呀。"

　　听到的第二个故事是爷爷讲的（后来父亲又讲过），村里人都说是个真事。说的是外号叫"土三棒子"爷爷（朱志德）的一个哥哥，常年贩卖粮食。有一年冬天的一个傍晚，他卖完粮食骑着毛驴往家走，走到郭家村东田野路上的时候，模模糊糊看见前面路旁好像躺着一条狗，他想：是谁家的狗冻死在这里了，嗯，今儿个我走运呢，捡条狗回家炖炖吃。他跳下毛驴走到那条狗跟前，一看不是狗，是只狐狸。这时他闻着有酒味，他明白了，这只狐狸喝酒喝醉了。这小生灵，跟着人学事儿呢。他心生怜悯，蹲下来用手推推狐狸说："起来起来，别睡在路上，要是遇上歹人你就没命了，回家睡去吧。"那只狐狸被叫醒了，睡眼惺忪地看看"土三棒子"的哥哥，眨巴眨巴眼睛，站起身来摇摇尾巴，晃晃悠悠地走了。

　　从此，那只狐狸跟"土三棒子"的哥哥成了好朋友，经常夜里到他家里来玩。每次狐狸来了，"土三棒子"的哥哥不点灯，和狐狸在黑灯影里说话拉呱。狐狸饿了，就到他的干粮筐子里拿窝头吃。狐狸对"土三棒子"的哥哥说，想我的时候，只要你点燃一炷香，我就知道了，就来看你。从此，"土三棒子"的哥哥贩卖粮食没赔过本，但也从没赚过大钱，保证年年够吃够喝。乡民说，是那只狐狸在帮着他呢。

　　再一个故事是伊尚信爷爷讲的他的亲身经历。那还是在新中国成立前单干（土地私有）的时候，有一年，尚信爷爷家种了几分地的甜瓜，眼看着甜瓜快要成熟了，他在瓜地两头各搭了一个瓜棚，夜里看瓜。有一天晚上，一只狐狸跑到瓜地里偷吃瓜，尚信爷爷吆吆喝喝地把它轰跑了。第二天晚上，来了两只狐狸，尚信爷爷又把它们轰跑了。第三天晚上，来了三只狐狸，又被尚信爷爷轰跑了。第四天晚饭后，尚信爷爷到地里去看瓜，他大儿子非要跟着去。到了瓜地，尚信爷爷把儿子安排在地北头的瓜棚里睡下，他来到地南头的瓜棚下，蹲倚在瓜棚柱子前抽烟。这时，他影影绰绰听着与瓜地相邻的谷子地里有"唰唰唰"的声响，估摸着是狐狸又来祸害瓜了，便警惕起来。可是，接着又没有了声响，他想，刚才可能是风刮谷子摇晃发出的声音。抽完一袋烟，尚信爷爷眼皮打架发困，就倚着柱子打盹。

　　迷迷糊糊中，他惶惑觉得脑袋后头好像有喘气的声息，一回头，看见一只老狐狸两只前爪搭在他的左右肩膀上，张着大嘴，做出要咬他的架势。老狐狸旁边跟着三四只狐狸。尚信爷爷一看急了，来不及拿棍棒，冲着要咬他的那只老狐狸的脑袋回手就是一巴掌，打得那只老狐狸"嗷"地一声撒腿就跑，其他狐狸也跟着逃窜了。这一巴掌打得老狐狸够呛，因为，村里人都知道尚信爷爷的巴掌重，打人时不是一般的疼。情急之下，那巴掌肯定比平时还重。狐狸们跑了，尚信爷爷来到北头瓜棚里，一看儿子没了，喊叫了几声没有儿子的回声。他返回家，儿子刚进了家。原来，那群狐狸先到北头瓜棚里把他儿子闹醒，吓得儿子哭着跑回家，它们才到南头瓜棚里去找尚信爷爷的"麻烦"。

第二天，尚信爷爷把这事儿跟种谷子的邻居王老头说了。王老头说，狐狸这东西记仇，你的瓜眼看熟了，要是它们天天夜里来祸害，那瓜不是白种了？你还是"供香供香"它们吧，别让它们来祸害瓜了。尚信爷爷是个有名的不听邪的人，这次听了王老头的劝说。他让媳妇包了两碗饺子，用传盘端到瓜地，烧了几张纸钱，念叨了几句。从此，狐狸没有再来祸害瓜。也不知道那狐狸是叫尚信爷爷打怕了呢，还是真的是"供香"起了作用呢？

20世纪60年代，我在中学念书的时候，看到了真狐狸，那是我爷爷和伊尚信爷爷、瞎叔（朱立堂）他们"熰"来的。我爷爷他们发现杨盘东街废弃的破窑里住着狐狸。初冬的一天早晨，他仨背上麦秸，带上硫磺，拿着镐锨，就去了破窑上。他们把狐狸的几个洞口都堵严实，只留下一个洞口，然后，把麦秸、硫磺填进洞里点燃后，再把洞口堵死。这样，麦秸的浓烟和硫磺气味顺着洞穴流动，洞里面的狐狸呛得受不了，就会被"熰"地往外跑，爷爷他们在洞口"守洞待狐"。晌午刚过的时候，他们听得洞口里面发出"噗"的一声喘息，判断是有狐狸被"熰"地跑到洞口来了。他们用镐锨将洞口掘开一段，一只成年狐狸晕倒在那里，被捉住。爷爷他们判断，洞里肯定有老狐狸。于是，又往洞里加了一些麦秸和硫黄，使其继续燃烧生烟，再将洞口堵死。直到黑天，也再没有听到有狐狸接近洞口的声息。爷爷他们知道，老狐狸狡猾，不到万不得已不跑出来，但是应该被"熰"得晕乎了，跑不动了，商定第二天白天再来掘洞逮狐狸。

第二天早上，爷爷他们去掘狐狸洞，发现狐狸洞被人夜里掘开了，地面上留下了两摊血。爷爷他们说，被掘走的至少有两只老狐狸。他们议论说，偷掘狐狸洞的人很有经验，人家是把狐狸洞拦腰掘开的，直捣狐穴。他们还说，肯定是杨盘东街的某人给偷掘走了，因为，他们"熰"狐狸的时候，东街的这个乡民去看了。

那是我至今唯一一次看到的野狐狸，也是唯一一次吃到了狐狸肉。那只狐狸尖嘴大耳，耳背黑色，长身短腿，毛色土黄，身后拖着一条长长的大尾巴，尾尖白色。那张狐狸皮卖给了供销社的收购站，才卖了8块钱。爷爷他们说，那是只草狐狸。狐狸家族里还有红狐狸和赤狐狸，红狐狸毛色棕红。当地乡民管赤狐狸叫"火狐狸"。"火狐狸"夜晚在田野跑动的时候，你会看到它脊背上有一溜窜动的火。如果一只狐狸的毛色通身变白，那就不得了了。乡民说，这只狐狸成精了，常人惹不起了。《绯染情狐妃恩》对白狐狸成精有描述："我本千年一白狐，流落深山与世殊。惯看花开花又谢，春秋变换成人躯。灵性有忆须报恩，数载倏忽不留痕。偶见书生窗畔读，青灯昏昏风曳竹。自是徘徊不忍去，音容一遇便如故。应觉相思为君痴，一入情网又难悟。但着华服娇娇姿，从此誓将此身随。环佩交映花前语，风流吟唱月下诗。怎奈世事有离合，长亭别去杨柳折。清风摇落缕缕花，时时孤身望远陌。楚梦醒来暗失魂，懒画眉妆倚朱门。再待君回情已绝，惟有空枝听鹈鸠。我舞衣袂无人看，对影依依念前约。何曾梦断无人惜，应是秋回有雁翔。尘心漫着俗世误，人去亭台更凄凉。遥隔幽院佳人笑，闻此戚戚肝肠伤。清泪涟涟谁可怜，思心经过情未谐。一番来去成枉然。"

狐狸在野生状态下常住在树洞或土穴中，它的洞穴有多个出入口，洞穴里迂回曲折。它傍晚出外觅食，到天亮才回洞。它嗅觉、听觉极好，行动敏捷，主要捕食野兔、老鼠、鸟类、蜥蜴、蛙、鱼、蚌、虾、昆虫类小型动物和蠕虫等，也采食一些野果。狐狸有时闯进乡民家里偷鸡吃。狐狸有一个奇怪的行为：一只狐狸跳进鸡窝，把窝里的鸡全部咬死，最后只叼走一只。

狐狸给人的印象是虚伪、奸诈、狡猾和妖气。狐狸平时一般单独生活，生殖时才结小群。每年2～5月生仔，每胎3～6只。它的警惕性很高，如果谁发现了它窝里的小狐狸，它会在当天夜里"搬家"，以防不测。乡民说，狐狸不怕猎狗，因为狐狸有24个"护腚屁"。狐狸放屁气味特别难闻，猎狗追它，眼看快要被追上的时候，狐狸便放一个臭屁，猎狗一闻到狐狸的屁味就败下阵来，不再去追狐狸。原来，狐狸的尾巴根部有个小孔，能放出一种刺鼻的臭气。不仅如此，如果是在冬季，水面上结了薄冰，狐狸还会设计诱猎犬落水。狐狸碰上刺猬，它会把蜷缩成一团的刺猬拖到水里。看到河里有鸭子，它会故意抛些草入水，当鸭子习以为常后，就叼着把枯草做掩护，偷偷潜下水伺机捕食鸭子。有时候，狐狸看到猎人做陷阱，它会悄悄跟在猎人屁股后面，看到对方设好陷阱离开后，就到陷阱旁边留下可以被同伴知晓的恶臭作为警示。

大概因为狐狸太聪明了，所以，乡民常常把聪明而心术不正的人比作"狡猾的狐狸""老狐狸"，把美丽妖艳的女人说成是"狐狸精""骚狐狸"。乡民也许对狐狸是既嫉恨又畏惧吧，所以，又把它列为"五大（八大）地仙"，尊称为"狐仙"。

跟狐狸比起来，黄鼬算是小动物了。黄鼬体形虽小，在乡民的心目中名气不小，并且名声不好，评价它的那句话几乎人人知道："黄鼠狼给鸡拜年——没安好心。"乡民从心里讨厌黄鼬，除了它有偷鸡摸鸭的毛病外，还有一个原因，就是传说中它和狐狸一样是妖兽，会使"魔法"，能够使体弱多病的人患"撞客"（癔症）。被黄鼬"附身"患了"撞客"的人，会突然发作，胡言乱语，疯疯癫癫，从人的口里说出黄鼬的心思。比如说："我没偷吃你家的鸡，你们为什么堵了我的洞口？""我没惹你，你们为啥要下夹子逮我？"等。对付这种病人，乡民的办法是请来德高望重的老人或神婆，对着病人说好话，答应黄鼬提出的条件，劝黄鼬赶快离开。如果软的不行，就来硬的，拍打桌子吓唬猫似的厉声呵斥，把它吓跑。

父亲讲过一个故事：有一个人晚上串门回家，走在过道里突然听到前面有人说："下马。"他朝发出人语声处打眼看去，没有人呀，更没有马。他轻步慢走仔细看，见邻居门前有一只黄鼬骑在一只刺猬身上，黄鼬从刺猬身上跳下来，从门缝里钻进了邻居家，刺猬躲在了门后边。片刻，邻居家传出女人大哭嚎叫声。接着，那家男人吭当把门打开，慌慌张张往外走。这个人迎上去问"怎么了？"那男人说，不好了，我媳妇突然发病了，去请医生。这个人说，别慌，我去看看。两人走进屋里，只见那女人正手舞足蹈喊叫不停。这个人从门后抄起一根擀面杖，借着灯光四处寻找，发现那只黄鼬正在炕寝后面两只后腿站立着，两只前爪乱比划着"做法"呢。那只黄鼬的前爪怎么比划，那女人就怎么比划。这个人看准了黄鼬，大喝一声："哪里跑！"一擀面杖捅过去，那只黄鼬"吱"的一声窜了。那女人一下子不叫不闹了。这两个男人执灯来到院门口，那只给黄鼬当坐骑的刺猬还没来得及跑，就被捉住了。

估计，那只刺猬是被黄鼬胁迫而来的。因为，黄鼬和刺猬虽然都位列"五大（八大）地仙"仙班，但是，它们不是一路。平时，刺猬是黄鼬的盘中餐。刺猬遇见黄鼬，蜷起身子变成一个刺球保护自己，黄鼬就在刺猬身上找出一条缝隙，调转身子，冲着刺猬的缝隙放一个臭屁。不一会儿，刺猬便被黄鼬的臭屁熏得昏迷了，乖乖舒展开了身子。这时，黄鼬就可以轻松地撕开刺猬没长刺的肚皮，美餐一顿了。

黄鼬属于季节性繁殖动物，在我家乡一带每年4～6月繁殖，怀孕期35天左右，每胎能生3～8只，甚至更多。幼黄鼬20天后睁眼，40～50天长齐上下门牙，60天后更换犬牙，出生8个月后性成熟。

黄鼬头小，颈长，体形细长，四肢短，是世界上身子最柔软的动物之一，因为腰软善曲，可以钻很狭窄的缝隙，可以任意钻进老鼠洞内，轻而易举地捕食老鼠。黄鼬擅长攀援登高和下水游泳，也能高蹦低窜，在田野里闪电般地追袭猎食对象。黄鼬多在夜间活动，食性很杂，夏秋季节，多住在野外的草丛、树洞里，捕食鼠类、野兔，也吃鸟蛋及幼雏、鱼、蛙和昆虫。冬春季节，多迁居村内乡民闲置房舍或柴草垛里，在住家附近常偷吃鸡、鸭、鸽子等家禽，先吸食其血液，再吃内脏及躯体，性嗜吸血。黄鼬性情残暴凶狠，决不放过所遇到的弱小动物，即便吃不完，也一定要把猎物全部咬死。这一点和狐狸相似。

黄鼬的警觉性很高，时刻保持着高度戒备状态，要想对黄鼬出其不意的偷袭是很困难的。黄鼬一旦遭到狗或人的追击，在没有退路和无法逃脱时，它会凶猛地对进犯者发起殊死的反攻，显得无畏而又十分勇敢。黄鼬及其家族的其他成员还有一种退敌的武器，那就是位于肛门两旁有一对黄豆形的臭腺，遇到危险时，它们在奔逃的同时，能从臭腺中迸射出一股臭不可忍的分泌物。假如追它的敌人被这种分泌物射中头部的话，就会引起中毒，轻者感到头晕目眩，恶心呕吐，严重的还会倒地昏迷不醒。有人写打油诗云："尾巴长长嘴尖尖，四脚腾跃似飞箭。若是遇敌把它犯，臭屁将其熏翻天。"

或许因为黄鼬凶狠，乡民也顾不上它是这仙那仙了，对它毫不留情地进行捕捉。那些被黄鼬偷吃了鸡鸭的乡民，咬牙切齿地发狠要捉住"作案"者。一到深冬季节，一些乡民就用夹子、木老虎（一种捕捉黄鼬的木制箱子）等工具捕捉它。特别是三九、四九天里的黄鼬皮，出卖的价钱最高。黄鼬的毛是制作毛笔的上好材料，被称为"狼毫"。

在野生动物中，野兔应该是最温和善良的了，乡民说它是害羞的动物。野兔以吃草为生，它啃食果树、地瓜、蔬菜、野菜、野草，格外爱吃萝卜，春天刚出土的豆苗也经常被它们吃得缺苗断垄。野兔一般单独活动，没有地洞，它们依靠快速奔跑来逃避危险，其奔跑速度能够达到每小时50千米。许多人不知道如何辨别兔子公母。《乐府诗集·横吹曲辞五·木兰诗》云："雄兔脚扑朔，雌兔眼迷离，双兔傍地走，安能辨我是雄雌。"乡民说，兔子公母挺好辨别，公兔的生殖器是麦莛形状，母兔的生殖器是麦粒形状。母兔在浅而隐蔽的兔窝里生幼兔，孕期一个半月左右，每年生三四胎。一年中随着月份增加，天气转暖，食物丰富，下崽数量也增加，春天一胎生三五只，夏季一生胎五七只，干旱季节成活率高，雨季成活率低，幼兔出生后几个小时就能够奔跑。

俗话说，"飞禽莫如鸪，走兽莫如兔"。野兔肉营养丰富，乡民说野兔肉是"荤中之素"，蛋白质含量比猪、牛、羊肉都高，胆固醇含量极低，而且是药用补品。多吃野兔肉骨头硬（钙含量高），不发胖，是心血管病人和胖子们的理想食品。正因为如此，野兔是乡民的热衷捕获对象。

冬春季节，是野兔遭遇厄运的日子。乡民有的用枪打它，有的张网捕它，有的下套子套它，有的埋下夹子夹它，有的驱使狗追它。冬天农活少了，家里有"猫枪"的乡民，早晨或者午后，自语一声："'打猫'去呀"，扛起枪下地了。野兔平常多是藏身草丛、灌木丛、小树林里；同时又是地面比较开阔，看得远的地方，遇到危险可以随时潜藏和逃跑；并且是附近有食物有水源的地方。经常"打猫"的乡民积累了很多捕获经验，他们根据不同季节、气候，寻找野兔的踪迹。春天，天气转暖，野兔冬毛未脱，这时多在豆子地、沟渠、河滩稍微潮湿一点但很通风凉爽的地方和树荫里栖息。秋后，天气转冷，树木凋落，百草枯萎，这时的野兔在灌木林、萝卜地、白菜地等处隐身。严冬，朔风白雪，这时的野兔都在温暖背风的向阳地方匿伏，这种向阳地大都是沟坡、干河滩、秋耕"疙拉地"或麦田里等。

在平坦的田野里，野兔用前爪挖成浅浅的小穴藏身。这种小穴前端浅平，越往后越深，簸箕形状。野兔卧伏其中，只将身体下半部藏住，脊背比地平面稍高或一致，凭着它身上皮毛的保护色而隐形。"打猫"乡民在地里远远发现兔子，他们先是端着枪由远及近地围着兔子转圈，兔子发现有人接近它，便将身子越伏越低，大概是以为"打猫"乡民还没有看见它，或者是为了避免"打猫"人看见它。"打猫"乡民继续围着兔子转圈，往往是在距离兔子一二十米远、兔子进入了有效射程之内的时候，兔子感到了危险，眼看藏不住了，会突然跳起来逃跑。当兔子跳起来的瞬间，"打猫"乡民的枪响了。这叫"打跑不打卧"，"打跑"命中率高。

乡民的"猫枪"里装的是铁砂子，铁砂子射出枪口是一个扫帚面，兔子中弹的几率很高。如果兔子被打中致命处，翻一个筋斗应声倒下。如果兔子被打成重伤，跑不多远也倒下了。如果兔子被打成轻伤，带着狗的"打猫"乡民不必着慌，狗会追上去很快把兔子叼住。如果兔子没有受伤逃跑了，那它也跑不远，兔子一般是按封闭曲线逃跑（狼和狐狸也是这样），最后跑回原来惊起的地方。因此，对逃跑的兔子追踪时，最好由一个"打猫"乡民在原地隐蔽起来，另一个"打猫"乡民顺踪追击，边追边打，如果中途没有被打中，那么，这只兔子不久就会跑回原来被惊起的地方，埋伏着的"打猫"乡民正好再打。

在下雪天气里捕捉野兔，刚下大雪的头一天，野兔静伏在雪下不动。大雪覆盖了它们，由于兔子在雪下的呼吸，它们头上面的积雪化成了一个鼠洞似的通气孔。"打猫"乡民静立观察，如果"鼠洞口"没有野鼠的爪印，那一定是野兔的呼吸孔了，"打猫"乡民可以用棍子打或者用网捕捉。大雪的第二天，小兔子和体弱的兔子钻出雪窟觅食。大雪的第三天夜间，所有的兔子都出来活动，雪地上留下了清晰的兔爪印迹，"打猫"乡民循着野兔的脚印就能找到它们了。

1987年冬天，我在北京中日友好医院住院，有位病友（河北廊坊地区一乡镇供销社职工）老徐说他一辈子爱好两件事：一件是过年时放鞭炮；另一件是"打猫"。他说他这些年只打到过一只狐狸，只放走过一只兔子。打狐狸是在一个冬天，那天老徐扛着枪从地里往一条沟边走，走到沟边时，猛然看见沟里有一只狐狸在睡觉，这突然的发现使老徐打了个愣。这时，狐狸惊醒了，看到了老徐，逃跑已经来不及了，那狐狸也不跑，坐起来冲着老徐龇牙咧嘴发出威胁。老徐的火气上来了，冲着狐狸就是一枪，狐狸被打伤了，跳起来跑，老徐往枪里装好药在后面追。那狐狸跑一段路停下来冲着老徐龇牙咧嘴地低吼。老徐更上气了，追得近了冲着狐狸又是一枪，还是没打死。就这样，老徐追出二三里路远，连打三枪，才将那只狐狸打死。老徐说，狐狸平常都是夜里出来，很少白天出来。不知道那只狐狸为什么大白天跑到沟里睡起大觉来了。狐狸的耳朵能听到很远地方的动静，那只狐狸居然没有听到老徐走路的声音。老徐说，那天他是顶着风往沟边走的，可能狐狸听不到了。

老徐说，那年春季的一天中午，他到地里"打猫"，发现了一只兔子，一枪没打中，那只兔子沿着河堤跑下去了。他在后面追上去，估计兔子应该就在前面河滩里，可是，他左瞅右看找不到那只兔子。他心想，河里有水，兔子不会浮水，过不了河，它会跑到哪里去呢？搜寻间，他突然看见那只兔子就在前面离他十几步远的地方，他举枪正要射击，只见那只兔子站立起来，两条前腿相抱着，一个劲儿地冲着他作揖。老徐的心一下子软了，收起枪回家了。听着老徐讲放生野兔的故事，使人记起宋代诗人秦观的《和裴仲谟放兔行》："兔饥食山林，兔渴饮川泽。与人不瑕玼，焉用苦求索。天寒草枯死，见窘何太迫。上有苍鹰祸，下有黄犬厄。一死无足悲，所耻败头额。敢期挥金遇，倒橐无难色。虽乖猎者意，颇塞仁人责。兔兮兔兮听我言，月中仙子最汝怜。不如亟返月中宿，休顾商岩并岳麓。"

我家乡还有一种令乡民恨不起来的小动物，它就是仓鼠，又叫腮鼠、搬仓鼠。仓鼠在我国有8种。我家乡乡民管仓鼠叫"仓官"。"仓官"皮毛灰褐色，它们与寻常老鼠不同，它们的眼睛和耳朵较小，门齿粗壮，四肢短粗有力，爪子发达，善于挖掘复杂的洞道，有一条很短的尾巴。公"仓官"的臀部一般比较大，肛门长又大；母"仓官"的臀部一般呈倒三角形，肛门小而闭拢。"仓官"不同于群居型动物，它们是独行侠，领地意识极强。母"仓官"只有在繁殖季节到来时才会成对交配，"仓官"的夫妻生活只有交配时短短的几分钟，之后它们就各奔东西了。母"仓官"独立照顾孩子，幼"仓官"出生20天左右，就被母"仓官"强行驱逐开始独立生活。"仓官"每年繁殖四五窝，每窝生4～8只，公"仓官"在一个半月的时候性成熟，母"仓官"在两个月的时候性成熟，寿命两年左右。

"仓官"是夜行性动物，白天睡觉，晚上出洞活动。它们吃植物的种子，喜欢吃坚硬的果实，也吃植物的嫩茎或叶子，偶尔吃小虫。"仓官"多数不冬眠，冬天靠储存食物生活。"仓官"的面颊有皮囊，从白齿侧延伸到肩部。它们两颊的皮囊用来临时储存或搬运食物回洞储藏。秋天的时候，"仓官"开始为自己过冬储存食物，它们到庄稼地里采集豆子、花生、玉米等粮食，晒干后运进洞里储存起来冬天里吃。一个"仓官"窝里能储存十多斤粮食。乡民对"仓官"不恨，称其为"官"，就是因为觉得"仓官"是"会过日子"的老鼠，欣赏它们懂得自己储存粮食，"会过日子"。

唐代诗人曹邺有首名诗《官仓鼠》："官仓老鼠大如斗，见人开仓亦不走。健儿无粮百姓饥，谁遣朝朝入君口？"他借用官仓鼠比喻肆无忌惮地搜刮民脂民膏的贪官污吏，全诗词浅意深，含蓄委婉，但意图并不隐晦，辛辣地讽刺了大小官吏只管中饱私囊、不问军民疾苦的腐朽本质。然而，此"官仓鼠"非彼"仓官"也！

小时候，我和同伴们多次到地里"赶仓官"——刨"仓官"的洞穴，获取"仓官"储存的粮食。"赶仓官"很有意思。我们到已收割的豆子地里、花生地里去找"仓官"窝，只要看到某处地上有一堆暄土，在距离这堆暄土几步远的周围会找到一两个鸡蛋粗细、直上直下的圆洞，那就是"仓官"的洞口，我们管它叫"气眼"。"气眼"一般有半米左右深是直上直下的，然后才在地下拐弯延伸分叉，分成2个、3个、4个洞穴。"仓官"很会安排，这些洞穴分别是它们的卧室、茅房、粮仓。"仓官"的粮食仓库一般有2～4个不等，洞穴长而粗大，里面屯满了粮食。我们挖"仓官"洞的时候，经常是挖着挖着洞到头了，什么也没有挖到。其实不然，仔细看会发现，是洞被"仓官"用土屯死了。再往前挖不多远，一镐刨下去，常常突然镐下"哗啦"一声，干爽爽的豆子或者花生米一下子从洞口流下来了，那是让人非常兴奋的时刻。这个时候，我们高喊着："'仓官仓官'快打墙，有人挖你的过冬粮。"

有的"仓官"洞里住着两只"仓官"，有的住着一只"仓官"。洞里的"仓官"发觉有人挖它的洞，也在想法逃跑。它们急命地掏洞，一边往前掏洞一边屯死身后的洞，借以隐藏自己不被暴露。但是，它们掏不多远，就被我们几镐给刨开追上了，"仓官"跑到地面上拼命逃跑，但它们腿短跑不快。如果"仓官"洞离着没收割的庄稼地近，它们跑进庄稼地就逃脱了。如果"仓官"洞一带地面开阔，它们就跑不掉了。我们在分享胜利果实的时候，心里也有些忐忑，觉得挖了"仓官"的过冬粮，"仓官"一冬天没吃的了，怪可怜的，也觉得"仓官"这小营生挺可爱的。"仓官"偷盗乡民的粮食是"贼"，我们挖"仓官"的"赃物"，这是不是巧取豪夺呢？于是，我们有时候把捉住的"仓官"又给放生了，"图财不害命"。

相比之下，那些没有被"抄家"的"仓官"们，寒冬里深藏地下洞中，不为吃饭发愁了，可以美美地过冬了。但是，只要它们出洞活动，就随时有生命危险。因为，黄鼬、狐狸、猫头鹰等，都是它们的天敌，黑夜白天，有无数双眼睛在盯着它们呢。

贫困年代的乡村是破落的，破落乡村的乡民是贫穷的。贫穷的乡民最怵过冬天的，他们把过冬叫"熬冬"，小寒前后是最难熬的一段时日。"熬冬"的乡民们，在不出工干活的日子里，棉不御寒、食不抗饥的乡民都躲在家里"猫冬"。乡民的日子过得艰辛哪！

假如人与野生动物可以类比，野生动物冬天的日子更不好过，因为，它们"出门"便步步有"踩雷"危险，即便不"出门"，也说不定哪一天有食其肉、谋其皮者找上"门"来。

## 时　间

每年1月5日或6日，太阳到达黄经285°时为小寒。

## 含　义

小寒与大寒、小暑、大暑及处暑一样，都是表示气温冷暖变化的节气。小寒的意思是天气已经很冷，我国大部分地区小寒和大寒期间一般都是一年中最冷的时期。根据我国的气象资料，小寒是气温最低的节气，只有少数年份的大寒气温低于小寒。"小寒"一过，就进入"出门冰上走"的三九天了。小寒时北京的平均气温一般在−5～−15℃以下；东北北部地区，这时的平均气温在−30℃左右，午后最高气温平均也不过−20℃。秦岭、淮河一线平均气温在0℃左右，此线以南已经没有季节性的冻土，冬季作物也没有明显的越冬期。江南地区平均气温一般在5℃上下，田野里仍充满生机，但亦时有冷空气南下，造成一定危害。

## 物　候

**小寒三候：**"一候雁北乡，二候鹊始巢，三候雉始鸲。"

古人认为候鸟中大雁是顺阴阳而迁移，此时阳气已动，所以大雁开始向北迁移。此时北方到处可见到喜鹊，并且感觉到阳气而开始筑巢。"雉鸲"的"鸲"为鸣叫的意思，雉在接近四九时会感阳气的生长而鸣叫。

## 农　事

南方地区要给小麦、油菜等作物追施冬肥。海南和华南大部分地区主要是做好防寒防冻、积肥造肥和兴修水利等工作。当寒潮到来之时，人工给油菜泼浇稀粪水，撒施草木灰，给露地蔬菜撒作物秸秆、稻草等覆盖物，以有效地减轻低温、菜株间的风速，阻挡地面热量散失，起到保温防冻的效果。高山茶园，特别是西北向易受寒风侵袭的茶园，要以稻草、杂草或塑料薄膜覆盖篷面，以防止风抽而引起枯梢和沙暴对叶片的直接危害。北方地区主要进行农田基本建设，开展工副业生产，加强畜禽饲养管理等。

**北方地区农事**：小寒时处二三九，天寒地冻北风吼。窖坑栏舍要防寒，瓜菜薯窖严封口。薯窖 10～15℃，13℃正是好火候。畜棚禽舍 10℃以上，畜暖禽温身不抖。林木果树看管好，腊月修剪是时候。牲畜啃青要避免，制定规则人人守。农家副业大开展，男女老少都动手。及时扫除冰面雪，鱼塘光线要明透。冬季培训系统搞，学习争先又恐后。农业技术学到手，科学应用夺丰收。

## 养　生

冬天经常叩齿，有益肾、坚肾之功。肾之经脉起于足部，足心涌泉穴为其主穴，冬夜睡前最好用热水泡脚，并按揉脚心。睡子午觉。子时是一天中阴气最重的时候，这个时候休息最能养阴，睡眠效果最好，可以起到事半功倍的作用。子时也是经脉运行到肝、胆的时间，养肝的时间应该熟睡。午时（11～13 点）"合阳"时间则要小睡，最多不要超过 1 小时。平日注意背部保暖，以保肾阳。冬天人处于"阴盛阳衰"状态，宜进行"日光浴"，充足的阳光能使人获得精神上的安宁，阳光能让人很快从紧张、激动、焦虑、抑郁中摆脱出来，心情得到舒展。"三九补一冬"。在饮食上宜减甘增苦，补心助肺，调理肾脏，多吃羊肉、牛肉、鸡肉、鱼虾、芝麻、核桃、杏仁、瓜子、花生、棒子、松子、葡萄干等。特别提示，小寒正是吃麻辣火锅、红焖羊肉的好时节。"粥饭为世间第一补人之物"，多喝玉米粥、大米粥、红薯粥、山药粥、八宝粥、牛肉粥、羊肾红参粥等。切忌各种黏硬、生冷瓜果、冰淇淋、冰冻饮料等。

### 小寒一吃

鱼：俗话说："鱼生火，肉生痰"，鱼肉含蛋白质多，寒冬适量多吃鱼，能够明显滋补身体。中医认为，鲫鱼有健脾利湿，和中开胃，活血能络，温中下气的功效。鲤鱼有滋补、健胃、利水、利尿、浮肿、通乳、清热解毒、止咳下气的功效。胖头鱼有补虚弱、暖脾胃、益筋骨、祛风寒、缓眩晕的功能。草鱼能"暖胃和中"、"平肝祛风、治痹、截疟"。世界上约有 2.4 万种鱼，我国约有 2 500 种鱼。想好了吗，你吃那种鱼？

## 诗　词

### 顾渚行寄裴方舟

唐·皎然（公元 720—804 年）

我有云泉邻渚山，山中茶事颇相关。
鸧鹒鸣时芳草死，山家渐欲收茶子。
伯劳飞日芳草滋，山僧又是采茶时。
由来惯采无近远，阴岭长兮阳崖浅。
大寒山下叶未生，小寒山中叶初卷。
吴婉携笼上翠微，蒙蒙香刺罥春衣。
迷山乍被落花乱，度水时惊啼鸟飞。
家园不远乘露摘，归时露彩犹滴沥。
初看怕出欺玉英，更取煎来胜金液。

昨夜西峰雨色过，朝寻新茗复如何。
女宫露涩青芽老，尧市人稀紫笋多。
紫笋青芽谁得识，日暮采之长太息。
清泠真人诗子元，贮此芳香思何极。

## 呈范茂直时在豫章

宋·郑刚中（公元 1088—？年）

窗竹悠悠度晚风，浓香醇酒小寒中。
玉人尚作桃花色，我辈苍颜何惜红。

## 窦园醉中前后五绝句

宋·陈与义（公元 1090—1138 年）

东风吹雨小寒生，杨柳飞花乱晚晴。
客子从今无可恨，窦家园里有莺声。
娟娟戏蝶过闲幔，片片轻鸥下急湍。
云白山青万馀里，愁看直北是长安。

## 腊　梅　香

宋·喻陟（公元 1093 年为湖北转运副使）

晓日初长，正锦里轻阴，小寒天气。未报春消息，早瘦梅先发，浅苞
纤蕊。揾玉匀香，天赋与、风流标致。问陇头人，音容万里，诗凭谁寄。
一样晓妆新，倚朱楼凝盼，素英如坠。映月临风处，度几声羌管，愁生乡
思。电转光阴，须信道、飘零容易。且频欢赏，柔芳正好，满罍同醉。

# 大寒

## ——梅花欢喜漫天雪

"北国风光，千里冰封，万里雪飘。望长城内外，惟余莽莽；大河上下，顿失滔滔。山舞银蛇，原驰蜡象，欲与天公试比高。须晴日，看红装素裹，分外妖娆。江山如此多娇，引无数英雄竞折腰。……"用伟大领袖毛泽东主席的《沁园春·雪》这首词来表述我国北方大寒节气前后的雪景，是很恰当的。

小寒大寒，冻作一团。大寒时节，我家乡山东乐陵县（现为市）一带平原上，常常是雪花飘飞的天气，大雪、中雪、小雪穿插降落，乡民们说，小寒大寒不下雪，小暑大暑田干裂；腊月大雪半尺厚，麦子还嫌被不够；小寒大寒三场白，来年家家收小麦；九里雪水化一丈，打得麦子无处放。

皑皑白雪覆盖了广袤的原野，一片冰清玉洁的世界。田野上的树木，像站岗的哨兵注视着周围的动静；雪地上留下的人兽足迹，像不着颜色的木板年画那样素雅；村落里的袅袅炊烟，断断续续的狗吠鸡鸣，勾勒出只有在寒冬腊月冰封大地时才有的风景。乡村里的一切一切，是那么的淡雅和谐。

进入大寒就进入了腊月，进入了腊月就迈进了年门，年门的头一道门槛就是"腊八"——农历十二月初八日。

"腊八"，是一年中最寒冷的日子之一。乡民们说："腊七腊八，冻裂脚丫。"说："腊七腊八，冻死鸡鸭。"说："腊八奇寒，冻破碾盘。"还说这个时候偶尔有没被冻死的苍蝇"跌一跤，爬一跤，临死吃口腊八糕。"

"腊八"的天气虽然如此寒冷，但是，挡不住乡民对它的特殊情感，这种情感的最直接表达就是把"腊八"当成一个重大节日来过。在"腊八"这天早晨，家家户户都要精心熬一锅"腊八粥"，人人都美美地喝一顿"腊八粥"。说起来，"腊八粥"不是什么名贵饭，它的配料是乡民自种自产的小米、黍米、麦粒、黄豆、绿豆、豇豆、红小豆、花生、瓜子仁、莲子、小枣、山药、胡萝卜等。有条件的乡民熬粥时再加进些桂圆、栗子、薏仁、核桃仁等。乡民在初七晚上开始洗米、泡豆、选果，初八清早起来煮粥。当东方红霞满天的时候，一锅"腊八粥"熬好了。"腊八粥"，说白了就是一顿"杂食饭"。可是，你别小看了这种"杂食饭"，它营养丰富价值高，开胃、补脾、养心、清肺、益肾、利肝、消渴、明目、通便、安神……功效多了去了。现在市场上时兴的八宝粥，大概就是由"腊八粥"演变而来。

其实，乡民看重的不只是"腊八粥"这顿大补饭，看重的更是"腊八"这个日子。因为，"腊八"在历史上有些来头，对于它，自古至今流传着许多说法。

从先秦起，"腊八"这天是进行祭祀祖先和神灵活动的日子，驱鬼避疫，祈求丰收和吉祥。"腊八"自此延续成节。另外，据说十二月初八这天是佛教创始人释迦牟尼的成道之日。因此，佛教徒将其定为自己的节日，又叫"佛成道节"。每年"腊八"这天，各寺院都要念经，煮粥敬佛，即"腊八粥"。

我国人民从宋代开始喝"腊八粥"，至今已有一千多年历史。清代嘉庆年间举人李福曾作《腊八粥》诗，详尽地描写了腊八粥的起源和制作方法，同时还反映了因苛政而使百姓流离失所，饥寒交迫，以致腊八日到寺庙接受施舍的情景，诗云："腊月八日粥，传自梵王国。七宝美调和，五味香掺入。用以供伊蒲，籍之作功德。僧民多好事，踵事增华饰。此风未汰除，岁岁尚沿袭。今晨或馈遗，啜这不能食。吾家住城南，饥民两寺集。男女叫号喧，老少街衢塞。失足命须臾，当风肤迸裂。怯者蒙面生，一路吞声泣。问尔泣何为，答之我无得。此景望见之，令我心凄恻。荒政十有二，蠲赈最下策。悭囊未易破，胥吏弊何数。所以经费艰，安能按户给。吾佛好施舍，君子贵周急。愿言借粟多，苍生免菜色。此去虚莫尝，嗟叹复何益。安得布地金，凭仗大慈力。倦然对是的，趾望丞民立。"

　　每逢"腊八"，不论是朝廷、官府、寺院还是黎民百姓家庭，都做"腊八粥"。到了清朝，喝"腊八粥"的风俗更为盛行。在宫廷，"腊八"这天，皇帝、皇后、皇子等都要向文武大臣、侍从宫女赐"腊八粥"，向各个寺院发放米、果等，供僧侣食用。清末举人夏仁虎《腊八》诗云："腊八家家煮粥多，大臣特派到雍和。对慈亦是当今佛，进奉熬成第二锅。"在民间，各家各户也做"腊八粥"，祭祀祖先；同时，合家团聚在一起食用，馈赠亲朋好友。

　　另外，还有一些关于腊八节的传说。

　　传说是，腊八节来自"赤豆打鬼"的风俗。说是上古五帝之一的颛顼氏，三个儿子死后变成恶鬼，专门出来惊吓孩子。古代人们普遍迷信，害怕鬼神，认为大人小孩中风得病、身体不好都是由于疫鬼作祟。这些恶鬼天不怕地不怕，单怕赤（红）豆，所以，在腊月初八这一天用红小豆熬粥，以祛疫迎祥。

　　传说是，秦始皇修筑长城，征集的民工吃粮靠家里人送，有些民工离家遥远，粮食不能按时送到，使得他们忍饥挨饿，甚至饿死。有一年腊月初八，没粮吃的民工们合伙积下了几把五谷杂粮，放在锅里熬成稀粥，每人喝了一碗，最后还是饿死了。后来，为了纪念饿死在长城工地的民工，人们每年腊月初八吃"腊八粥"。

　　传说是，"腊八节"是出于人们对忠臣岳飞的怀念。当年，岳飞率部抗金于朱仙镇，正值数九严冬，岳家军衣食不济、挨饿受冻，众百姓闻讯纷纷送粥接济，岳家军饱餐一顿"千家粥"，作战大胜而归，这天正是十二月初八。岳飞死后，每到腊月初八，百姓便以杂粮豆果煮"腊八粥"，以示纪念。

传说是，元末明初，朱元璋那年被投进监牢时正在寒冬，朱元璋又冷又饿，他在牢里的老鼠洞里找到了一些红豆、大米、红枣等五谷杂粮，他把这些杂粮合在一起熬粥充饥，饱餐一顿。那天正是腊月初八，朱元璋遂把这锅杂粮粥叫"腊八粥"。朱元璋坐了天下后，念记着那日牢中喝粥的事情，于是把这一天定为"腊八节"，把自己那天喝的杂粮粥赐名"腊八粥"。

传说是，很早以前有老两口过日子，勤俭持家，节省下一个大家业。可是，独生儿子和媳妇都不过日子，很快败了家业。这年腊月初八这天，小两口冻饿交加，幸亏乡邻接济，煮了一锅小米、豆子、蔬菜等混在一起的"杂合粥"送给他们吃。意思是："吃顿杂合粥，教训记心头。"这顿粥使小两口浪子回头，从此他们走上正道，勤奋劳动，精打细算，日子一天天好起来。民间流行"腊八"吃粥的风俗，就是警示后人引以为戒。

也许正是有了这些历朝历代不断添加的传说故事，给"腊八"融入了浓厚的文化元素，使"腊八节"得以广泛传承。

伴随"腊八"这天喝"腊八粥"，一些风俗也相应而生。比如："腊八"吃冰。"腊八"前一天，乡民用金属盆子舀一些水放在屋外，使其一夜结冰，"腊八"这天把冰敲碎，大人孩子吃冰块，说吃了"腊八"冰块，以后的一年里不患肚子疼。

腌制"腊八蒜"。"腊八"这天，将紫皮蒜瓣（我家乡乡民叫它红蒜）去皮，放进醋里浸泡，醋里有了蒜的辣味。紫皮蒜瓣瓣小，在醋里泡得透，蒜瓣硬崩瓷实，泡出的蒜瓣湛青翠绿，酸辣适度，香浓微甜。20天后过春节，初一早晨吃饺子，蘸着泡蒜的腊八醋，酸辣具备，格外好吃。用"腊八蒜"醋拌凉菜，味道殊好。

"腊八蒜"和"算"字同音，因此还有"腊八算"的意思。乡民说，做生意的商户在"腊八"这天拢账，计算一年的盈亏，谁家欠钱未还，要给欠钱的人家送信儿，叫其准备还钱。民谚说："腊八粥、腊八蒜，放款的送信儿；欠债的还钱。"后来有欠人家钱的，用蒜代替"算"字，以示忌讳，回避这个算账的"算"字，其实欠债终究是要还的。历来街面上没有卖"腊八蒜"的，乡民说，卖"腊八蒜"没法吆喝，你喊"卖'腊八蒜'唻!"欠债的人听了心里会犯嘀咕：我欠你的钱，怎么跑到大街上吆喝催债呀，这不是臭败我吗？这只是一个说法而已。主要原因大概是，"腊八蒜"没有技术含量，家家都会泡，用不着专门作坊生产。

煮"五豆"。我家乡有的乡民管"腊八粥"叫"煮五豆"，意思是用五种豆子煮成的粥。他们煮"腊八粥"时，在粥里加一些小面疙瘩，叫"雀儿头"。说是"腊八"吃了"雀儿头"，麻雀会头疼，来年不祸害地里的庄稼。有的户家煮很多，一直吃到腊月二十三，腊月二十三是传统小年，象征连年有余。还有的乡民"腊八"这天不喝"腊八粥"，而是吃"腊八面"。

别看大寒是数九寒天，但是，乡民说"进了腊月净好日"。腊月是一年中最喜庆的一个月。腊月里喜事连连，乡村里男婚女嫁的最多。特别是腊月逢双日里，几乎村村有娶妻嫁女的，大一些的村子，有时一天有两家、三家娶妻嫁女的。

选在腊月里办喜事，还另有三个原因：一个是腊月里农活少，乡民相对轻闲，有时间、有精力办喜事。第二个是腊月天气寒冷，办喜事所用的一些食品，在自然环境下长时间存放不霉变。第三个是临近年节，办喜事剩下的物品，可以接着用于过年，减少花费。因为，历史上从来是穷人多，穷人办喜事就得格外算计花销。20世纪六七十年代乡村贫穷，乡民办理一桩喜事，要提前一两年着手积攒财物，集中用于办喜事，他们是绝对不会制造浪费的。

那个时期，乡村里办婚事，程序比后来（现在）复杂，但是，没有后来（现在）铺张浪费。那时虽然已经提倡婚姻自主，自由恋爱，但是很多人家男女婚事基本还是"父母之命，媒妁之言"，少不了媒人从中牵线搭桥。

在中国的传统婚姻文化中，媒人是不可缺少的。凡婚姻必须有媒人存在，"无媒不成婚"。《列子·汤问》道："男女杂游，不媒不聘。"你看，从古代，人们的婚姻都是要有中介。媒人，古代又称为"冰人"。古俗中，春天、秋天、冬天是嫁娶吉时，而冰天雪地的冬季是媒人为男女撮合牵线之时，媒人才有"冰人"之称，又称"媒妁"，民间俗称"媒婆""红娘""月老"。媒人做的事情，文雅的说法是"通二姓之好，定家室之道"，通俗讲来就是说合男女婚事。唐代以来，还把结婚必有媒人作为法律条文。

媒人看着谁家的儿子、姑娘长大了，就帮着物色家庭条件、年龄大体相当、脾气性格基本相投、貌相看上去般配的，向双方家长介绍，给男、女从中撮合。待男女双方家人同意后，媒人即取女方庚帖，详载姑娘生年、月、日、时辰，送到男家。男家请算命先生或教书先生，按男女八字算算是否吉利，属相是否相合，俗称"合婚"。如果相合，告诉女家。然后，安排双方家长"相女婿""相媳妇"。先是男家备酒席，请媒人陪女家父母来家相亲。席间未来的女婿出来拜见。过几天，女家备酒席，请男家到女家相亲，席间未婚媳妇出来拜见。待双方同意，男家送订婚礼到女家，女方盛情款待。然后，择日举行订婚礼。

乡民习惯管订婚礼叫"许口"。先由媒人与女方家议定彩礼数目（衣物多少），男家将彩礼备齐后，选择吉日（许口日）前往女家。彩礼用两架大食盒盛放，一个食盒里放彩缎、衣料、礼币、化妆品和红礼单（喜帖）；一个食盒里放香烛、酒肉、大圆馍（礼馍）、油炸果食、点心、核桃、红枣等。女家全部收下，将酒肉食品放到祖宗神案前祭祀，放鞭炮庆贺。如果彩礼不齐备，女家不同意，就不能烧香放鞭炮了。男家人回去时，女方有"回头话"，即将事先做好的新鞋、袜子、腰带、枕头及礼馍（大枣糕），用红线绑好，放到食盒里，作为"回礼"。

过上一年半载，男家打算完婚，就请算命先生或教书先生看"好日"，选定吉日，写在一张红纸上，买两包点心，请媒人给女家送去，并与女方父母商量"行礼"（所要彩礼）之事。取得女方同意，写下"行礼"日期。有人把"行礼"也叫"周礼"，可能是指周代传下来的礼仪。

"行礼"这天，男家还是拿两架食盒盛放彩礼，彩礼多为结婚时女方所用的衣物，数量、质量比"许口"时更多更好。若是遇到女家挑剔彩礼多少、好弱，媒人就巧言解释，努力说通女家。如果说不通，媒人再去告诉男家，男家答应也就办妥了，如果男家不答应，媒人就得反复做双方的工作，直至解决。也有个别人家因彩礼多少发生矛盾，导致解除婚约。女家"行礼"这天设丰盛的宴席（八八席——八盘八碗）款待媒人，参加陪客的多是女家舅父、姑父等。女方亲属来陪客时，有的送首饰、衣物等，名曰"添箱"。

　　婚期到来前一两天，新郎家里派人到新娘家里抬嫁妆，俗称"抬箱"。也有讲究体面的，新娘的嫁妆在结婚这天跟着花轿一起拉到新郎家里，以便沿途让更多的人看见，炫耀女家的富有和婚事的隆重。嫁妆中的被褥里，放上一些红枣、桂圆、栗子、带巴的花生等果实，有的把枣和花生间隔着用红线穿起来，以取"早生贵子"和儿子、闺女"花"（隔）着生寓意。如果这些果实被抬嫁妆的人路上吃了，男家还备有一份，新婚晚上提前放进被褥里。

　　结婚这天，男家分两套人马，统由总裁安排。一班人负责招待宾客，有司账、司厨、送菜、拾馍、保管、招待、抹桌、洗碗等二三十人，各司其职。一班人陪新郎前往迎亲，新郎骑马或坐轿（其中一空轿给新娘坐），前后两个"引亲"人，后边两个"娶姑"（为年轻妇女），俗称"压头面"、"压轿"。迎亲队伍起行时放鞭炮，如果雇了"喜班子"，锣鼓齐鸣，唢呐班在前，打锣的、牵马的、扛雁牌的、夹拜匣（内放请柬）的，簇拥着花轿来到女家。新郎和"压头面"被迎进客屋，端上四甜、四鲜、四干果盘菜肴款待。开始动筷前，由"引亲"拿两个馍，掏出馍瓤，夹一些肉菜放进去，两个馍合到一块，用红布包上，红绳绑住，要亲人拿回去，准备新婚夫妇入洞房后吃。新郎吃饭后（新郎吃饭只是做做样子），由"引亲"人陪伴到女方祖先灵牌前进香，"引亲"人先给新郎披红、插花（帽插金花），新郎向灵牌作揖下跪，奠酒三盅。然后，由牵马人引新郎到院内，给女方父母、长辈行跪拜礼。礼毕回客房，等待新娘装扮停当上轿。

　　迎亲队伍到来之前，新娘也在紧张地准备着。除了穿戴婚服，还要"上头"。"上头"是一个非常讲究的仪式。梳头要用新梳子，帮助"上头"的人必须是六亲皆全，儿女满堂的"全福之人"（俗称"好命佬"及"好命婆"）。"好命佬"及"好命婆"替新娘梳头，一面梳，一面说："一梳梳到尾，二梳梳到白发齐眉，三梳梳到儿孙满地，四梳梳到四条银笋尽标齐。"然后"开脸"，用两根红细绳，绞去新娘脸上的汗毛，使面部更光洁娇美。新娘上轿前"盖头"，通常用一块长三尺的正方形红围巾蒙在新娘头上，这块红色的围巾称为"盖巾"，俗称"盖头"。对于"盖头"这种婚俗有两种说法：一种说法说"盖头"是为了遮羞；另一种说法说"盖头"是源自古代的掠夺婚，表示新娘蒙上"盖头"后就永远找不到回家的路了。

一切仪式举行完毕，新娘上轿，新娘上轿时哭嫁。据《礼记》记载："孔子曰：嫁女之家，三夜不熄烛，思相离也。"哭嫁在今天看来是一件很难理解的事，大喜事哭啥呀？但是，在过去交通不方便，女儿出嫁后回娘家的机会少了，很难经常见到家人，况且，女儿要回娘家，需要得到夫家的准许。因此，新娘出嫁时虽喜尤伤，往往怀有发自内心的伤感，因而哭泣。

虽然如此，出嫁依然按时启程。此时，乐人吹打起来，新娘头戴凤冠，蒙红头纱，着红色绸袄，绿色绸裤，腰系绛红或粉红缎裙，脚穿花缎绣花鞋，双手捧一镜（俗称照妖镜），由亲哥或弟弟将其抱入轿内。有的乡村是由至亲挽扶上轿。女家有两个送姑骑马，其他送亲人护轿同行，其中有一个"趟拉水"的孩子——一般是出嫁姑娘的弟弟或者侄子。三声炮响，即请新郎上马，花轿抬起，所有迎娶人等按顺序排列回返。

在迎送新娘过程中，双方都是"姑不接，姨不送，大姑姐迎轿弟媳丧了命，妗子忙着往前蹦"。乡民说，新娘的嫂嫂也是不可以相送的，这是因为"嫂"字有着扫帚星的"扫"字的谐音，也有"扫地出门"的意思，因而人们认为姑娘出嫁上轿时，嫂嫂相送会带来不吉利，或是不希望小姑子回娘家。

在路上，遇到死人丧仗队或新坟，用红毡盖轿顶，遇到路边井台，则用红毡盖井（后来改为燃放鞭炮），意思是"辟邪"。新娘花轿进村时，三声炮响。到了家门口，花轿落地前，一人点燃鞭炮，绕轿一周，之后落轿，由娘家送亲人挽着新娘进院。一路上红毡铺地，男家有一人持五谷篮（内有草节、枣、核桃等）随新娘边撒边走。俗称撒五谷，进富门，又叫撒盖头。没有红毡的村子，用红马褥两个，轮换着向前方。新郎新娘在正房前院子里拜天地，两人并肩站立在天地桌前，三声炮响，乐人奏乐。司仪始唱：一拜天地；二拜高堂父母；夫妻交拜，进入洞房。新娘进入洞房后，上炕面向喜神（墙角）盘腿而坐。新郎新娘午饭吃合喜面，晚饭吃对脸饺子，饮交杯酒。

同时间，男女双方亲家，或双方叔伯到堂屋行换帖礼，女方是递陪嫁妆红喜帖，男方递领谢帖。换帖毕，双方以辈分行作揖礼，表示感谢。接着开筵款待来客，男女两家亲人入席。宴罢，女家人再与新娘见面，叮嘱一番，与男家人说些客套谦词，然后回程。

　　洞房花烛夜闹新房，乡民简捷地叫"闹新房""闹媳妇""听新房"。结婚头3天，乡民"闹媳妇"不分大小辈分，不分年老年少，人人闹得。新媳妇坐在炕上墙角处，不管大人孩子们怎样嬉闹拉扯，也努力不离开喜神（墙角）。孩子们吵吵嚷嚷争着向新媳妇要喜糖、喜瓜吃，如果不给，一伙孩子就恶作剧一起挤压新媳妇，或把新媳妇拉下炕，往院子里拉。过去讲究新媳妇头三天不下炕，因此，新娘在上轿前吃些栗子等，到了婆家不吃饭、少吃饭、少喝水，尽量减少下炕上厕所次数，起码是在有许多人的时候不下炕。现在，新媳妇被孩子们拉下炕，她便挣脱着再爬上炕去，坐回墙角处。孩子们的嬉闹纠缠，常常把新媳妇给闹哭了，闹烦了，闹翻脸了。精明的婆婆此时往往不动声色，她要借此考察儿媳妇的脾气性格。忠厚善良的婆婆怕儿媳妇吃不住劲儿，吃亏，就赶紧拿了糖果给孩子们分发解围。

　　大人们晚上躲在新房窗外、门后，偷听新郎新娘说话儿。新婚夜，洞房门是不能上门插关死的，"听新房"的人可以随时进出。窗户上贴的红纸早被孩子们撕光了，不挡风寒不遮视线。新婚夜，新郎新娘都想显示自己是日后家庭中的主人，都想支配对方。因此，两人都有些羞怯而幸福地小声争执着，新郎让新娘给他铺被子，新娘让新郎给她铺被子；新郎说要铺一个被窝，新娘说要铺两个被窝；新郎让新娘先脱衣裳，新娘让新郎先脱衣裳，新娘怕"听新房"的人突然闯进来，坚持不脱衣裳。"听新房"的人一旦听到他们说这些悄悄话，就在外面变声变音地学说逗乐子，变着法儿地"熬"新郎新娘，不让他们睡觉。

　　有的脾气粗鲁性急的新郎，经不住"听新房"人们的折腾，发脾气使性子。"听新房"的人们不高兴了，或者闹得更厉害，甚至做出些过头闹法。这个时候，新郎的父母——一般是母亲赶紧跑出来给说好话，打圆场儿。或者相互招呼一声，呼啦啦一起走人，此后年轻人相互传话，谁也不要去他家"听新房"。并且，这事成为人们日后随时议论的话题。乡村里有个风俗，谁家办喜事，如果头三天里没有人前去"闹新房"，说明这户人家在村里人性不好，传到亲家耳朵里，亲家容易起疑心，生怕给闺女找了个不好的人家。喜事是大家帮忙为一家高兴办的事儿，也是大家都为之高兴办的事儿。所以，大多数办喜事的人家，任凭怎么"闹媳妇""听新房"，只要不是十分过分看不下眼去，主家还是容忍着笑脸相待。

结婚第三天，由娘家的爹，或是大爷，或是叔，或是哥，前来"接姑娘"回娘家，姑娘向娘家父母报平安，乡民俗称"回门"。相传，新娘三天回门在先秦时已有这样的习俗。新娘在娘家住两天，再由娘家送回夫家。至此，整个婚事算办结了。年后初四（有些地方是初二），新女婿给老丈人家拜新年，老丈人家的乡民要闹新女婿，那是后话了。

从 20 世纪 60 年代中期，乡村结婚礼仪改革了许多，自由恋爱开始兴起了；订婚、结婚程序简化了；结婚坐轿逐渐被骑马、骑自行车所代替；结婚彩礼盛行自行车、缝纫机、手表、收音机等"三转一响"了；结婚时间也不再是腊月最好，"五一""十一"等节日逐渐成为上佳婚日。

"小寒大寒，杀猪过年。"乡民忙活着兄弟爷们家的喜事儿的时候，也在为自家过年做准备了。乡民清楚，这是一年 24 个农事节气中的最后一个节气了，过了大寒，又是一年从头开始了。"花木管时令，鸟鸣报农时"。腊梅迎寒怒放了，它向世人报告：春天将要到来了。

## 时　间

每年 1 月 20 日前后，太阳到达黄经 300°时为大寒。

## 含　义

大寒是 24 节气中最后一个节气，过了大寒，又迎来新一年的节气轮回。大寒，是天气寒冷到极点的意思。这时寒潮南下频繁，是我国大部分地区一年中的最冷时期，风大，低温，地面积雪不化，呈现出冰天雪地、天寒地冻的严寒景象。常年大寒节气，我国南方大部分地区雨量仅较前期略有增加，华南大部分地区为 5～10 毫米，西北高原山地一般只有 1～5 毫米。华南冬干，越冬作物的这段时间耗水量较小，农田水分供求矛盾一般并不突出。不过，"苦寒勿怨天雨雪，雪来遗到明年麦"。在雨雪稀少的情况下，不同地区按照不同的耕作习惯和条件，适时浇灌，对小春作物生长是大有好处的。这时期，铁路、邮电、石油、海上运输等部门要特别注

意及早采取预防大风降温、大雪等灾害性天气的措施。这时节，人们开始
忙着除旧饰新，腌制年肴，准备年货，因为我国人民最重要的节日——春
节就要到了。其间还有一个对于北方人非常重要的日子——腊八，即阴历
十二月初八。

## 物　候

**大寒三候**："一候鸡乳；二候征鸟厉疾；三候水泽腹坚。"

是说到大寒节气以后阳气上升明显，便可以孵小鸡了。而鹰隼之类的
征鸟，却正处于捕食能力极强的状态中，盘旋于空中到处寻找食物，以补
充身体的能量抵御严寒。在一年的最后 5 天内，水域中的冰一直冻到水中
央，且最结实、最厚。

## 农　事

"小寒大寒，冷成一团"。大寒节气里，各地农活很少。北方地区农民
多忙于积肥堆肥，为开春作准备；或者加强牲畜的防寒防冻。南方地区则
仍加强小麦及其他作物的田间管理，清沟培土，防止水害和冻害，清除杂
草，防止草害。同时适当补施分蘖肥，促进苗壮越冬。广东岭南地区有大
寒联合捉田鼠的习俗。因为这时作物已收割完毕，平时看不到的田鼠窝多
显露出来，大寒成为岭南当地集中消灭田鼠的重要时机。

**北方地区农事**：过了小寒进大寒，二十四节整一年。大寒不胜小寒
寒，大寒之后天渐暖。小寒大寒春节到，必要农活莫等闲。农田建设善收
尾，桥涵闸井专人管。麦田防止牛羊啃，看好林木和果园。越冬蔬菜保水
肥，预防冻害盖草苫。鱼塘封冻氧气少，凿冰输氧鱼儿欢。禽舍猪圈牲口
棚，防风防雪复修检。年节商品销售旺，农副产品加劲干。勤扫院子积土
肥，双手勤劳粮仓满。房舍除尘讲卫生，欢天喜地过大年。

## 养　生

做到保持静神少虑，畅达乐观，使体内的气血和顺，不扰乱肌体内闭

藏的阳气，"正气存内，邪不可干"。做到早睡晚起，早睡养人体的阳气，晚起养阴气。做到"饭后三百步，睡前一盆汤"，运动可进行慢跑、太极拳、八段锦、打篮球等，入睡前热水泡脚。做到"大寒大寒，防风御寒"，随着气温变化而增减衣裳，穿棉鞋，戴棉帽，戴手套，预防冻伤。尽量做到"行不疾步、耳步极听、目不极视、坐不至久、卧不极疲"。饮食首选温补类食物，如鸡肉、羊肉、牛肉、鲫鱼等；其次选平补类食物，如莲子、芡实、苡仁、赤豆、大枣、燕窝、蛤士蟆、银耳、猪肝等；再就是选具有滋阴益肾、填精补髓功效类食物，如木耳、黑枣、芝麻、黑豆、猪脊、海参、龟肉、甲鱼、鲍鱼等。

## 大寒一吃

年糕（黏糕）："小寒大寒，回家过年。"黏糕是节日美食，所以又叫年糕、"年年糕"，寓意"年年高"。前人有诗称年糕："年糕寓意稍云深，白色如银黄色如金。年岁盼高时时利，虔诚默祝望财临。""人心多好高，谐声制食品，义取年胜年，借以祈岁谂。"黏糕用黍米（黄米）或江米等黏性米面制作，有黄、白、红三色，象征金银，黏糕主要食材是黍米、江米或黏高粱米面，其次是红枣或红小豆等。烹制方法多为蒸煮，也有炒、炸蘸白糖吃的，均有香甜黏糯的特点。"糕名飞石黑阿峰，味腻如脂色若琼。香洁定知神受饷，珍同金菊与芙蓉。"

## 诗　词

## 大寒赋

晋·傅玄（公元 217—279 年）

五行候而竟鹜兮，四节纷而电逝。谅暑注而寒来，十二月而成岁。日月会于析木兮，重阴凄而增肃。在中冬之大寒兮，迅季旬而逾凛。彩虹藏于虚廓兮，鳞介潜而长伏。若乃天地凛冽，庶极气否。严霜夜结，悲风昼起。飞雪山积，萧条万里。百川咽而不流兮，冰冻合于四海，扶木憔悴于旸谷，若华零落于濛汜。

## 村居苦寒

### 唐·白居易（公元 772—846 年）

八年十二月，五日雪纷纷。竹柏皆冻死，况彼无衣民！
回观村闾间，十室八九贫。北风利如剑，布絮不蔽身。
唯烧蒿棘火，愁坐夜待晨。乃知大寒岁，农者尤苦辛。
顾我当此日，草堂深掩门。褐裘覆絁被，坐卧有余温。
幸免饥冻苦，又无垄亩勤。念彼深可愧，自问是何人。

## 和仲蒙夜坐

### 宋·文同（公元 1018—1079 年）

宿鸟惊飞断雁号，独凭幽几静尘劳。
风鸣北户霜威重，云压南山雪意高。
少睡始知茶效力，大寒须遣酒争豪。
砚冰已合灯花老，犹对群书拥敝袍。

## 北邻卖饼儿每五鼓未旦即绕街呼卖虽大寒烈风

### 宋·张耒（公元 1054—1114 年）

城头月落霜如雪，楼头五更声欲绝。
捧盘出户歌一声，市楼东西人未行。
北风吹衣射我饼，不忧衣单忧饼冷。
业无高卑志当坚，男儿有求安得闲。

# 附： 二十四节气歌谣

## 二十四节气七言诗

地球绕着太阳转，绕完一圈是一年。
一年分成十二月，二十四节紧相连。
按照公历来推算，每月两气不改变。
上半年是六廿一，下半年逢八廿三。
这些就是交节日，有差不过一两天。
二十四节有先后，下列口诀记心间：
一月小寒接大寒，二月立春雨水连；
惊蛰春分在三月，清明谷雨四月天；
五月立夏和小满，六月芒种夏至连；
七月大暑和小暑，立秋处暑八月间；
九月白露接秋分，寒露霜降十月全；
立冬小雪十一月，大雪冬至迎新年。
抓紧季节忙生产，种收及时保丰年。

## 二十四节气歌 （一）

春雨惊春清谷天，夏满忙夏暑相连。
秋处露秋寒霜降，冬雪雪冬小大寒。
上半年来六廿一，下半年来八廿三。
每月两节日期定，最多不差一两天。

## 二十四节气歌 （二）

流行于黄河流域

立春阳气转，雨水沿河边，惊蛰乌鸦叫，春分地皮干，清明忙种粟，谷雨种大田。

立夏鹅毛住，小满雀来全，芒种开了镰，夏至不着棉，小暑不算热，大暑三伏天。

立秋忙打垫，处暑动刀镰，白露烟上架，秋分无生田，寒露不算冷，霜降变了天。

立冬交十月，小雪地封严，大雪河封上，冬至不行船，小寒近腊月，大寒整一年。

## 节气物候歌谣 （一）

立春梅花分外艳，雨水红杏花开鲜；
惊蛰芦林闻雷报，春分蝴蝶舞花间。
清明风筝放断线，谷雨嫩茶翡翠连；
立夏桑果像樱桃，小满养蚕又种田。
芒种玉秧放庭前，夏至稻花如白练；
小暑风催早豆熟，大暑池畔赏红莲。
立秋知了催人眠，处暑葵花笑开颜；
白露燕归又来雁，秋分丹桂香满园。
寒露菜苗田间绿，霜降芦花飘满天；
立冬报喜献三瑞，小雪鹅毛片片飞。
大雪寒梅迎风狂，冬至瑞雪兆丰年；
小寒游子思乡归，大寒岁底庆团圆。

## 节气物候歌谣 （二）

西园梅放立春先，云镇霄光雨水连。
惊蛰初交河跃鲤，春分蝴蝶梦花间。

清明时放风筝好，谷雨西厢宜养蚕。

牡丹立夏花零落，玉簪小满布庭前。

隔溪芒种渔家乐，农田耕耘夏至间。

小暑白罗衫着体，望河大暑对风眠。

立秋向日葵花放，处暑西楼听晚蝉。

翡翠园中沾白露，秋分折桂月华天。

枯山寒露惊鸿雁，霜降芦花红蓼滩。

立冬畅饮麒麟阁，绣襦小雪咏诗篇。

幽阖大雪红炉暖，冬至琵琶懒去弹。

小寒高卧邯郸梦，捧雪飘空交大寒。


## "十二姐妹花" 歌谣：

正月梅花凌寒开，二月杏花满枝来。

三月桃花映绿水，四月蔷薇满篱台。

五月榴花火似红，六月荷花洒池台。

七月凤仙展奇葩，八月桂花遍地开。

九月菊花竞怒放，十月英蓉携春来。

十一月水仙凌波开，十二月腊梅报春来。


## 二十四番花信

小寒：一候梅花、二候山茶、三候水仙；

大寒：一候瑞香，二候兰花，三候山矾；

立春：一候迎春、二候樱桃、三候望春；

雨水：一候菜花、二候杏花、三候李花；

惊蛰：一候桃花、二候棣棠、三候蔷薇；

春分：一候海棠、二候梨花、三候木兰；

清明：一候桐花、二候麦花、三候柳花；

谷雨：一候牡丹、二候酴醾、三候楝花。

注：每年从小寒到谷雨，一百二十日，八个节气，我国古代以每五日为一候，计二十四候，人们在每一候内开花的植物中，挑选一种花期最准确的植物为代表，应一种花信，称之为"二十四番花信"。

## 二十四节气气候农事歌

立春：立春春打六九头，春播备耕早动手，一年之计在于春，农业生产创高优。

雨水：雨水春雨贵如油，顶凌耙耱防墒流，多积肥料多打粮，精选良种夺丰收。

惊蛰：惊蛰天暖地气开，冬眠蛰虫苏醒来，冬麦镇压来保墒，耕地耙耱种春麦。

春分：春分风多雨水少，土地解冻起春潮，稻田平整早翻晒，冬麦返青把水浇。

清明：清明春始草青青，种瓜点豆好时辰，植树造林种甜菜，水稻育秧选好种。

谷雨：谷雨雪断霜未断，棉花播种莫迟延，春种杂粮快入土，苗圃枝接耕果园。

立夏：立夏麦穗龇牙笑，平田整地栽稻苗，中耕除草把墒保，温棚防风要管好。

小满：小满初起干热风，防治棉蚜麦锈病，稻田追肥促分蘖，抓绒剪毛防冷风。

芒种：芒种小麦熟一晌，虎口夺粮抢收忙，玉米间苗和定苗，稻田中耕勤除草。

夏至：夏至夏始冰雹猛，拔杂去劣选好种，消雹增雨抗旱灾，玉米追肥防黏虫。

小暑：小暑进入三伏天，田间管理抢时间，中耕培土又除草，防涝防旱莫等闲。

大暑：大暑大热暴雨增，复种秋菜紧防洪，预测预报稻瘟病，深水护秧防低温。

立秋：立秋秋始雨淋淋，及早防治玉米螟，棉花修理落四门，苗圃芽接摘树心。

处暑：处暑伏尽秋色美，玉米甜菜要灌水，粮菜后期勤管理，冬麦整地备种肥。

白露：白露夜寒白天热，早熟秋粮始进场，割稻晒田收葵花，早熟苹果忙采摘。

秋分：秋分秋雨天渐凉，播种冬麦好时光，稻黄果香秋收忙，山区防霜听气象。

寒露：寒露草枯雁南飞，地瓜甜菜忙收回，管好萝卜和白菜，秸秆还田秋施肥。

霜降：霜降降霜有霜冻，秋种扫尾属北方，防冻日消灌冬水，脱粒晒谷入粮仓。

立冬：立冬地冻白天消，羊只牲畜圈修牢，整田整地修渠道，农田建设掀高潮。

小雪：小雪地封初雪飘，幼树葡萄快埋好，利用冬闲积肥料，庄稼没肥瞎胡闹。

大雪：大雪腊雪兆丰年，劳动田间转坊间，多种经营工副业，冬忙代闲多挣钱。

冬至：冬至严寒数九天，禽畜越冬要防寒，村民学习进夜校，农科技术记心间。

小寒：小寒进入三九天，总结一年丰与歉，明年生产做盘算，男婚女嫁庆元旦。

大寒：大寒昼冷农民欢，过了腊八是小年，政通人和家家乐，欢欢喜喜过大年。

# 后　记

　　我在农村长大。小时候，常听长辈人念叨农时节气：哪天哪天打春（立春）了，哪天哪天立夏了，哪天哪天立秋了，哪天哪天立冬了，附带讲述与这个节气相关的许多故事。那个时候，我不懂得节气内里的含义，只是听着有趣儿。

　　后来上学读书了，高中毕业后回乡务农，之后参加农业学大寨工作队，而后调到县委宣传部从事新闻报道，再以后当了《大众日报》记者。这些年大多数时间一直是生活在农村、采访在农村，从而对农村怀有深厚的感情，对农时24节气产生了浓厚的兴趣，知道了24节气是咱中华民族的独创。它起源于黄河流域，初始于春秋时期，完整形成于秦汉年间，被确立为农业气候历法，成为农事活动的主要依据沿用至今。并且，由节气衍生了许多节日、节日习俗、生活习俗、地方风俗、娱乐内容和形式。

　　几年前的一天，我突然发现，随着我国社会迈进现代化的门槛，现代科技在农业生产中广泛应用，农业生产条件发生了根本改变，农业四季种植发生了颠覆性的变革，农业生态环境演变致使大量动植物锐减或灭绝。现代人对于24节气疏远了，陌生了，不在意了，24节气在现代化过程中与人们渐行渐远。代代流传的与节气相关的那些故事，被人们渐渐淡忘了。

　　当我意识到这些，心被深深地刺痛。24节气历经千年，作为历代劳动人民聪明才智的结晶，它不仅仅是人们日常生活、农业生产活动的一种工具，也是中华民族对自然规律的一种探索和总结，是对人与自然、人与人之间和谐相处的一种方式。它更是一种文化，是一种农耕文明、民俗文化。它在千年流淌的岁月里，已经渗入到我们中华民族的骨子里，血脉里，灵魂里，潜移默化于中华民族的思维、心理和性格中。

由此，我心里产生了一种责任感，萌发了写写 24 节气的想法，将 24 节气里的农时、农事、农村风俗、节气谚语和农村自然景物记录下来，意在使人们通过阅读，了解 24 节气，留住对 24 节气历史的记忆，留住中华农耕文明的宝贵文化遗产并传承下去。

以什么形式写作 24 节气，致使我在很长时间里犹豫不决。介绍 24 节气知识，我不是这方面的专家，书界也不乏这类书籍；单纯地节气介绍，文字不免枯燥，难免影响读者阅读兴趣；以文学笔法写作，撰写一个、两个、三个节气不难，将 24 个节气一一写来而不雷同，心中着实没有底数。反复思考斟酌后，我决定以 20 世纪 60 年代前后为节点，以 24 节气的每个节气为章节，以散文的笔法，以通俗丰富的群众语言，以历史知识与现实状况相结合的方式，将知识性、故事性、趣味性、可读性融为一体进行写作。

书稿写作过程中，参阅了沈泓先生著作《春分冬至》、李金水先生主编《中华二十四节气》及网络登载的个例知识内容，在此，对他们一并致谢！

我将书稿投寄中国农业出版社，使此书得以现在的面目呈现给读者。值此，向中国农业出版社生活文教出版分社致以谢意！

朱殿封

2015 年 2 月 26 日

**图书在版编目（CIP）数据**

乡村里的二十四节气：我记忆中的乡村故事／朱殿
封编著．—北京：中国农业出版社，2015.8（2018.9重印）
ISBN 978-7-109-20680-9

Ⅰ.①乡… Ⅱ.①朱… Ⅲ.①二十四节气－通俗读物
Ⅳ.①P462-49

中国版本图书馆 CIP 数据核字（2015）第 163798 号

中国农业出版社出版
（北京市朝阳区麦子店街 18 号楼）
（邮政编码 100125）
责任编辑　张丽四

北京中科印刷有限公司印刷　新华书店北京发行所发行
2015 年 9 月第 1 版　2018 年 9 月北京第 3 次印刷

开本：700mm×1000mm　1/16　印张：18
字数：272 千字
定价：35.00 元
（凡本版图书出现印刷、装订错误，请向出版社发行部调换）